液体管道瞬变流理论及应用

刘恩斌　彭善碧　李长俊　等著

石油工业出版社

内 容 提 要

本书在总结国内外研究成果的基础上,从生产实际中所涉及的瞬变流问题出发,结合作者多年的研究成果,着重讲述瞬变流的基本理论及其工程应用。主要内容包括瞬变流基本理论、泵及泵站分析、液柱分离和弥合水击、弥合水击数学模型及数值解法、管网系统分析、瞬变流在堵塞检测中的应用、瞬变流在泄漏检测中的应用、长距离输油管道的水力瞬变分析。

本书可供流体力学、油气储运工程等相关专业的本科、硕士、博士研究生学习使用,也可供从事液体管道瞬变流工作的科研、教学、设计人员参考。

图书在版编目(CIP)数据

液体管道瞬变流理论及应用/刘恩斌等著. —北京:石油工业出版社,2017.5
 ISBN 978 – 7 – 5183 – 1842 – 1

Ⅰ. ①液… Ⅱ. ①刘… Ⅲ. ①石油管道 – 管道流动 – 分析 ②石油管道 – 管道流动 – 计算 Ⅳ. ①TE973.1

中国版本图书馆 CIP 数据核字(2017)第 061527 号

出版发行:石油工业出版社
(北京安定门外安华里2区1号楼 100011)
网　　址:www.petropub.com
编辑部:(010)64523535　图书营销中心:(010)64523633
经　销:全国新华书店
印　刷:北京中石油彩色印刷有限责任公司

2017 年 5 月第 1 版　2017 年 5 月第 1 次印刷
787×1092 毫米　开本:1/16　印张:15.5
字数:375 千字

定价:108.00 元
(如出现印装质量问题,我社图书营销中心负责调换)
版权所有,翻印必究

前　言

　　我国长距离油气输送管道总长度超过了 10 万千米。近年来,分布在地形复杂、地势起伏较大地区的长输管线工程逐年增多,这种情况在我国西北和西南地区尤为突出,如中缅原油管道、兰成原油管道等。此类工程管线长、地形起伏大,在泵站启停、泵机组调速、各中间站的流程切换或分输站的启停、事故工况停机、调节阀动作失灵及误关闭、管道被打孔盗油、清管器堵塞、冻堵等过程中造成的瞬变流过程会造成水锤危害,严重的会产生液柱分离和弥合水锤。一方面,液柱分离造成的低压可能使管道失稳变形;另一方面,弥合水锤造成的高压可能击破管道,影响管道的安全运行。

　　本书着眼于液体管道瞬变流分析,结合笔者多年的理论研究成果及丰富的工程实践经验,在原有理论及实践基础上进行完善与拓新,力求反映国内外液体管道瞬变流研究领域的新理论、新方法。在理论方面,本书将瞬变流理论、管网的瞬变流分析、泵及泵站分析进行了更详尽的阐述及完善,增加了对弥合水击数学模型及数值解法方面的分析;在应用方面,本书详细阐述了瞬变流理论在管道泄漏检测、管道堵塞检测以及停输再启动等中的应用。

　　成都信息工程大学文丹丹编写了第二章及第五章部分内容,中国石油北京油气调控中心杨毅编写了第三章部分内容,中国石油天然气与管道分公司张红兵编写了第八章部分内容,中国石油西南管道公司黄立宇编写了第九章部分内容,西南石油大学研究生朱淑君、冷俊、刘刚、王迪、张璐对本书的编写做出了贡献,在此表示感谢。

　　本书在编写过程中得到了中央财政支持地方高校发展专项资金"石油与天然气工程国家一级学科"项目和国家安全生产监督管理总局项目"大落差输油管道断流空腔弥合水锤的危害及其防护技术研究"(sichuan – 0013 – 2016AQ)的资助以及西南石油大学石油与天然气工程学院的大力支持,谨致谢忱。

　　由于编者水平有限,本书在内容选择和编写上难免有不妥之处,敬请读者批评指正。

编　者

2017 年 2 月

目　录

第一章　绪论 …………………………………………………………………… (1)
　第一节　研究的目的及意义 …………………………………………………… (1)
　第二节　研究现状和发展动态 ………………………………………………… (2)
第二章　瞬变流基本理论 ………………………………………………………… (7)
　第一节　瞬变流分析基本方程 ………………………………………………… (7)
　第二节　瞬变流方程的数值解法 ……………………………………………… (13)
　第三节　边界条件的建立和求解 ……………………………………………… (18)
第三章　泵及泵站分析 …………………………………………………………… (33)
　第一节　离心泵及其特性 ……………………………………………………… (33)
　第二节　泵站分析 ……………………………………………………………… (41)
　第三节　泵站的运行控制 ……………………………………………………… (46)
　第四节　泵站的水力瞬变 ……………………………………………………… (54)
第四章　液柱分离和弥合水锤 …………………………………………………… (55)
　第一节　气体释放 ……………………………………………………………… (55)
　第二节　液柱分离和断流空腔 ………………………………………………… (58)
　第三节　断流空腔与弥合水锤升压的关系 …………………………………… (59)
　第四节　完全断流型空腔弥合水锤的形成过程分析 ………………………… (60)
　第五节　断流空腔弥合水锤的防护措施 ……………………………………… (61)
　第六节　小结 …………………………………………………………………… (67)
第五章　断流空腔弥合水锤数学模型及数值解法 ……………………………… (68)
　第一节　断流空腔弥合水锤数学模型 ………………………………………… (68)
　第二节　断流空腔弥合水锤的数值模拟 ……………………………………… (76)
　第三节　断流空腔弥合水锤工程实例分析 …………………………………… (80)
第六章　管网系统分析 …………………………………………………………… (120)
　第一节　管网的稳态流动分析 ………………………………………………… (120)
　第二节　管网的瞬态流动分析 ………………………………………………… (135)
第七章　瞬变流在管道堵塞检测中的应用 ……………………………………… (149)
　第一节　基于瞬态压力信号分析的堵塞检测 ………………………………… (149)
　第二节　基于小波变换的信号分析方法 ……………………………………… (152)
　第三节　基于小波变换的堵塞点识别技术 …………………………………… (162)
　第四节　应用实例分析 ………………………………………………………… (166)

第八章 瞬变流在泄漏检测中的应用 ………………………………………………（173）
第一节 基于瞬态模型的泄漏检测方法 ……………………………………（173）
第二节 基于瞬态负压波的泄漏检测方法 …………………………………（197）
第九章 长距离输油管道水力瞬变分析 ……………………………………（202）
第一节 水力瞬变分析软件介绍 ……………………………………………（202）
第二节 基于 SPS 的原油管道停输再启动分析 ……………………………（205）
第三节 基于 TLNET 的原油管道泄漏量分析 ……………………………（230）
参考文献 …………………………………………………………………………（237）

第一章 绪 论

第一节 研究的目的及意义

目前,世界上的大型长距离油气输送管道总长度超过了 200×10^4 km,而且还在以每年 $5\times10^4\sim6\times10^4$ km 的速度不断增加。近年来,我国分布在地形复杂、地势起伏较大地区的长输管线工程逐年增多,这种情况在我国西北和西南地区尤为突出,此类工程管线长、地形起伏大,在泵站启停、泵机组调速、各中间站的流程切换或分输站的启停、事故工况停机、调节阀动作失灵及误关闭、管道被打孔盗油、清管器堵塞、冻堵等过程中造成瞬变流过程,极易产生水锤增压波和减压波,并以较大的速度向上下游传播,产生液柱分离和弥合水锤现象,造成危害很大的弥合水锤,影响管道的安全正常运行。

瞬变过程中的水锤减压波向下游传递,使管线沿线压力降低,当压力下降到一定值后,输送液体中的溶解气体会逸出形成小气泡,当管内压力进一步降低到液体饱和蒸气压且持续时间足够长时,管内液体就会汽化产生蒸汽,蒸汽与已形成的气泡相结合,形成较大的气囊在管内上升,气囊随着液体流动,气囊会聚集在管道高点处,占据很大一段管道,甚至会把连续液柱隔开破坏液体的连续性,可能阻断整个管道流通截面形成断流空腔从而导致液柱分离,这个过程中的低压容易造成管道失稳变形。

瞬变过程中的水锤增压波向上游传递,使管道沿线压力增大,分离开的两液柱重新弥合即空腔溃灭时,将产生具有直接水锤特征的断流弥合水锤,当管道发生断流弥合水锤时,水锤波高速沿管道传播,水锤波波峰过后,由于流动状态的不平衡,还会产生充装压力,水锤增压和充装压力叠加在管道剩余压力上,当叠加后的液体压力超过管道的最大允许工作压力时,就有可能造成管道强度破坏,特别是那些稳定运行时动水压力接近于管道临界承受压力的位置(如山区管道的低洼地段等),更容易引起管道超压,造成强度破坏。断流弥合水锤的升压很高、危害性很大,一旦水锤事故发生,很可能造成爆管、设备损坏,直接影响管道运行,造成巨大经济损失和环境危害。

长输管道因为泵站或阀门工况的改变造成不稳定流动时可能产生液柱分离现象和断流弥合水锤现象,一方面,液柱分离造成的低压可能使管道失稳变形(压瘪);另一方面,断流弥合水锤造成的高压可能击破管道。断流空腔弥合水锤过程中的液柱分离及弥合水锤,对长输管线工程和其他各种工业管道工程的危害是巨大而惊人的,容易造成管道爆裂、设备损坏,甚至会淹没泵站,造成巨大经济损失,发生事故后不仅要耗费巨大的人力财力进行维修,而且耽误工程进度;反之,盲目选用水锤防护设备和制定不合理的水锤综合防护措施,不仅达不到预期的水锤防护效果,甚至可能使断流空腔弥合水锤变得更严重[1,2]。日本某水电站在一次水电站计划检修时,由于阀门的操作失误和防护措施失灵,进水蝶阀以很快的速度关闭,快速关阀后产生的增压波向上游传播,使阀门上游直径为 2.7m 的钢管沿轴向撕裂 7.6m,造成强度破坏,几乎与此同时,由于大量水从管道破裂处快速泄漏,产生减压波向上游传播,减压波使管内液体压力迅速降低,部分管线甚至出现真空,造成大约54m的管道失稳变形,后果十分严重。西气东输二线某标段管道在试压排水过程中,连续两次出现排水爆管事件,爆管的根本原因就是断流空腔弥合水锤引起的瞬时超压,因为试压管段的高程起伏较大,所以在排水过程中管道的高点处容易形成空腔,后期在清管器的推动下,空腔随清管器向试压管段末端运动并不断被压缩,由于末端排水口径较小,试压水柱的背压较大,最终在清管器推动下空腔瞬间溃灭造成两水柱猛烈碰撞,形成升压很高的断流空腔弥合水锤,导致管道爆裂[3]。

虽然水力瞬变会对管道的运营安全造成威胁,但是在管道的泄漏检测和堵塞检测中也可以被我们利用。当流体输送管道因为机械、人为破坏、材料失效等原因发生泄漏时,由于管道内流体压力很高,而管道外一般为大气压力,管内输送的流体在内外压差的作用下迅速流失,形成减压水锤波向管道的上下游传播,利用管道起点和终点的压力传感器捕捉水锤波到达两点的时间差,结合水锤波传播速度就可以计算出泄漏点的位置。同样的道理也可以利用管道堵塞时产生的水锤波计算出堵塞点的位置。

因此,设计、科研、施工及运行管理人员对水锤过程可能引起的安全问题相当重视,有必要进行相关技术的研究。

第二节 研究现状和发展动态

一、瞬变流基本理论的发展现状

1858年,法国工程师Menabrea最早开始对水力瞬变现象进行观察和研究,并且首次用能量分析方法对水锤的基本原理进行分析[1]。早期的瞬变流动水击理论开始初现,成为弹性水击研究的先行者。Joukovsky[2]在1904年分析莫斯科的供水管网系统中产生的瞬变流动现象时,第一次证明了水管道内水击压力值的大小与流速、水击波速及介质密度变化有关。将水力冲击现象称为"水锤",而且依据牛顿第二定律推导出了管道刚性水柱理论,并最早提出了瞬变水击压强计算公式。1923年,Gibson[4]在缓慢关闭阀门工况下,对输水管路系统进行了瞬态水锤理论分析,发现了通过管道中的水锤来测算流速的新方法。1925年,Allievi[5]详细研究了水锤理论及其计算方法,然后通过数学基础理论推导出了瞬变流微分方程组,奠定了瞬变流分析的理论基础。

20世纪以来,在发生了各种导致严重后果的水锤事件后,国内外学者开始特别关注液柱分离和弥合水锤交替发生的断流空腔弥合水锤现象,对断流空腔弥合水锤形成过程中的气液两相瞬变流进行了大量研究,国内外学者在气体逸出和液体汽化、液柱分离和弥合水锤等领域进行大量的研究[6-11]。

Brown通过计算与实测两条长输水泵管路系统的水锤数据,提出在分析断流空腔弥合水锤过程中,不能忽略水中含有的溶解气,并对含气率的大小对水锤的影响过程进行了定性的分析,含气率越高,水锤过程中的泵反转速度和弥合水锤升压水头越高[12]。美国的流体力学专家Weyler和Streeter等为了继续深入研究在液柱分离过程中气体释放对水锤瞬变过程的影响,做了大量的实验,得出在液柱分离的低压过程中,从液体中释放的气体会使水锤波的传播速度减小并且是水锤波迅速衰减的主要因素的结论[13-15]。1971年10月,Kdkwy和Kranenbury在总结前人研究成果的基础上,为了使考虑气体逸出和液体汽化对断流空腔弥合水锤影响所建立的数学模型的计算结果更接近真实值,通过大量的实验,提出了两种在建立断流空腔弥合水锤数学模型过程中的修正方法[16]:一种主要是对波速的修正,即当管内压力大于液体的饱和蒸气压时,认为波速为初始波速,在水锤过程中以不变的速度传播;当压力小于液体饱和蒸气压时,认为波速受释放气体的影响,在不断变化。另一种修正办法是将断流空腔弥合水锤的物理模型划分为无空穴区、空穴区及过渡区,并分别建立各区相应的数学模型[17]。Weyler和Kranenbury等学者的研究,引起了以后水锤研究者们的充分关注和重视,认识到气体的释放(气体的逸出和液体的汽化)对液柱分离和弥合水锤瞬变过程有很大的影响,在建立断流空腔弥合水锤数学模型时必须考虑低压状态下尤其是在临界状态下液体中的气体的逸出和液体的汽化,在这样前提条件下建立的数学模型得出的数值模拟结果才更接近客观实际。

国内学者通过大量的现场实验,从气泡动力学微观角度出发,对液体中存在的气核、空化初始条件等进行了相关研究,可以通过实验装置对流体进行脱气和掺气操作来改变流动液体中的含气率,并通过改变阀门的关闭方式和关闭速度研究产生断流空腔的条件,利用高速摄影机观察水锤过程中气体释放和液体汽化的初始状态,通过高速摄影记录液柱分离过程,从而定性地分析了断流空腔发生、发展和溃灭的全过程,因为实验器材的限制,故没有进行定量分析。实验结果发现水锤过程中,汽化压力不是决定液体是否汽化的临界条件,而是由液体的抗空化能力决定的,液体的抗空化能力取决于液柱的惯性和流速梯度,它们之间的关系还需进一步研究[18-20]。

综上所述,国内外学者近几十年在系统分析气体释放、液柱分离、断流空腔、弥合水锤以及各种其他因素对断流空腔弥合水锤过程的影响等方面,总结出了大量有价值的理论成果,建立了比较完善的断流空腔弥合水锤理论体系,但断流空腔弥合水锤研究过程所涉及的学科面、影响因素等都极为复杂,并且液柱分离和弥合水锤交替迅速的发生,过程不易观测,特别是对于两处以上的多处液柱分离和弥合水锤问题的研究更加困难[21]。

二、水锤分析方法的发展现状

国内外学者已经推导出解决普通水锤问题的经验方程即水锤的基本方程,但水锤基本方程为偏微分方程,不能直接得到其解析解,故国内外学者采用了不同的处理方法求解其数值解,根据对水锤基本方程的处理方式不同,分别导出了阿列维联锁方程、水锤共轭方程、水锤特征线方程等,它们分别是解析法、图解法、数值解法的理论基础[22-24]。

20世纪30年代之前,由于各种技术条件的限制,大部分水锤计算都采用解析法,解析法也叫做逐段计算法,解析法是以简化的水锤基本方程为基础,通过逐段计算将基本方程组转变为波动方程后可以求解析通解,解析法的缺点是由于计算过程复杂工作量十分繁重,故只适用于计算简单边界条件的水锤,解析法在计算过程中忽略了管道摩阻损失和水锤压力波的反射,故计算结果与实际有很大的差异,计算结果误差大,计算精度差。解析法的优点在于物理意义明确,方法简便易行,可以直接写出水锤过程解的表达式。

随后,国外学者提出了图解法,图解法是以解析法导出的共轭方程为理论基础,在不考虑管道摩擦阻力的条件下对管道内两点建立共轭方程组,水锤压力H为纵坐标、流速v为横坐标的作图求解水锤过程的方法。图解法比起解析法,优点是求解过程直观并且能用于边界条件较复杂的管路系统,如多分支管道、泵机组事故停泵等。图解法的缺点是作图过程较繁琐,耗时较长,作图的精密程度直接决定水锤计算结果的精度,故计算结果与实际有很大的差异,计算结果误差大,计算精度差,因此很难得以全面推广。后来,国外学者Schnyder和Bergeron提出了考虑管路摩擦阻力的图解法,这两种方法在计算管线边界处的最大水锤升压的结果精度均能在允许误差范围内。

随着电子计算机的普及以及水锤分析方法的迅速发展,国内外学者开始提出新的水锤求解方法——数值解法,建立水锤基本微分方程组的时候考虑管道摩擦阻力的影响,再利用特征线法将得到的偏微分方程组转换为全微分方程组即特征方程组,再利用有限差分方法对所得特征方程组积分得到近似的数值解,就可以通过数值模拟得到水锤的数值解。数值解法可以求解复杂边界条件的管路系统的水锤过程,利用计算机编制程序进行数值模拟,所得计算结果的精度和计算效率比起解析法和图解法都有很大的提高。2005年,国外学者伍德对波速特性法与特征线法进行了深入比较,得出如下结论:波速特性法计算量较小,更适用于复杂边界条件的管网水锤计算。

近年来,国内学者对断流空腔弥合水锤分析方法的研究取得了较大进展,于必录等学者分别采用特征线法和拉克斯-温得罗夫法求解泡状气液两相断流空腔弥合水锤过程[25-28],对液柱分离现象进行了相关的理论研究,取得了与实验结果吻合较理想的结果。蒋劲、刘光临等学者针对水锤基本方程的特征根进行了相关研究,提出了用矢通量分解法求解断流空腔弥合水锤的方法[29],并编制程序进行了数值模拟。目前,对于断流空腔弥合水锤的分析方法主要是以弹性液柱理论为基础建立运动方程和连续方程,结合管路系统的初始条件和边界条件,采用特征线法求解水锤过程[30]。

三、断流空腔弥合水锤的数学模型的发展现状

断流空腔弥合水锤是一个相当复杂的气液两相流问题,Baltzes,Dijkman和Brown等学者对管路系统发生液柱分离和弥合水锤现象都做了相关的研究[31-33],并建立了断流空腔弥合水锤的数学模型,但所建的大多数的数学模型都没有考虑液柱分离过程中气体的释放,故所得的数值模拟结果误差较大。20世纪70年代初,人们开始在水锤数学模型的建立过程中考虑气体的释放,国外学者从不同的角度探讨该问题,提出了相关断流空腔弥合水锤数学模型[34-37]。

国内外学者们将Kranenbury等的3个分区观的理论进行优化,更科学地将断流弥合水锤过程中的整个管线分成以下3个区域:(1)水锤区(无气穴区),认为这个区域不含气体或气体可以忽略不计,故波速在这个区域传播时为常数;(2)气液混合区,认为气体以小气泡的形式均匀分布在液体中,水锤波速的影响因素为管线压力和气泡在液体中所占比例;(3)断流区(空穴区),管道内形成完全断流型空腔,发生液柱分离现象。

学者们主要采用分离流模型和集中空穴模型对液柱分离过程进行数学描述[38],分离流模型是按液体是否充满管道把水锤过程管流分成满流段与非满流段,满流段按普通水锤过程处理,波速为常数,也可根据液体中的初始含气率采用相关公式描述波速的变化情况;非满流段按明渠非均匀流处理。集中空穴模型把液柱分离形成的断流空腔看作是固定在某一特定事先设定好的管道截面上,对模型的处理有以下3种方法:(1)断流空腔为蒸气腔,只考虑当压力

降低到饱和蒸气压以下时液体的汽化,不考虑液体中溶解气体在液柱分离过程中的逸出对水锤过程的影响,认为断流空腔内全是蒸气;(2)断流空腔为混合腔,混合腔由蒸气和液体中逸出的溶解气组成,就是在蒸气腔的处理方法的基础上,认为液体中溶解气体在减压波传递过程中逐渐逸出,进一步考虑逸出的溶解气对水锤瞬变过程的影响,这种方法对于长输管道的水锤过程比较适用,因为气体的释放过程很缓慢且长输管道的水锤过程较长,故液体中的溶解气有足够时间逸出;(3)在混合空腔的处理方法基础上,将断流空腔的两边界处附近区域看作过渡区即蒸气和溶解气组成的小气泡均匀分布在液流中,这种处理方法是最接近实际情况的[39];Dijkman 和 Verugdenhil 采用集中空穴模型研究长距离平缓管线的断流水锤的特性,把管路中事先设定为断流空腔,并且认为释放气体的速度仅仅由压差决定,与含气率无关,最后得到纯蒸气穴升压比混合穴的升压更高的结论。

国内外学者主要从两个角度出发建立断流空腔弥合水锤的数学模型[40],一个是从宏观的角度分析,另一个是从气泡动力学原理等微观角度分析,两者都还在发展当中,学者们采用了各种数学方法,建立了不同的数学模型来描述液柱分离过程,但计算结果与实测值都有一定的偏差,这是因为对液柱分离现象,仍存在很多未知因素需要探讨,如:(1)液体含气率及影响因素;(2)液体中溶解气随压力和时间的逸出过程;(3)扰动对溶解气逸出过程的影响;(4)逸出气体在高压下的再吸收情况。所以对管内的液柱分离现象目前还没有公认的完善的分析方法。

本书主要包含以下内容:

(1)对瞬变流分析的基本理论进行了回顾,包括瞬变流分析基本方程的建立,边界条件的建立,特征线求解方法的介绍。

(2)通过对断流空腔弥合水锤全过程中的液柱分离现象和弥合水锤现象进行全面的理论研究,分析液柱分离过程中压力的降低和气体的释放、气体主要存在的位置、液体中溶解的饱和气量以及在压力降低过程中气体的逸出速率和逸出量,液柱分离的形成过程及其影响因素,如何判断管线发生液柱分离,液柱分离形成的断流空腔的分类以及断流空腔与弥合水锤升压的关系等。

(3)研究分析断流空腔弥合水锤的防护措施,重点研究两阶段缓闭蝶阀、空气阀、单向调压塔的工作原理、性能特点和选用的技术要求;明确断流空腔弥合水锤综合防护措施选择需要的基础数据、选用原则及水锤综合防护的总目标。

(4)以断流空腔弥合水锤的理论研究和数值解法为基础,考虑不同工况下断流空腔的形态,建立完全断流型蒸气腔离散模型和完全断流型空气腔离散模型,分析两个模型的适用范围、假设条件以及其建立和求解过程,并编制断流空腔弥合水锤及其防护措施的数值模拟软件。

(5)为了快速确定管道的堵塞位置,基于水力瞬变原理,提出了一种基于水锤正压波或负压波的管道堵塞检测定位方法。该方法通过在管道内产生瞬态正压波或负压波,然后在特定位置对管道系统的响应进行检测,通过对检测得到的响应压力信号进行分析,提取响应信号特征,实现对管道的堵塞情况进行诊断。

(6)建立了输油管道泄漏检测瞬态模型,在模型的求解中,对传统的特征线法差分格式进行了改进,对管道实施从首端到末端和从末端到首端的两次仿真,仿真过程可以准确地将泄漏信号传播到管道两端,结合两次仿真结果实现了对管道的泄漏检测。改进差分格式后,无须对管道进行稳态仿真以获得第一时间层数据,从而大大减少了仿真过程从启动到真实表达管线特征所经历的过渡时间。并对泄漏发生后,管道泄漏量的计算方法进行了深入的研究,提出了相应的计算方法。

(7)对常用的水力瞬变分析软件 SPS 和 TLNET 进行了介绍。以兰成原油管道为例,对 SPS 仿真模型的建立步骤以及采用 VB 语言对 SPS 软件进行二次开发,采用 ADL 语句编写相关控制语句的方法进行了介绍,并且对 SPS 软件存在的适用性不强、操作难度大不易掌握等不足进行完善并不断调试改进,开发出适合于兰成管道停输再启动模拟的计算软件。以东黄复线泄漏爆炸事故为例,对 TLNET 软件的模型建立步骤,脚本语言编写等进行了介绍。

第二章 瞬变流基本理论

本章运用水锤数值解法的基本原理,给出了基本波速方程式及其修正方程;以关阀水锤为例推导出水锤基本微分方程式;采用特征线法将水锤基本微分方程式转换成有限差分方程;建立和求解出各种工况下的内外边界条件;改造离心泵的全面性能曲线,并采用 Newton – Raphson法通过建立水头平衡方程和减速特性方程求解出离心泵事故停泵的边界条件;通过建立两阶段缓闭蝶阀任意时刻关闭角与过阀水头损失的关系并采用 Newton – Raphson 法求解出安装在泵出口端和管线末端两种工况下的两阶段缓闭蝶阀关闭过程的边界条件。

第一节 瞬变流分析基本方程

一、水锤波速方程

1. 基本波速方程

根据水锤波沿管道传播时液体的动量方程、连续性方程及质量守恒定律,考虑管道的弹性变形特性和管道的约束条件,对于简单薄壁管道(简单管道是指管道直径不变无分支的均质管道,薄壁是指 $D/\delta > 25$),可以推导水锤波速的表达式为:

$$a = \sqrt{\frac{\frac{K}{\rho}}{1 + \frac{KD}{E\delta}C_1}} \qquad (2-1)$$

其中

$$K = \frac{\mathrm{d}p}{\mathrm{d}\rho/\rho} = -\frac{\mathrm{d}p}{\mathrm{d}V/V}$$

式中 a——水锤波速,m/s;
　　　K——液体的体积模量(表征压强增量与液体密度或体积增量间的关系,一般情况下水的 $K = 2.06 \times 10^3 \mathrm{MPa}$),Pa;
　　　p——液体的压强,Pa;
　　　V——液体的体积,m³;
　　　ρ——液体的密度,kg/m³;
　　　D——管道内径,m;
　　　E——管材的弹性模量(钢管 $E = 2.06 \times 10^5 \mathrm{MPa}$,铸铁 $E = 0.98 \times 10^5 \mathrm{MPa}$,混凝土 $E = 2.06 \times 10^4 \mathrm{MPa}$),Pa;
　　　δ——管壁厚度,m;
　　　C_1——管子的约束系数。

C_1 取决于管子的约束条件:一端固定,另一端自由伸缩,$C_1 = 1 - \dfrac{\mu}{2}$;管子无轴向位移(埋地管道),$C_1 = 1 - \mu^2$;管子轴向可以自由伸缩(两端自由支撑),$C_1 = 1$,μ 为管材的泊松系数。

式(2-1)是水锤波速的理论计算公式,水锤波的传播速度 a 取决于液体的可压缩性和管材的弹性,液体的压缩性表现为 $\mathrm{d}\rho/\rho$,管材的弹性表现为 $\mathrm{d}A/A$(A 为管道的横截面积),液体的可压缩性越大即 K 越小,管子的弹性越大即 E 越小,水锤波速 a 越小,管材的弹性与管材的、管道的几何尺寸和管道的约束条件有关。

在缺乏资料的情况下,水锤波速可以采用一些经验值来满足计算需要,露天钢管的水锤波速可近似地取为 1000m/s,埋藏式钢管可近似取为 1200m/s,钢筋混凝土管可以取为 900~1200m/s。

2. 修正波速方程

在管道管材以及相关数据给定的情况下,式(2-1)仅适用于均质管道且不考虑液体中含有气体和杂质的水锤波速的计算,当液体中混入气体后,其体积模量 K 值将减小,故根据水锤波速理论计算式得出的值将偏小,当考虑液体中含有气体,并假设气体以微小气泡的形式均匀地分布于管内液体中时,进行波速计算时可以忽略管壁弹性的影响[41],水锤波速式可改写为下面的形式:

$$a = \sqrt{\dfrac{K}{\rho}} \qquad (2-2)$$

根据工程实际,应该考虑气泡对液体密度 ρ 和体积模量 K 的影响,故有:

$$\rho = \rho_g \dfrac{V_g}{V} + \rho_L \dfrac{V_L}{V} \qquad (2-3)$$

$$K = \dfrac{-\Delta p}{\dfrac{\Delta V}{V}} = \dfrac{-\Delta p}{\dfrac{\Delta V_L + \Delta V_g}{V}} \qquad (2-4)$$

式中 ρ_g ——气体的密度,kg/m³;

ρ_L ——液体的密度,kg/m³;

V_g ——单位管长内气相的体积,m³;

V_L ——单位管长内液相的体积,m³;

V ——单位管长内混合液体的体积,m³;

Δp ——压强的变化量,Pa;

ΔV ——单位管长内液相体积变化量,m³;

ΔV_g ——单位管长内气相体积变化量,m³;

ΔV_L ——单位管长内液相体积变化量,m³。

液体和气体的体积模量分别为:

$$K_L = \dfrac{-\Delta p}{\dfrac{\Delta V_L}{V_L}} \qquad (2-5)$$

$$K_g = \frac{-\Delta p}{\dfrac{\Delta V_g}{V_g}} \qquad (2-6)$$

故混合液体的体积模量 K 为：

$$K = \frac{1}{\dfrac{1}{K_L}\dfrac{V_L}{V} + \dfrac{1}{K_g}\dfrac{V_g}{V}} = \frac{K_L}{1 + \dfrac{V_g}{V}\left(\dfrac{K_L}{K_g} - 1\right)} \qquad (2-7)$$

式中　K_g——气体的体积模量，Pa；

　　　K_L——液体的体积模量，Pa。

将式(2-3)和式(2-7)代入式(2-2)，可以得到考虑了液体中含有气体的水锤波速方程：

$$a = \sqrt{\dfrac{\dfrac{K_L}{\rho}}{1 + \dfrac{K_L D}{E\delta} + \dfrac{mRT}{p}\left(\dfrac{K_L}{K_g} - 1\right)}} \qquad (2-8)$$

式中　p——流体压强，Pa；

　　　T——液体的温度，K；

　　　m——单位体积内气体摩尔数，kmol/m³；

　　　R——气体常数，取 8314.3J/(kmol·K)。

若把气体压缩过程看作是等温过程，即 $K_g = p$，由于气体的体积模量 K_g 远远小于液体的体积模量 K_L，即 $\dfrac{K_L}{K_g} \gg 1$，式(2-8)可简化为：

$$a = \sqrt{\dfrac{\dfrac{K_L}{\rho}}{1 + \dfrac{K_L D}{E\delta} + \dfrac{mRTK_L}{p^2}}} \qquad (2-9)$$

二、水锤的基本微分方程组

水锤基本方程式是能够全面表达有压管道瞬变流动规律的数学表达式，水锤的基本方程组由管道瞬变流动过程中的运动方程和连续方程两部分所组成，以偏微分形式反映了液流在水锤过程中的流速和压头的变化规律。不论在什么种情况下，有压管道中的水力过渡流动都应满足水锤基本方程式。下面以简单管道的关阀水锤为例(简单管道定义为一条连续管段，管段内的管径、管材、壁厚和管内流体的性质均相同)，推导水锤基本微分方程组[42]。

1. 运动方程

以关阀水锤为例，从管道流体中选取微元段，对其进行受力分析，利用牛顿第二定律建立运动方程，如图2-1所示，从处于瞬变过程的管道中取出流体微元体，研究其所受的各种力，截面 B 和截面 C 垂直于管轴线,流体沿 x 方向流动为正(指向阀门方向为正),与水平轴夹角为 α,截面 B 面积为 A,H 为截面 B 管路水头,v 为管内液体流速,f 是管路摩阻系数,截面 B 和截面 C 两横截面之间距离为 $\mathrm{d}x$,截面 C 面积变化为 $\frac{\partial A}{\partial x}\mathrm{d}x$。

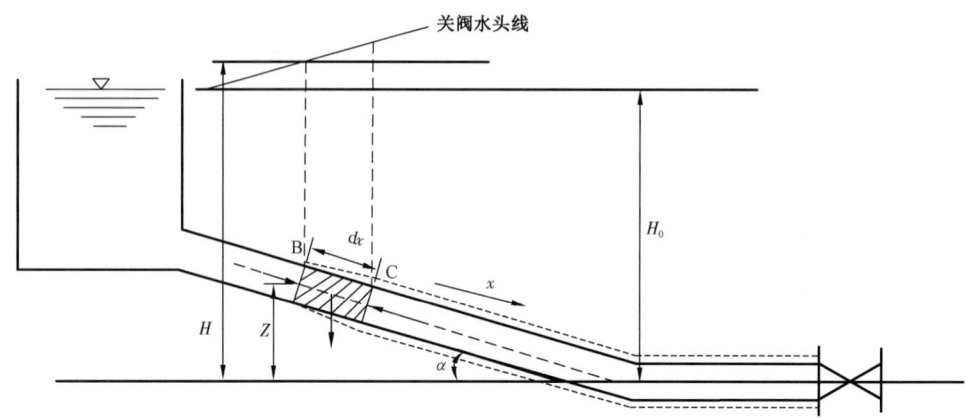

图 2-1 微元管段上的受力分析

假设在关阀水锤的某一时刻,流体微元处于被压缩的状态,对流体微元进行受力分析。

(1)截面 B 所受的液体的总压力:

$$\rho g(H-Z)A$$

(2)截面 C 所受的总压力:

$$-\rho g\left(A+\frac{\partial A}{\partial x}\mathrm{d}x\right)\left(H-Z+\frac{\partial H}{\partial x}\mathrm{d}x+\sin\alpha\mathrm{d}x\right)$$

(3)流体微元的重力沿 x 方向的分力:

$$\rho g\left(A+\frac{1}{2}\frac{\partial A}{\partial x}\mathrm{d}x\right)\mathrm{d}x\sin\alpha$$

(4)因流体截面积增大而引起的管壁对流体微元的沿 x 方向的作用力:

$$\rho g\left(H-Z+\frac{\partial H}{\partial x}\frac{\mathrm{d}x}{2}+\frac{\mathrm{d}x}{2}\sin\alpha\right)\frac{\partial A}{\partial x}\mathrm{d}x$$

(5)液体所受管壁的摩擦力:

$$-\tau_0\pi D\mathrm{d}x$$

式中　τ_0——管道摩阻应力,$\mathrm{N/m^2}$。

流体微元的质量为 $\rho A\mathrm{d}x$,加速度为 $\frac{\mathrm{d}v}{\mathrm{d}t}$,根据牛顿第二定律可以得到:

$$\rho g(H-Z)A-\rho g\left(A+\frac{\partial A}{\partial x}\mathrm{d}x\right)\left(H-Z+\frac{\partial H}{\partial x}\mathrm{d}x+\sin\alpha\mathrm{d}x\right)+\rho g\left(A+\frac{1}{2}\frac{\partial A}{\partial x}\mathrm{d}x\right)\mathrm{d}x\sin\alpha+$$

$$\rho g\left(H - Z + \frac{\partial H}{\partial x}\frac{\mathrm{d}x}{2} + \frac{\mathrm{d}x}{2}\sin\alpha\right)\frac{\partial A}{\partial x}\mathrm{d}x - \tau_0 \pi D \mathrm{d}x = \rho A \mathrm{d}x \frac{\mathrm{d}v}{\mathrm{d}t} \qquad (2-10)$$

将上式展开，忽略高阶无穷小量，可得沿 x 方向的合外力为：

$$-\mathrm{d}x\left(\rho g A \frac{\partial H}{\partial x} + \pi D \tau_0\right) = \rho A \mathrm{d}x \frac{\mathrm{d}v}{\mathrm{d}t} \qquad (2-11)$$

整理得：

$$\frac{\partial H}{\partial x} + \frac{\pi D \tau_0}{\rho g A} + \frac{1}{g}\frac{\mathrm{d}v}{\mathrm{d}t} = 0 \qquad (2-12)$$

在水锤波动过程中，流速 v 是管流中坐标 x 和时间 t 的函数，即 $v = v(x, t)$，将 $\frac{\mathrm{d}v}{\mathrm{d}t}$ 项按全微分定义展开，$\frac{\mathrm{d}x}{\mathrm{d}t} = v$，即：

$$\frac{\mathrm{d}v}{\mathrm{d}t} = \frac{\partial v}{\partial t} + \frac{\partial v}{\partial x}\frac{\mathrm{d}x}{\mathrm{d}t} = \frac{\partial v}{\partial t} + v\frac{\partial v}{\partial x} \qquad (2-13)$$

因此式(2-12)可写为：

$$\frac{\partial H}{\partial x} + \frac{1}{g}\left(\frac{\partial v}{\partial t} + v\frac{\partial v}{\partial x}\right) + \frac{\pi D \tau_0}{\rho g A} = 0 \qquad (2-14)$$

在管道瞬变流动过程中，要确定黏性力是比较复杂的，为了简化分析，假设瞬变流动过程中摩阻系数保持不变且等于稳定流动的值，由达西公式可得：

$$\tau_0 = \frac{\rho f v |v|}{8} \qquad (2-15)$$

式中速度项的绝对值符号可保证黏性力的方向总是与流动方向相反，f 为达西摩阻系数，将式(2-15)带入式(2-14)的运动方程的通用形式：

$$\frac{\partial H}{\partial x} + \frac{v}{g}\frac{\partial v}{\partial x} + \frac{1}{g}\frac{\partial v}{\partial t} + \frac{f}{D}\frac{v|v|}{2g} = 0 \qquad (2-16)$$

式(2-16)就是水锤的运动方程式，对于直管和变径管、倾斜管路和水平管路、管材弹性大还是弹性小的管路都适用。

2. 连续性方程

连续性方程是描述管道瞬变流过程中的质量守恒，为了推导在水锤状态下液体的连续性方程，沿管内壁取微小管段 $\mathrm{d}x$，设 Δm_1 为在 $\mathrm{d}t$ 时段内，流入和流出 $\mathrm{d}x$ 管段的液体的质量差；Δm_2 为在 $\mathrm{d}t$ 时段内由于水锤升压使管壁膨胀和液体被压缩所增加的液体质量，根据质量守恒定律，在 $\mathrm{d}t$ 时段内，满足 $\Delta m_1 = \Delta m_2$。

截面 B 面积为 A，流速为 v，液体密度为 ρ，则有：

$$\Delta m_1 = \rho A v \mathrm{d}t - \left(\rho + \frac{\partial \rho}{\partial x}\mathrm{d}x\right)\left(A + \frac{\partial A}{\partial x}\mathrm{d}x\right)\left(v + \frac{\partial v}{\partial x}\mathrm{d}x\right)\mathrm{d}t \qquad (2-17)$$

将式(2-17)展开,忽略高阶小量,得:

$$\Delta m_1 = -\mathrm{d}x\mathrm{d}t\left(v\rho\frac{\partial A}{\partial x} + Av\frac{\partial \rho}{\partial x} + A\rho\frac{\partial v}{\partial x}\right) \quad (2-18)$$

Δm_2 为在 $\mathrm{d}t$ 时段内由于水锤升压使管壁膨胀和液体被压缩所增加的液体质量,由于流体微元是固定的,故 $\mathrm{d}x$ 与时间 t 无关,得:

$$\Delta m_2 = \frac{\mathrm{d}(\rho A \mathrm{d}x)}{\mathrm{d}t}\mathrm{d}t = \mathrm{d}x\mathrm{d}t\left(\rho\frac{\mathrm{d}A}{\mathrm{d}t} + A\frac{\mathrm{d}\rho}{\mathrm{d}t}\right) \quad (2-19)$$

连续性需要满足 $\Delta m_1 = \Delta m_2$,故得:

$$-\mathrm{d}x\mathrm{d}t\left(v\rho\frac{\partial A}{\partial x} + Av\frac{\partial \rho}{\partial x} + A\rho\frac{\partial v}{\partial x}\right) = \mathrm{d}x\mathrm{d}t\left(\rho\frac{\mathrm{d}A}{\mathrm{d}t} + A\frac{\mathrm{d}\rho}{\mathrm{d}t}\right) \quad (2-20)$$

在水锤过程中,$\frac{\partial A}{\partial x}$ 和 $\frac{\partial \rho}{\partial x}$ 都远远小于 $\frac{\partial v}{\partial x}$,可忽略,整理得:

$$-A\rho\frac{\partial v}{\partial x} = \rho\frac{\mathrm{d}A}{\mathrm{d}t} + A\frac{\mathrm{d}\rho}{\mathrm{d}t} \quad (2-21)$$

改写为:

$$-\frac{\partial v}{\partial x} = \frac{\mathrm{d}p}{\mathrm{d}t}\left(\frac{1}{A}\frac{\mathrm{d}A}{\mathrm{d}p} + \frac{1}{\rho}\frac{\mathrm{d}\rho}{\mathrm{d}p}\right) \quad (2-22)$$

根据弹性水锤理论 $a = \dfrac{1}{\sqrt{\rho\left(\dfrac{1}{A}\dfrac{\mathrm{d}A}{\mathrm{d}p} + \dfrac{1}{\rho}\dfrac{\mathrm{d}\rho}{\mathrm{d}p}\right)}}$,对式(2-22)进行变换得:

$$-\frac{\partial v}{\partial x} = \frac{\mathrm{d}p}{\mathrm{d}t}\frac{1}{\rho a^2} \quad (2-23)$$

将全微分 $\dfrac{\mathrm{d}p}{\mathrm{d}t}$ 展开,得:

$$-\frac{\partial v}{\partial x} = \frac{1}{\rho a^2}\left(\frac{\partial p}{\partial t} + \frac{\partial p}{\partial x}\frac{\mathrm{d}x}{\mathrm{d}t}\right) \quad (2-24)$$

整理得:

$$-\frac{\partial v}{\partial x} = \frac{1}{\rho a^2}\left(\frac{\partial p}{\partial t} + v\frac{\partial p}{\partial x}\right) \quad (2-25)$$

又因水头 $H = \dfrac{p}{\rho g} + Z$,对 H 取其对 t 的偏导数,则为:

$$\frac{\partial H}{\partial t} = \frac{1}{\rho g}\frac{\partial p}{\partial t} + \frac{\partial Z}{\partial t} \quad (2-26)$$

Z 是 B 截面管中心至基准线的距离,Z 不随时间变化,故 $\dfrac{\partial Z}{\partial t}=0$,得:

$$\frac{\partial p}{\partial t} = \rho g \frac{\partial H}{\partial t} \tag{2-27}$$

同理，对 H 取其对 x 的偏导数，得：

$$\frac{\partial p}{\partial x} = \rho g \frac{\partial H}{\partial x} - \rho g \frac{\partial Z}{\partial x} \tag{2-28}$$

将式(2-27)和式(2-28)带入式(2-25)中，且有 $\frac{dZ}{dx} = \frac{\partial Z}{\partial x} = -\sin\alpha$，整理得：

$$\frac{\partial H}{\partial t} + v \frac{\partial H}{\partial x} + v\sin\alpha + \frac{a^2}{g}\frac{\partial v}{\partial x} = 0 \tag{2-29}$$

水锤的发生和衰减过程往往是在很短的时间内完成的，H 和 v 两变量对时间的变化率比对空间的变化率大很多，故有 $\frac{\partial v}{\partial t} \gg \frac{\partial v}{\partial x}$，$\frac{\partial H}{\partial t} \gg \frac{\partial H}{\partial x}$，在工程实际中更加重视由于水锤而引起的水头变化即升(降)压，忽略由地势高差引起的流速变化 $v\sin\alpha$，则运动方程和连续方程的可以简化为下列两式：

$$g\frac{\partial H}{\partial x} + \frac{\partial v}{\partial t} + \frac{f}{2D}v|v| = 0 \tag{2-30}$$

$$\frac{\partial H}{\partial t} + \frac{a^2}{g}\frac{\partial v}{\partial x} = 0 \tag{2-31}$$

第二节　瞬变流方程的数值解法

前面推导出的考虑摩阻损失及管道倾斜度影响的管道瞬变流动过程中的运动方程和连续方程，它们是拟线性双曲线型偏微分方程组，无法直接求出其解析解，目前通常采用特征线法求解这类双曲线型方程组。

一、特征方程

运用特征线法求解水锤方程组的过程如下：

第一步，将水锤基本偏微分方程组式(2-30)和式(2-31)转化为特定形式的全微分方程组，称为特征方程。

式(2-30)和式(2-31)是一对双曲型偏微分方程，分别用 L_1 和 L_2 表示：

$$L_1 = g\frac{\partial H}{\partial x} + \frac{\partial v}{\partial t} + \frac{f}{2D}v|v| = 0 \tag{2-32}$$

$$L_2 = \frac{\partial H}{\partial t} + \frac{a^2}{g}\frac{\partial v}{\partial x} = 0 \tag{2-33}$$

将式(2-32)乘以待定系数 λ 后，再和式(2-33)相加：

$$L = \lambda L_1 + L_2 = \lambda\left(g\frac{\partial H}{\partial x} + \frac{\partial v}{\partial t} + \frac{f}{2D}v|v|\right) + \frac{\partial H}{\partial t} + \frac{a^2}{g}\frac{\partial v}{\partial x} = 0 \tag{2-34}$$

整理得：

$$L = \lambda L_1 + L_2 = \left[\frac{\partial H}{\partial x}(\lambda g) + \frac{\partial H}{\partial t}\right] + \lambda\left[\frac{a^2}{\lambda g}\frac{\partial v}{\partial x} + \frac{\partial v}{\partial t}\right] + \frac{\lambda f}{2D}v|v| = 0 \quad (2-35)$$

如果 $H = H(x,t)$ 和 $v = v(x,t)$ 是式(2-30)和式(2-31)的解，并设变量 x 是时间 t 的函数，即 $x = f(t)$，则 H 和 v 对 t 的全导数为：

$$\frac{dH}{dt} = \frac{\partial H}{\partial t} + \frac{\partial H}{\partial x} \cdot \frac{dx}{dt} \quad (2-36)$$

$$\frac{dv}{dt} = \frac{\partial v}{\partial t} + \frac{\partial v}{\partial x} \cdot \frac{dx}{dt} \quad (2-37)$$

现在选择两个特殊的 λ 值，目的是把式(2-35)转换成全微分方程的形式，那必须满足下面的条件：

$$\frac{dx}{dt} = \lambda g = \frac{a^2}{\lambda g} \quad 即 \quad \lambda = \pm\frac{a}{g} \quad (2-38)$$

将 $\lambda = \frac{a}{g}$ 和 $\lambda = -\frac{a}{g}$ 分别代入式(2-35)中，可得到与水锤基本偏微分方程组等价的常微分方程组，分别用 C^+ 和 C^- 来表示。

$$C^+ = \begin{cases} \dfrac{dH}{dt} + \dfrac{a}{g}\dfrac{dv}{dt} + \dfrac{af}{2gD}v|v| = 0 \\ \dfrac{dx}{dt} = a \end{cases} \quad (2-39)$$

$$C^- = \begin{cases} \dfrac{dH}{dt} - \dfrac{a}{g}\dfrac{dv}{dt} - \dfrac{af}{2gD}v|v| = 0 \\ \dfrac{dx}{dt} = -a \end{cases} \quad (2-40)$$

式(2-39)和式(2-40)统称为水锤的特征方程组，$\frac{dx}{dt} = a$ 和 $\frac{dx}{dt} = -a$ 分别称为正特征线方程和负特征线方程，特征线方程是特征方程的约束条件，特征方程的解就是水锤原始基本微分方程组式(2-30)和式(2-31)的解。

可利用图 2-2 对 C^+ 和 C^- 进行形象化说明，以 x 为横坐标，以 t 为纵坐标，AP 段表示 C^+ 的特征线方程 $\frac{dx}{dt} = a$，BP 段表示 C^- 的特征线方程 $\frac{dx}{dt} = -a$；Δx 表示 Δt 时段内水锤波以波速 a 沿管路移动的距离，A 点和 B 点在 t_0 时刻的 H 和 v 值是已知的，沿着 C^+ 曲线可以应用式

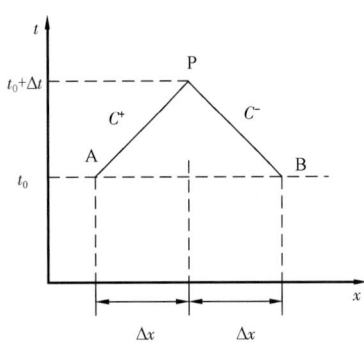

图 2-2 正负水锤特征线

(2-39);沿着 C^- 曲线可以应用式(2-40),因此联立式(2-39)和式(2-40)解出 C^+ 和 C^- 的交点 P 在 $t_0 + \Delta t$ 时段末的 H_P 和 v_P。

二、有限差分方程

第二步,对全微分方程组进行积分,得到有限差分方程,有限差分方程是近似的代数积分式,可以得到水锤基本方程的近似数值解。

利用特征线法得到的相容性方程虽然是全微分形式,但相容性方程中的摩阻项是非线性的,仍不能直接积分得到其解析解。将管道沿长度方向离散成若干管段,把水锤过程离散成若干个时间步长,使用有限差分方法进行计算求得其数值解。

根据管道的布置和计算精度的要求,将整个管路划分为 N 段,每段长度为 $\Delta x = \dfrac{L}{N}$,称为空间步长;管道的节点数为 $N+1$;水锤波传播 Δx 距离所需要的时间 $\Delta t = \dfrac{\Delta x}{a}$,称为时间步长,把 x—t 平面画成网格,采用矩形网格进行计算,管路分段数越多,所得的数值解与原积分式的解就越相近。

将 C^+ 的相容性方程沿着特征线方向从 A 点到 P 点积分,将 C^- 的相容性方程沿着特征线方向从 B 点到 P 点积分,得:

$$(H_P - H_A) + \frac{a}{g}(v_P - v_A) + \frac{f}{2gD}\int_{x_A}^{x_P} v|v|\mathrm{d}x = 0 \tag{2-41}$$

$$(H_P - H_B) - \frac{a}{g}(v_P - v_B) - \frac{f}{2gD}\int_{x_B}^{x_P} v|v|\mathrm{d}x = 0 \tag{2-42}$$

由于无法知道瞬变过程中 v 和 x 之间的函数关系,最后一项积分只能采用近似值代替精确积分,对于摩阻较小的管道,后面一项积分采用一阶近似方法,一阶近似就是用已知计算点 P 左右邻近的点 A 或点 B 的 v_A 或 v_B 取代上面两式中被积函数中的流速。

故式(2-41)的有限差分方程和式(2-42)的有限差分方程分别为:

C^+ 方程

$$(H_P - H_A) + \frac{a}{g}(v_P - v_A) + \frac{f\Delta x}{2gD}v_A|v_A| = 0 \tag{2-43}$$

C^- 方程

$$(H_P - H_B) - \frac{a}{g}(v_P - v_B) - \frac{f\Delta x}{2gD}v_B|v_B| = 0 \tag{2-44}$$

根据 $Q = Av$,将上两式简化为:

C^+ 方程

$$(H_P - H_A) + \frac{a}{gA}(Q_P - Q_A) + \frac{f\Delta x}{2gDA^2}Q_A|Q_A| = 0 \tag{2-45}$$

C^- 方程

$$(H_P - H_B) - \frac{a}{gA}(Q_P - Q_B) - \frac{f\Delta x}{2gDA^2}Q_B|Q_B| = 0 \tag{2-46}$$

整理得：

C^+ 方程

$$H_P = H_A - \frac{a}{gA}(Q_P - Q_A) - \frac{f\Delta x}{2gDA^2}Q_A|Q_A| \tag{2-47}$$

C^- 方程

$$H_P = H_B + \frac{a}{gA}(Q_P - Q_B) + \frac{f\Delta x}{2gDA^2}Q_B|Q_B| \tag{2-48}$$

如图 2-3 所示，可以用图中的矩形网格来描述利用有限差分方程进行运算的过程，将整条管线等分为 N 段，每个节点用 i 表示，$i = 1 \sim N+1$，为将计算推广到整条管线将 A 点和 B 点分别用"$i-1$"和"$i+1$"表示，Q_i 和 H_i 表示计算时段开始时刻 i 处的参数值，Q_{Pi} 和 H_{Pi} 代表计算时段末 i 处的参数值。

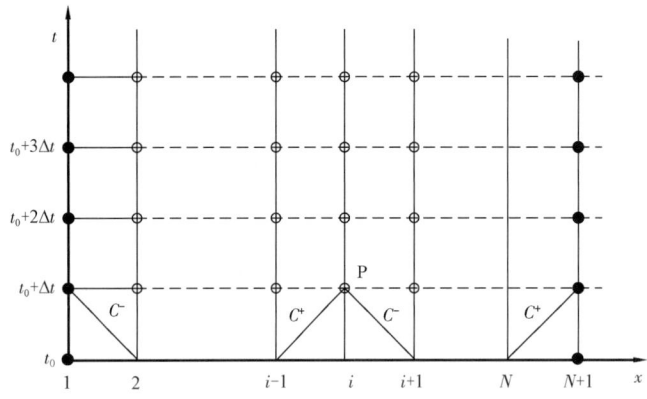

图 2-3　有限差分的矩形计算网格

令 $B = \frac{a}{gA}$, $R = \frac{f\Delta x}{2gDA^2}$，则式 (2-47) 和式 (2-48) 可改写为：

C^+ 方程

$$H_{Pi} = H_{i-1} - B(Q_{Pi} - Q_{i-1}) - RQ_{i-1}|Q_{i-1}| \tag{2-49}$$

C^- 方程

$$H_{Pi} = H_{i+1} + B(Q_{Pi} - Q_{i+1}) + RQ_{i+1}|Q_{i+1}| \tag{2-50}$$

式中

$$C_P = H_{i-1} + BQ_{i-1} - RQ_{i-1}|Q_{i-1}| \tag{2-51}$$

$$C_M = H_{i+1} - BQ_{i+1} + RQ_{i+1}|Q_{i+1}| \tag{2-52}$$

可得：

C^+ 方程

$$H_{Pi} = C_P - BQ_{Pi} \quad (2-53)$$

C^- 方程

$$H_{Pi} = C_M + BQ_{Pi} \quad (2-54)$$

或者写为：

$$H_{Pi} = \frac{C_P + C_M}{2} \quad (2-55)$$

$$Q_{Pi} = \frac{C_P - C_M}{2B} \quad (2-56)$$

第三步，以相容性方程为基础，结合管路系统的初始条件和边界条件，编制程序进行数值模拟计算。

式(2-53)至式(2-56)称为相容性方程，水锤的数值模拟就是以相容性方程为基础的，通过将其编入程序进行水锤基本计算。

从水锤发生前的稳定流动状态 t_0 时刻开始计算，初始状态各点的 Q_0 和 H_0 值以及边界条件都是已知的，第一个计算时段($t = 0 \sim \Delta t$)就可根据已知的 Q 和 H 值，利用式(2-55)和式(2-56)求出第一个时段末 $t_0 + \Delta t$ 的 Q 和 H 值，依次类推。水锤计算开始前要完全确定管道系统内的压力和流量分布状态，除了上述方程以外，还需要知道管道的初始情况和两个管端的边界情况，描述这种初始状态和边界情况的数学条件就是初始条件和边界条件。

三、初始条件和边界条件

1. 初始条件

初始条件是管道正常运行时沿线压力分布和流量分布，可以通过实测或稳态数值模拟得到。

2. 边界条件

由前面特征线法求解水锤的基本微分方程的分析过程可知，推导出的相容性方程只适用于管道内结点，对于管道系统中的边界点，如上游端只存在负特征线 C^-，下游端只存在正特征线 C^+，而对于这样的边界点，为求解在水锤过程中的边界上的 H_P 和 Q_P 值，必须再补充相对应的边界条件方程。

边界条件就是在水锤过程中，边界处压力与流量之间的关系、压力或流量随时间的变化对应关系。管道上凡是使特征线的有效性和相容性方程的适用范围截止的点，都称为边界，管道系统中的边界有内边界和外边界之分。管道外边界一般是指独立管道的起点和终点或管道两端的两个结点，外边界条件都只有一个相容性方程可用。管道内边界是指副管或变径管的连接点、管道的分支点、设备、中间站场等，管道的内边界对全局影响甚微的局部性变化可以不按照边界条件处理，如转弯等。

第三节　边界条件的建立和求解

一、内边界条件的建立和求解

1. 变径管接点

变径管的特点是变径接点处两侧的流量连续，但两侧的流速、管径、压力波速不同，如图 2-4 所示，把变径管的连接点 P 看为各管的边界点，P 对管 1 是下游边界，可以利用 C^+ 方程，对管 2 是上游边界，可以利用 C^- 方程，变径管接点 P 处左右两侧分别为 P_1 点和 P_2 点，与 P_1 点相邻的为 A 点，与 P_2 点相邻的为 B 点。

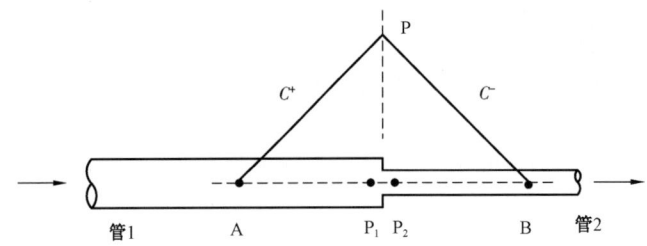

图 2-4　变径管接点示意图

对于 P_1 点（C^+ 方程）

$$Q_{P1} = \frac{C_{P1} - H_{P1}}{B_1} \quad (2-57)$$

式中的 C_{P1}，B_1 和 R_1 为管 1 中的相关参数，其中

$$C_{P1} = H_A + B_1 Q_A - R_1 Q_A |Q_A|$$

$$B_1 = \frac{a_1}{gA_1}$$

$$R_1 = \frac{f_1 \Delta x}{2gD_1 A_1^2}$$

对于 P_2 点（C^- 方程）

$$Q_{P2} = \frac{H_{P2} - C_{M2}}{B_2} \quad (2-58)$$

式中 C_{M2}，B_2 和 R_2 为管 2 中的相关参数，其中

$$C_{M2} = H_B - B_2 Q_B + R_2 Q_B |Q_B|$$

$$B_2 = \frac{a_2}{gA_2}$$

$$R_2 = \frac{f_2 \Delta x}{2gD_2 A_2^2}$$

根据串联管路的流量连续性原则可知,接点两侧的流量相同($Q_{P1} = Q_{P2} = Q_P$),如果忽略接点的局部阻力和速度头的差别,根据连接点处的能量守恒定律,可认为接点两侧的压力视为相等($H_{P1} = H_{P2} = H_P$),则有:

压力平衡方程

$$H_{P1} = H_{P2} = H_P \quad (2-59)$$

流量连续方程

$$Q_{P1} = Q_{P2} = Q_P = \frac{C_{P1} - H_P}{B_1} = \frac{H_P - C_{M2}}{B_2} \quad (2-60)$$

联立式(2-59)和式(2-60)可得:

$$H_P = \frac{C_{P1} B_2 + C_{M2} B_1}{B_1 + B_2} \quad (2-61)$$

求出 H_P 后,带入式(2-57)或式(2-58),可求得接点处的 Q_P。

2. 分支管接点

以三管连接的情况为例,如图 2-5 所示,对其边界条件进行分析,把三管的连接点 P 看为各管的边界点,P 对于管 1 是下游边界,可以利用 C^+ 方程,P 对于管 2 和管 3 是上游边界,可以利用各自的 C^- 方程,与 P 点相邻的分别为 P_1、P_2 和 P_3,在各个管路上与 P_1 点相邻的为 A 点,与 P_2 点相邻的为 B 点,与 P_3 点相邻的为 C 点。

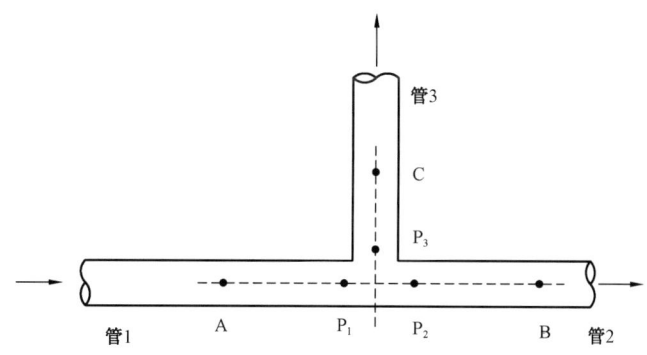

图 2-5 分支管接点示意图

管 1 C^+ 方程:

$$Q_{P1} = \frac{C_{P1} - H_{P1}}{B_1} \quad (2-62)$$

管 2 C^- 方程:

$$Q_{P2} = \frac{H_{P2} - C_{M2}}{B_2} \quad (2-63)$$

管 $3C^-$ 方程：

$$Q_{P3} = \frac{H_{P3} - C_{M3}}{B_3} \qquad (2-64)$$

根据连续性原则和能量守恒原则有：

流量连续方程

$$Q_{P1} = Q_{P2} + Q_{P3} \qquad (2-65)$$

压力平衡方程

$$H_{P1} = H_{P2} = H_{P3} \qquad (2-66)$$

联立式(2-62)至式(2-66)，可得：

$$H_{P1} = H_{P2} = H_{P3} = H_P = \frac{C_{P1}B_2B_3 + C_{M2}B_1B_3 + C_{M3}B_1B_2}{B_1B_2 + B_1B_3 + B_2B_3} \qquad (2-67)$$

计算出接点处各点的压头后，分别代入式(2-62)、式(2-63)和式(2-64)，就可以得到各点的流量值，其他类型的分支管边界条件的推导同样可以按照上面的求解方法进行推导。

3. 管道其他内部阻力设备

根据工程实际要求，管道上往往会存在很多的针对相应工艺要求的设备，如长输管道中间的加热站、减压站、清管站、泵站等，当中间设备的局部摩阻损失比较大时，就不能忽略中间设备上游和下游两端的压差，不能直接使用两个特征方程求解，故在研究分析管道的水锤过程中就要考虑局部摩阻损失较大的中间设备。

常见的处理这类局部损失的方法有两种：一是将局部摩阻损失平均分配到整个管段内；二是将中间设备处作为内部边界条件处理，这种方法更接近实际。

图2-6是中间设备作为内部边界条件的简化图，中间设备的局部摩阻损失为：

$$h_\xi = \xi \frac{v^2}{2g} = \xi \frac{Q_{P2}^2}{2gA_2^2} \qquad (2-68)$$

式中　ξ——管件或阀件的局部阻力系数；
　　　v——管件或阀件的下游侧的流速，m/s。

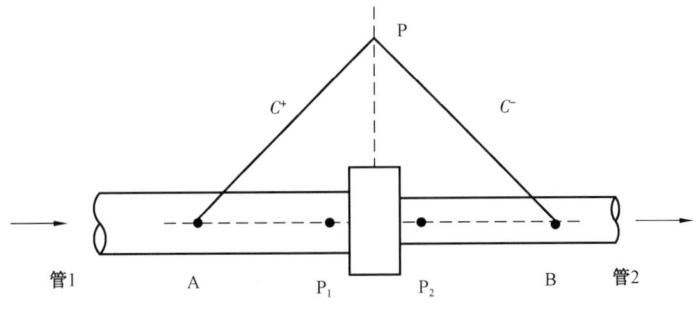

图2-6　内部阻力设备边界条件简化示意图

同理,把中间设备 P 看为两管的边界点,P 对于管 1 是下游端,可以利用 C^+ 方程,P 对于管 2 是上游端,可以利用 C^- 方程,P 点左右两侧分别为 P_1 点和 P_2 点,与 P_1 点相邻的为 A 点,与 P_2 点相邻的为 B 点。

管 $1C^+$ 方程:

$$H_{P1} = C_{P1} - B_1 Q_{P1} \quad (2-69)$$

管 $2C^-$ 方程:

$$H_{P2} = C_{M2} + B_2 Q_{P2} \quad (2-70)$$

根据流量连续性原则和能量守恒原则,并且认为中间设备处于水锤状态下的压头损失特性与稳定工况下压头损失特性相同,则有:

流量连续方程

$$Q_{P1} = Q_{P2} = Q_P \quad (2-71)$$

压力平衡方程

$$H_{P1} = H_{P2} + \xi \frac{Q_{P2}^2}{2gA_2^2} \quad (2-72)$$

将式(2-69)至式(2-71)代入式(2-72)中,整理得:

$$\xi \frac{Q_P^2}{2gA_2^2} + (B_1 + B_2) Q_P + C_{M2} - C_{P1} = 0 \quad (2-73)$$

令 $\frac{\xi}{2gA_2^2} = A, B_1 + B_2 = B, C_{M2} - C_{P1} = C$,一般情况下,流体总是正向流动即 $Q_P > 0$,式(2-73)的解为:

$$Q_P = \frac{-B + \sqrt{B^2 - 4AC}}{2A} \quad (2-74)$$

将求得的 Q_P 代入式(2-69)和式(2-70),可得到两侧的压头 H_{P1} 和 H_{P2}。如果计算过程中 $Q_P < 0$,说明管内液体逆向流动,压力平衡方程变为 $H_{P1} + \xi \frac{Q_{P2}^2}{2gA_2^2} = H_{P2}$,需要重新计算 Q_P。

二、外边界条件的建立和求解

1. 首站定速泵

管道水锤过程中,当水锤压力波传到首站后,会引起首站排量 Q 和出站压力 H_{Pd} 的变化,泵站的出站压力和排量有关,因此只有排量是独立变量,首站为定速泵的边界条件简单表示为图 2-7。

根据泵的组合方式,离心泵的工作特性曲线可用标准的二次方程描述,即:

$$H = a_1 + a_2 Q + a_3 Q^2 \quad (2-75)$$

式中 H——泵站扬程,m;
Q——泵站排量,m^3/h;
a_1,a_2,a_3——与泵的组合方式有关的常数。

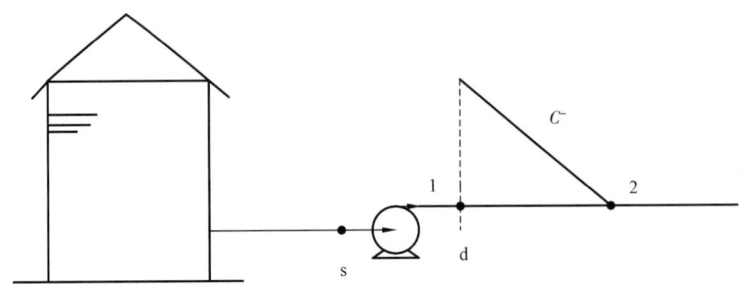

图 2-7 首站定速泵边界条件简意图

假设泵站的进站压力 H_{Ps}、站内摩阻损失 ΔH 为常量,把泵站 P 看为边界点,对下游管路是上游边界,可以利用 C^- 方程,首站恒速泵的进站与出站压力平衡的关系如下:

出站压头 C^- 方程

$$H_{Pd} = C_M + B_2 Q_{Pd} \qquad (2-76)$$

流量连续方程

$$Q_{Ps} = Q_{Pd} = Q_P \qquad (2-77)$$

压力平衡方程

$$H_{Ps} + H - \Delta H = H_{Pd} \qquad (2-78)$$

整理式(2-75)至式(2-78)得:

$$a_3 Q_P^2 + (a_2 - B_2) Q_P + H_{Ps} + a_1 - C_M - \Delta H = 0 \qquad (2-79)$$

求解式(2-79)得:

$$Q_P = \frac{1}{2a_3}\left[(B_2 - a_2) - \sqrt{(a_2 - B_2)^2 - 4a_3(a_1 + H_{Ps} - C_M - \Delta H)}\right] \qquad (2-80)$$

泵站正常运行时,计算所得 $Q_P > 0$,计算出 Q_P 后,带入式(2-76)可得到首站恒速泵的出站压力 H_{Pd}。

如果计算中出现 $Q_P < 0$,则认为泵站排出段的单向阀瞬时关闭,此时令 $Q_P = 0, H_{Pd} = C_M$。

2. 上游恒液位罐

对于容量足够大的上游液体罐,在时间相对短的水锤过程中,可以假设其液位是不变的,可以表示为 $H_P = H_0$,H_0 为上游液体罐内液体表面相对于基准线的高度,在 H_P 已知的情况下,Q_P 可由 C^- 方程求出:

$$Q_P = \frac{H_P - C_M}{B} \qquad (2-81)$$

3. 下游恒液位罐

下游恒液位罐的边界条件的建立与首站恒速泵相似，输油管道终点常常与油罐相连，为了控制进站压力，进站前设有调压阀，管道终点的油罐可以视为恒液位罐。

调压阀前 C^+ 方程：

$$H_{P1} = C_P - BQ_P \tag{2-82}$$

流量连续方程：

$$Q_{P1} = Q_{P2} = Q_P \tag{2-83}$$

调压阀前的压力平衡方程：

$$H_{P1} = K_L \frac{Q_P^2}{2gA_2^2} + H_0 \tag{2-84}$$

式中 K_L——阀门的阻力系数；
H_0——油罐液位，m。

联立式(2-82)至式(2-84)可得：

$$C_P - BQ_P = K_L \frac{Q_P^2}{2gA_2^2} + H_0 \tag{2-85}$$

求解式(2-85)，可得：

$$Q_P = \frac{-B + \sqrt{B^2 - 4A(H_0 - C_P)}}{2A} \tag{2-86}$$

式中 $A = \frac{K_L}{2gA_2^2}$，求出 Q_P 后代入 C^+ 方程，可求的进站压力 H_{P1}。

4. 下游封闭端

管网系统中的某些支线常处于停运状态，停运支管关闭的阀门可以看作是封闭端，干线备用的支管也可视为封闭端，这种情况认为 $Q_P=0$，利用 C^+ 方程可得 H_P：

$$H_P = C_P - BQ_P \tag{2-87}$$

三、离心泵事故停泵的边界条件

一般情况下，因事故突然停泵造成的扰动比泵站启动过程严重得多，事故突然停泵是指泵机组突然失去动力(比如停电)，由于过热或振动而使电动机和泵的保护装置突然动作或泵机组的机械故障(如泵轴破坏)都会造成突然停泵，本节以长输管道上常用的离心泵为例，分析离心泵在突然停泵工况下的边界条件的建立和求解。

运行中的离心泵因某些原因突然失去动力时，泵叶轮和电动机的旋转部分(包括电动机的转子部分、泵轴、叶轮等)会因为惯性继续正向转动，泵出口端的液流作用在泵叶轮的反作用力矩和旋转部分的摩擦力对泵的反作用力矩会使泵叶轮的转速逐渐减小，使泵的扬程和排量降低。在离心泵的减速过程中,泵的排出端产生的减压波向下游方向传播,某些特殊地段在减压波作用下,有可能使管内液体内溶解气逸出,液体汽化,造成液柱分离,可能造成管道失稳变形。泵站吸入段产生的增压波向上游传播,可能使管道某些特殊位置的压力过大,造成管道强度破坏。

离心泵在突然停泵的工况下的边界条件的建立就是确定离心泵减速过程中泵进、出口压力和泵的排量随时间的变化关系,离心泵在减速过程中,伴随着转速 N 的变化,扬程 H、排量 Q、转矩 M 及泵进、出口的压力 H_{Ps} 和 H_{Pd} 都会变化,只有排量 Q 和转速 N 为独立变量,所以在使用特征方程求解管道水锤过程中,每个时间间隔 Δt,需要对于减速泵站的边界条件建立两个方程,液体通过泵站的压力平衡方程和离心泵的减速特性方程[43-48]。

1. 全面性能曲线的无量纲改造

泵的全面性能曲线是指能够反映离心泵全部工况的特性的曲线,主要包括 4 个性能参数:转速 N、扬程 H、排量 Q 和转矩 M,利用全面性能曲线进行泵处的水锤计算时,要先基于相似理论对全面性能曲线进行无量纲改造,假定几何上相似的两个离心泵 1 和 2,由相似理论可知,相似工况的各参数具有如下的比例关系:

$$\frac{Q_1}{Q_2} = \left(\frac{N_1}{N_2}\right)\left(\frac{D_1}{D_2}\right)^3 \quad \frac{H_1}{H_2} = \left(\frac{N_1}{N_2}\right)^2\left(\frac{D_1}{D_2}\right)^2 \quad \frac{M_1}{M_2} = \left(\frac{N_1}{N_2}\right)^2\left(\frac{D_1}{D_2}\right)^5$$

对于同一台离心泵,$D_1 = D_2$,即线性比例为 1,转速由 N_1 变为 N_2 时,各参数有如下比例关系:

$$\frac{Q_1}{Q_2} = \frac{N_1}{N_2} \quad \frac{H_1}{H_2} = \left(\frac{N_1}{N_2}\right)^2 \quad \frac{M_1}{M_2} = \left(\frac{N_1}{N_2}\right)^2$$

正常运转中的离心泵,转速是固定不变的,其性能曲线的坐标参数为:

$$H—Q, M—Q \tag{2-88}$$

如果改用以下的新坐标参数绘制性能曲线,则同一台泵在各个不同转速条件下的性能曲线将互相叠合在一起,有:

$$\frac{H}{N^2}—\frac{Q}{N}, \frac{M}{N^2}—\frac{Q}{N} \tag{2-89}$$

现用一组无量纲参数表示工作参数与额定参数的相对比值:

$$\beta = \frac{N}{N_n}, \alpha = \frac{Q}{Q_n}, h = \frac{H}{H_n}, m = \frac{M}{M_n} \tag{2-90}$$

式中下角标"n"的值表示额定参数值即泵的最大效率点对应的参数,则式(2-89)中的两条性能曲线,也可改绘为以下两条以无量纲参数为新坐标的性能曲线:

$$\frac{h}{\beta^2}—\frac{\alpha}{\beta}, \frac{m}{\beta^2}—\frac{\alpha}{\beta} \tag{2-91}$$

由于 β, α, h 和 m 都可正可负,当然也可能出现 β 为零值的情况,故各坐标参数的变化幅

度均为 $-\infty \sim +\infty$，故实际上不可能绘出整个曲线。所以，将式(2-91)的无量纲坐标参数再改造为以下的无量纲新坐标参数：

$$WH(x)—x, WM(x)—x \quad (2-92)$$

式(2-92)中 x 为横坐标，以弧度表示，横坐标的变化幅度为 $0 \sim 2\pi$。

$$x = \pi + \tan^{-1}\left(\frac{\alpha}{\beta}\right) \quad (2-93)$$

式(2-92)中纵坐标表示为：

$$WH(x) = \frac{h}{\beta^2 + \alpha^2}, WM(x) = \frac{m}{\beta^2 + \alpha^2} \quad (2-94)$$

利用新的无量纲坐标参数就可以在坐标系中绘出泵的全面性能曲线，对于上述假设，可能存在对于两个不同工况的横坐标 x 相同的情况，比如 $\beta=1, \alpha=-1$ 的工况和 $\beta=-1, \alpha=1$ 的工况，为避免相互混淆，应对坐标系进行分区。

(1) $\alpha \leq 0, \beta < 0$（反向流量，反向转速，水轮机工况）：

$$x = 0 \sim \frac{\pi}{2}, x = \tan^{-1}\left(\frac{\alpha}{\beta}\right)$$

(2) $\alpha < 0, \beta \geq 0$（反向流量，正向转速，泵制动工况）：

$$x = \frac{\pi}{2} \sim \pi, x = \pi + \tan^{-1}\left(\frac{\alpha}{\beta}\right)$$

(3) $\alpha \geq 0, \beta \geq 0$（正向流量，正向转速，正常运行时工况）：

$$x = \pi \sim \frac{3}{2}\pi, x = \pi + \tan^{-1}\left(\frac{\alpha}{\beta}\right)$$

(4) $\alpha > 0, \beta < 0$（正向流量，反向转速，反转制动工况）：

$$x = \frac{3}{2}\pi \sim 2\pi, x = 2\pi + \tan^{-1}\left(\frac{\alpha}{\beta}\right)$$

通过大量的资料调研和参考文献可知，国内外现有的泵的无量纲全面性能曲线资料有限，当实际所用的泵的比转速 N_s 与某一已知曲线的泵的比转速相近时，可近似利用已知曲线泵的无量纲全面性能曲线进行计算；如果实际所用的泵没有相近比转速的泵的全面性能曲线可以利用时，可以根据一系列泵的通用的全面特性曲线模型进行计算，但目前所提出的模型还没有充分的理论依据或实验验证，还有待进一步完善。

通过目前可以得到的各种比转速 N_s 值的离心泵的无量纲全面性能曲线 $WH(x)—x$ 和 $WM(x)—x$ 可知，曲线的形状很复杂且无规律可循，很难用简单的数学公式对曲线作近似的描述，故对于水锤的数值模拟，可以通过从已知曲线上取一系列的离散数据，再加上线性内插，可以准确地模拟原性能曲线。

离心泵的无量纲全面性能曲线的横坐标范围从 $x=0$ 至 $x=2\pi$，以等分间距 $\Delta x = \frac{2\pi}{N}$，可以

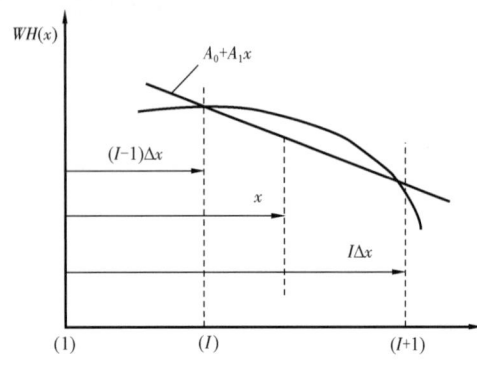

图 2-8 $WH(x)$ 的线性内插

从无量纲全面性能曲线上得到 $N+1$ 个 $WH(x)$ 离散值和 $N+1$ 个 $WM(x)$ 离散值,如果实际计算过程中的 $x = \pi + \tan^{-1}\left(\dfrac{\alpha}{\beta}\right)$ 不一定是 Δx 的整倍数,故此时需要通过线性内插,才能确定 $WH(x)$ 值和 $WM(x)$ 值,内插法如下。

令 I 表示 $\left(\dfrac{x}{\Delta x}+1\right)$ 的整数部分,即:

$$I = \text{INT}\left(\dfrac{x}{\Delta x}+1\right) \quad (2-95)$$

实际 x 值在 $(I-1)\Delta x$ 和 $I\Delta x$ 之间,从离散数据表中可以查到 $x=(I-1)\Delta x$ 时所对应的 $WH(I)$ 值和 $WM(I)$ 值以及 $x=I\Delta x$ 时所对应的 $WH(I+1)$ 值和 $WM(I+1)$ 值,可以将 $x=(I-1)\Delta x$ 和 $x=I\Delta x$ 两结点间的微段曲线近似看为直线段,如图 2-8 所示。

$$WH(x) = A_0 + A_1 x \quad (2-96)$$

$$WM(x) = B_0 + B_1 x \quad (2-97)$$

式中各系数为:

$$A_1 = \dfrac{WH(I+1) - WH(I)}{\Delta x}, A_0 = WH(I+1) - IA_1\Delta x \quad (2-98)$$

$$B_1 = \dfrac{WM(I+1) - WM(I)}{\Delta x}, B_0 = WM(I+1) - IB_1\Delta x \quad (2-99)$$

2. 压力平衡方程

以出口装有止回阀的离心泵为例,根据流量连续性原则和减速泵的上、下游压力平衡原则可得:

进站压头

$$H_{Ps} = C_P - B_s Q_{Ps} \quad (2-100)$$

出站压头

$$H_{Pd} = C_M + B_d Q_{Pd} \quad (2-101)$$

压头平衡方程

$$H_{Ps} + H_P - \Delta H_{阀} = H_{Pd} \quad (2-102)$$

流量连续方程

$$Q_{Ps} = Q_{Pd} = Q_P \quad (2-103)$$

泵的扬程 H_P 为:

$$H_P = hH_n = H_n(\beta^2 + \alpha^2)WH(x) = H_n(\beta^2 + \alpha^2)(A_0 + A_1 x) \quad (2-104)$$

阀门引起的摩阻损失 ΔH 为：

$$\Delta H_{阀} = \xi \frac{Q^2}{2gA^2} \quad (2-105)$$

阀门全开时的水头损失是 $\Delta H_0 = \xi_0 \frac{Q_n^2}{2gA^2}$，代入式(2-105)，整理得：

$$\Delta H_{阀} = \xi \frac{Q^2}{2gA^2} = \Delta H_0 \frac{\xi}{\xi_0} \left(\frac{Q}{Q_n}\right)^2 = \Delta H_0 \frac{\xi}{\xi_0} \alpha |\alpha| \quad (2-106)$$

阀门引起的摩阻损失也可以表示为下面的形式：

$$\Delta H_{阀} = \frac{Q^2}{2gC^2}$$

根据 $\Delta H_0 = \frac{Q_n^2}{2gC_0^2}$，代入上式中，则有：

$$\Delta H_{阀} = \frac{Q^2}{2gC^2} = \Delta H_0 \left(\frac{C_0}{C}\right)^2 \left(\frac{Q}{Q_n}\right)^2 = \frac{\Delta H_0 \alpha |\alpha|}{\tau^2} \quad (2-107)$$

式中 τ——阀门的相对开启度。

将式(2-104)中的 α^2 写为 $\alpha|\alpha|$ 是为了体现水头损失的正负性质，当正向流动时，$\alpha > 0$，$\Delta H_{阀} > 0$；反向流动时，$\alpha < 0$，$\Delta H_{阀} < 0$。

综合式(2-100)至式(2-107)，得减速泵的压力平衡方程式为：

$$(C_P - B_s Q_{Ps}) + H_n(\beta^2 + \alpha^2)(A_0 + A_1 x) - \frac{\Delta H_0 \alpha |\alpha|}{\tau^2} = C_M + B_d Q_{Pd} \quad (2-108)$$

式中的流量之间的关系为(单泵单管情况下) $Q_{Ps} = Q_{Pd} = \alpha Q_n$，代入式(2-108)并整理得：

$$(C_P - C_M) - (B_s + B_d)Q_n \alpha + H_n(\beta^2 + \alpha^2)(A_0 + A_1 x) - \frac{\Delta H_0 \alpha |\alpha|}{\tau^2} = 0 \quad (2-109)$$

式(2-109)是减速泵的压力平衡方程，式中 $(C_P - C_M)$，$(B_s + B_d)Q_n$，H_n，A_0，A_1 和 ΔH_0 都为常数，是计算时段开始时的已知参数，式中只有无量纲量 α 和 β 是独立未知数。

3. 减速特性方程

在稳定转动条件下，电动机传动的驱动转矩增加了泵内液体的压能，来自电动机的主动力矩等于液体反作用与泵叶轮的力矩，当事故停泵时，动力突然中断，电动机的主动力矩变为零，流体作用在叶轮上的反力矩 $M_{反}$ 使叶轮转速下降，根据牛顿第二定律，写出离心泵的减速方程：

$$M_{反} = -\frac{GD^2}{4g}\frac{d\omega}{dt} \quad (2-110)$$

式中 GD^2——泵机组旋转部分的力矩，$kgf \cdot m^2$；

$M_{反}$——流体作用在叶轮上的反力矩,可取每一计算时段初始时刻的力矩 M_0(已知参数)和结束时刻的力矩 M(待求参数)的算术平均值,kgf·m²;

ω——叶轮的旋转角速度,$\omega = \dfrac{2\pi n}{60} = \dfrac{2\pi \beta n_0}{60}$,rad/s。

整理式(2-110)得:

$$\frac{M + M_0}{2} = -\frac{GD^2}{4g}\frac{2\pi(\beta - \beta_0)N_n}{60\Delta t} \tag{2-111}$$

整理得:

$$\frac{M + M_0}{M_n} = -\frac{GD^2}{g}\frac{N_n}{M_n}\frac{\pi}{60\Delta t}(\beta - \beta_0) \tag{2-112}$$

$$(m + m_0) - \frac{GD^2}{g}\frac{N_n}{M_n}\frac{\pi}{60\Delta t}(\beta_0 - \beta) = 0 \tag{2-113}$$

令 $C_3 = \dfrac{GD^2}{g}\dfrac{N_n}{M_n}\dfrac{\pi}{60\Delta t}$,$C_3$ 是离心泵的固定常数,由式(2-94)和式(2-97)可知,$m = (\beta^2 + \alpha^2)(B_0 + B_1 x)$,整理可得离心泵的减速特性方程:

$$(\beta^2 + \alpha^2)(B_0 + B_1 x) + m_0 - C_3(\beta_0 - \beta) = 0 \tag{2-114}$$

式中 B_0,B_1,C_3,m_0 和 β_0 都是已知的初始参数,只有无量纲量 α 和 β 是独立未知数,联立压力平衡方程式(2-109)和减速方程式(2-114),可求得计算时段结束时刻的离心泵的状态参数 α 和 β。

4. Newton-Raphson 法求解边界条件

减速泵的边界条件由压力平衡方程和减速特性方程组成,联立式(2-109)和式(2-114),可以求得 α 和 β,x 是 α 和 β 的导出函数。

压力平衡方程:

$$F_1 = (C_P - C_M) - (B_s + B_d)Q_n\alpha + H_n(\beta^2 + \alpha^2)(A_0 + A_1 x) - \frac{\Delta H_0 \alpha|\alpha|}{\tau^2} = 0$$

减速特性方程:

$$F_2 = (\beta^2 + \alpha^2)(B_0 + B_1 x) + m_0 - C_3(\beta_0 - \beta) = 0$$

式(2-109)和式(2-114)是非线性超越方程组,目前还无法得到它的解析解,可用 Newton-Raphson 方法将非线性的高次方程转换成对应的自变量增量的线性一次方程组,利用求解线性方程组的方法,求出自变量初值的增量后,对自变量进行迭代计算,直到得到满足要求的计算精度的 α 和 β 值为止。

对于式(2-109)和式(2-114),可以写出:

$$F_1 + \frac{\partial F_1}{\partial \alpha}\Delta\alpha + \frac{\partial F_1}{\partial \beta}\Delta\beta = 0 \tag{2-115}$$

$$F_2 + \frac{\partial F_2}{\partial \alpha}\Delta\alpha + \frac{\partial F_2}{\partial \beta}\Delta\beta = 0 \qquad (2-116)$$

可以得到初值的修正值 $\Delta\beta$ 和 $\Delta\alpha$：

$$\Delta\beta = \frac{F_2 \Big/ \dfrac{\partial F_2}{\partial \alpha} - F_1 \Big/ \dfrac{\partial F_1}{\partial \alpha}}{\dfrac{\partial F_1}{\partial \beta} \Big/ \dfrac{\partial F_1}{\partial \alpha} - \dfrac{\partial F_2}{\partial \beta} \Big/ \dfrac{\partial F_2}{\partial \alpha}} \qquad (2-117)$$

$$\Delta\alpha = -F_1 \Big/ \frac{\partial F_1}{\partial \alpha} - \Delta\beta \frac{\partial F_1}{\partial \beta} \Big/ \frac{\partial F_1}{\partial \alpha} \qquad (2-118)$$

式中所包含的 4 个偏导数为：

$$\frac{\partial F_1}{\partial \alpha} = -(B_s + B_d)Q_n + H_n[2\alpha(A_0 + A_1 x) + A_1\beta] - \frac{2\Delta H_0 |\alpha|}{\tau^2} = 0 \qquad (2-119)$$

$$\frac{\partial F_1}{\partial \beta} = H_n[2\beta(A_0 + A_1 x) - A_1\alpha] \qquad (2-120)$$

$$\frac{\partial F_2}{\partial \alpha} = 2\alpha(B_0 + B_1 x) + B_1\beta \qquad (2-121)$$

$$\frac{\partial F_2}{\partial \beta} = 2\beta(B_0 + B_1 x) - B_1\alpha + C_3 \qquad (2-122)$$

Newton – Raphson 方法数值计算步骤如下：

(1) 选取初值。迭代开始时，α 和 β 的初值可以选取计算时段的初始值 α_1 和 β_1 和前一计算时段的初始值 α_{11} 和 β_{11} 线性外插确定。

$$\alpha = 2\alpha_1 - \alpha_{11} \quad \beta = 2\beta_1 - \beta_{11}$$

(2) 计算 4 个偏导数值，再按式(2-109)和式(2-114)计算出 F_1 和 F_2 的值。

(3) 将得到的 F_1 和 F_2 以及各个偏导数值 $\dfrac{\partial F_1}{\partial \alpha}$，$\dfrac{\partial F_2}{\partial \alpha}$，$\dfrac{\partial F_1}{\partial \beta}$ 和 $\dfrac{\partial F_2}{\partial \beta}$ 代入迭代式(2-117)和式(2-118)，得到修正值 $\Delta\beta$ 和 $\Delta\alpha$。

(4) 若第 k 次迭代算出的修正值为 $\Delta\beta_k$ 和 $\Delta\alpha_k$，则在开始进行第 $k+1$ 次迭代时，应使

$$\beta_{k+1} = \beta_k + \Delta\beta_k$$
$$\alpha_{k+1} = \alpha_k + \Delta\alpha_k$$

(5) 继续迭代逐次逼近，直到满足预先给定的计算精度为止。

$$|\Delta\beta| + |\Delta\alpha| < \varepsilon$$

(6) 每次迭代计算结束后，根据所得的逼近值 α 和 β，验算 $x = \pi + \tan^{-1}\left(\dfrac{\alpha}{\beta}\right)$ 是否仍然处在 $(I-1)\Delta x$ 和 $I\Delta x$ 之间即 $(I-1)\Delta x \leq x \leq I\Delta x$，如果 x 仍在线性范围内，则所得计算结果有效；否

则应按计算所得的 x 所处的区段,重新计算 A_0,A_1,B_0 和 B_1 等常数值,并从步骤(2)开始重新迭代运算。

迭代计算结束后,根据所得的 α 和 β 可得到该计算时段的排量 Q 和转速 N,如果 $Q_P > 0$,可由式(2-100)和式(2-101)分别求出 H_{Ps} 和 H_{Pd},就得到泵站的边界条件,泵站的 H_{Ps} 和 H_{Pd} 值在水锤过程中的瞬变状态由进站和出站结点传递给上下游管道,可继续上游和下游各站间结点的水锤计算。

计算过程中如果所得 $Q_P < 0$,根据工程实际可知,长输管道的泵站排出端都装有单向阀,泵的转速会减少至零,最后停止转动,不会产生倒流现象,可令 $Q_{Ps} = Q_{Pd} = Q_P = 0$,泵处于暂时断流状态,进站和出站压力表示为:

进站压力

$$H_{Ps} = C_P$$

出站压力

$$H_{Pd} = C_M$$

泵站断流是因为进站压头和泵减速过程中提供的扬程之和小于出站压头,才使泵排出端的单向阀关闭,随着水锤波的传递,进站压头在增压波的作用下不断升高,出站压头在减压波的作用下不断下降,当 $H_{Ps} - \Delta H_j > H_{Pd}$ 时,越站旁通阀开启,液流经旁通线流往下站,此时通过泵站的流量为:

$$Q_{Pd} = \frac{C_P - C_M - \Delta H_j}{B_s + B_d} \quad (2-123)$$

式中 ΔH_j——旁通单向阀的局部阻力损失,m。

四、两阶段缓闭蝶阀的边界条件

1. 两阶段缓闭蝶阀的过阀水头损失 $\Delta H_{阀}$

任意时刻两阶段缓闭蝶阀的过阀水头损失 $\Delta H_{阀}$ 与该时刻的阀板关闭角 θ、过流面积 A_V 等有关[49],其数学表达式为:

$$\Delta H_{阀} = C_V Q_n^2 \alpha |\alpha| \quad (2-124)$$

式中 C_V——阀门阻力特性系数;
Q_n——泵的额定流量,m^3/s;
α——泵的相对流量,$\alpha = Q/Q_n$。

阀门阻力特性系数 C_V 可表示为:

$$C_V = \frac{\zeta}{2gA_V^2} \quad (2-125)$$

式中 ζ——阀板关闭角 θ 时的阀门阻力系数,由生产厂家给出;
A_V——阀板关闭角 θ 时的阀门流通面积,m^2。

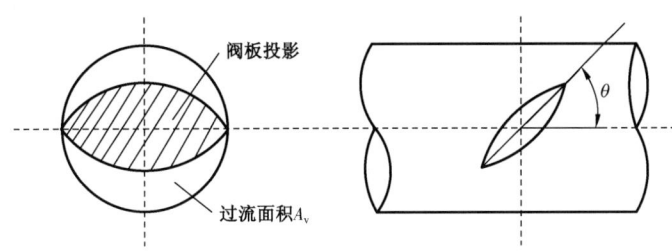

图 2-9 两阶段缓闭蝶阀某一关闭角 θ 简图

2. 关阀过程中的任意时刻的关闭角 θ

设在两阶段缓闭蝶阀的关闭过程分为快关和慢关两个阶段,快关阶段阀门关闭角度为 θ_1 用时为 t_1;慢关阶段阀门关闭角度 θ_2 用时为 t_2,关阀总历时为 $t_c = t_1 + t_2$,关阀总角度为 $\theta_1 + \theta_2 = 90°$。

在任意时刻 t 的关闭角度 θ 为:

快关阶段

$$\theta = \frac{\theta_1}{t_1}t \qquad t \leqslant t_1$$

慢关阶段

$$\theta = \theta_1 + \frac{\theta_2}{t_2}(t - t_1) \qquad t_1 < t < t_1 + t_2$$

关阀完成

$$\theta = \theta_1 + \theta_2 = 90° \qquad t \geqslant t_1 + t_2$$

任意时刻 t 的关闭角度 θ 也可利用图 2-10 求解出来。

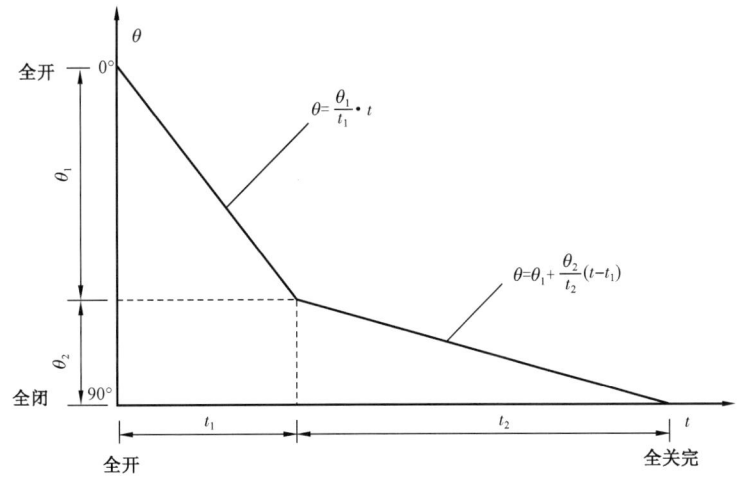

图 2-10 蝶阀两阶段关闭曲线

得到任意时刻 t 的关闭角度 θ 后，可根据厂家提供的数据得到各个关阀角度 θ 对应的阀门阻力特性系数 C_V，在进行水锤数值模拟时，将已知的 θ 和 θ 对应的 C_V 编成数组，方便在数值模拟过程中求解两阶段缓闭蝶阀的边界条件时调用，如果数值模拟过程的某时刻的 θ 值不在数组中，则可用线性插值法求得对应的 C_V。

3. 安装在泵出口的边界条件的建立和求解

在停泵水锤过程中，泵出口的两阶段缓闭蝶阀按事先设定好的程序关闭，可有效地控制弥合水锤升压、液体倒流和泵机组倒转[49]。

在事故停泵水锤过程中，泵出口处蝶阀两阶段缓闭时，也可以建立对应的压力平衡方程和减速特性方程。

压力平衡方程：

$$F_1 = (C_P - C_M) - (B_s + B_d)Q_n\alpha + H_n(\beta^2 + \alpha^2)(A_0 + A_1 x) - C_V Q_n^2 \alpha |\alpha| = 0$$

减速特性方程：

$$F_2 = (\beta^2 + \alpha^2)(B_0 + B_1 x) + m_0 - C_3(\beta_0 - \beta) = 0$$

边界条件的求解方法与离心泵的边界条件求解方法相同，也使用 Newton – Raphson 方法求解，只是把式(2 - 109)中 $\Delta H_{阀} = \dfrac{\Delta H_0 \alpha |\alpha|}{\tau^2}$ 改成了 $\Delta H_{阀} = C_V Q_n^2 \alpha |\alpha|$，阀门的阻力特性系数 C_V 与关闭角度有关，不同时刻对应不同值。

4. 安装在管线末端的边界条件的建立和求解

在发生事故停泵水锤时，末端两阶段缓闭蝶阀能按事先设定的程序关闭，不仅可以切断液流，防止特殊点（驼峰、鱼背等高程较大的点）中的液体排空，还可以在关阀过程中产生增压波向上游传播，与上游传来的减压波代数叠加，使管线中压力的振荡变得明显缓和，从而达到防止或减轻液柱分离的目的，但应该注意的是，如果末端蝶阀关闭过快，可能会造成新的水锤升压破坏，因此，末端蝶阀的最佳关闭程序，应该先经过水锤综合防护措施的计算机数值模拟和对比再确定。

设两阶段缓闭蝶阀安装在管线末端 NS 点处，NS 点的水头为 H_{NS}，流进下游恒液位罐的流量为 Q_{NS}，把末端蝶阀看为边界点，对于下游恒液位罐是上游端，可以利用 C^- 方程，下游恒液位罐的液位为 EL，再根据能量守恒原则，可得：

C^+ 方程

$$H_{NS} = C_P - BQ_{NS} \tag{2-126}$$

压力平衡方程

$$H_{NS} - C_V Q_{NS}^2 = EL \tag{2-127}$$

联立上面两式得：

$$Q_{NS} = \frac{-B + \sqrt{B^2 - 4C_V(EL - C_P)}}{2C_V}$$

再代入式(2 - 127)可得 H_{NS}。

第三章 泵及泵站分析

管道系统消耗的能量由泵提供,本章对输送水、石油产品和化学用品等液体管道常用的离心泵的工作原理及性能参数进行了阐述,对泵站的构成、泵的串并联特性、驱动设备等进行了分析,并对泵站的操作、控制策略、自动化管理等方面进行了分析。

第一节 离心泵及其特性

目前离心泵被广泛应用于输送水、石油产品和化学用品等液体管道。

一、离心泵的工作原理及性能参数

典型的离心泵结构如图3-1所示。离心泵主要由吸入室、叶轮、排出室(又称蜗壳)、轴、密封填料和支座等构成。

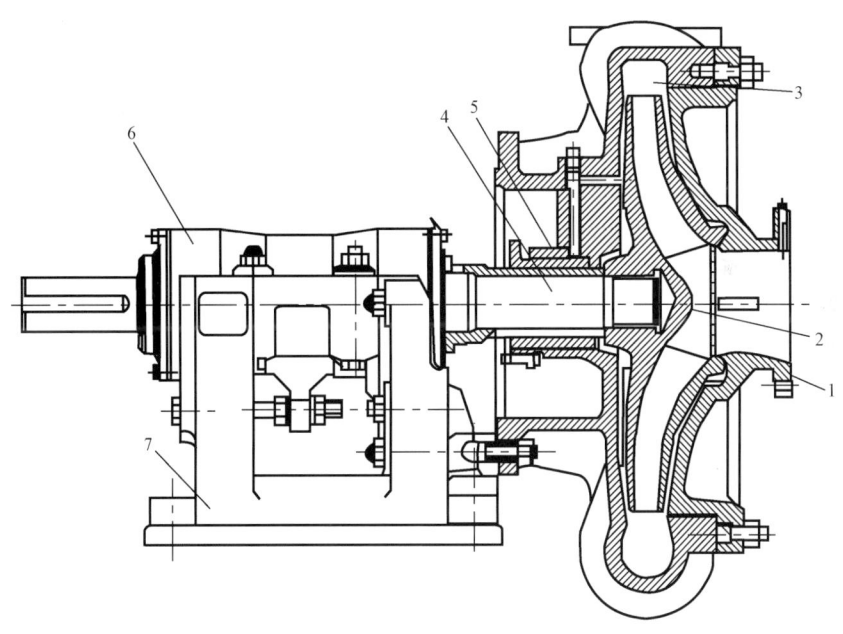

图3-1 离心泵的基本构件

1—吸入室;2—叶轮;3—排出室;4—轴;5—密封填料;6—轴承箱;7—支座

离心泵的性能参数主要有流量 Q、扬程 H、轴功率 N、效率 η、转速 n、允许吸入真空高度 H_s 及气蚀余量 $NPSH$。

1. 流量

流量表示泵在单位时间内所输送的液体数量,可用体积流量 Q 和质量流量 G 来表示。

$$Q = vA \tag{3-1}$$

式中 Q——体积流量,m^3/s;
v——液体的平均流速,m/s;
A——液体流经管道的横截面积,m^2。

$$G = \rho Q \tag{3-2}$$

式中 G——质量流量,kg/s;
ρ——液体密度,kg/m^3。

2. 扬程

扬程表示泵对单位质量液体所做的功。功的国际单位为 J/kg,但扬程单位通常用 m,可以看作是泵对液体做功之后,液体可以达到的高度。

泵对液体做的功,不仅要用于提高液体的静压能和动能,还要克服液体在输送过程中的流动阻力以及高程差。

$$H = \frac{p_d - p_s}{\rho g} + \frac{v_d^2 - v_s^2}{2g} + (Z_d - Z_s) \tag{3-3}$$

式中 p_s, p_d——泵入口和出口处的压力,Pa;
v_s, v_d——泵入口和出口处的液体速度,m/s;
Z_s, Z_d——泵入口和出口处的高度,m。

3. 功率

在泵的整个工作过程中,原动机传递功率给泵轴,泵轴带动叶轮,叶轮对液体做功。原动机传递给泵轴的功率称为轴功率,用 N 表示;叶轮从泵轴处得到的功率称为水力功率,用 N_h 表示;液体最终得到的功率称为有效功率,用 N_e 表示;机械损失功率用 N_m 表示。

$$N_h = \rho g Q_T H_T \tag{3-4}$$

$$N_e = \rho g Q H \tag{3-5}$$

$$N_m = N - N_h \tag{3-6}$$

式中 Q_T——理论流量,m^3/s;
H_T——理论扬程,m;
Q——实际流量,m^3/s;
H——实际扬程,m。

4. 效率

容积效率用来衡量离心泵流量泄漏的大小:

$$\eta_V = \frac{Q}{Q_T} \tag{3-7}$$

水力效率用来衡量流动损失所占比例:

$$\eta_h = \frac{H}{H_T} \tag{3-8}$$

机械效率用来衡量机械摩擦损失的大小:

$$\eta_m = \frac{N_h}{N} = \frac{N - N_m}{N} \tag{3-9}$$

泵效率用来衡量泵工作的经济性:

$$N = \frac{N_e}{N} = \frac{N_e N_h}{N_h N} = \left(\frac{\rho Q H}{\rho Q_T H_T}\right)\left(\frac{N_h}{N}\right) = \eta_V \eta_h \eta_m \tag{3-10}$$

5. 比转速

比转速是在相似定律的基础上导出的一个包括流量、扬程和转数在内的综合特征数。在选择泵时,常对不同泵的比转速(N_S)进行比较。

$$N_S = \frac{N\sqrt{Q}}{H^{\frac{3}{4}}} \tag{3-11}$$

式中　N——泵的转速,r/min;
　　　Q——理论流量,m³/s;
　　　H——理论扬程,m。

6. 汽蚀余量

当液体所在环境压力低于在该处温度下液体饱和蒸气压时,液体会气化。当叶轮入口处的最低压力小于液体的饱和蒸气压时,泵内液体将在叶轮入口处气化,部分溶解于液体中的气体也会从中逸出,形成小气泡。这些小气泡随着液体流到泵内压力较高的地方时,由于气泡内外压力差,气泡会溃灭形成空穴,同时气泡周围液体将高速冲击空穴,不同方向的液体互相撞击,导致局部压力骤增,阻碍液体的正常流动。如果气泡溃灭发生在壁面附近,则金属表面将受到持续撞击,最后由于冲击疲劳而剥落。若气泡内存在如氧气等活性气体,再加上气泡溃灭时放出的热量,将对金属起到电化学腐蚀作用。上述这种由于泵内压力小于液体饱和蒸气压而造成的金属表面剥落的电化学腐蚀的现象称为"汽蚀"。

汽蚀会产生噪声和振动,降低泵的性能,破坏过流部件,降低泵的使用寿命。因此要避免汽蚀的产生。为了防止汽蚀,在泵入口处液体具有的能头除了要高出液体的气化压力外,还应当有一定的能头富余,这个富余能头称为汽蚀余量。汽蚀余量又分为有效汽蚀余量和泵必需的汽蚀余量。有效汽蚀余量是指液流经吸入管路到达泵入口时高出气化压力的能头,用 $NPSH_a$ ($NPSH$ Available) 表示,其大小与吸入装置的参数有关,与泵本身的结构尺寸无关,其值越大越不易发生汽蚀;泵必需的汽蚀余量表示由泵入口到泵内压力最低点的全部能头损失,用 $NPSH_r$ ($NPSH$ Required) 表示,其由离心泵的结构参数及流量决定,其值越小越不易发生汽蚀。泵在选用与操作时,为保证泵不发生汽蚀,需认真核算吸入装置的有效汽蚀余量 $NPSH_a$。

二、泵的特性曲线

泵的特性曲线是指在一定转速下泵的扬程、功率、效率和汽蚀余量分别与流量之间的关系曲线,表示了泵的工作状态。

离心泵的实际特性曲线表明,泵在恒定转速下工作时,对应于泵的每一个流量 Q 有一个确定的扬程、功率、效率和汽蚀余量。在实际生产中,$H—Q$ 曲线是选择和操作使用泵的主要依据,离心泵的扬程在较大流量范围内是随流量增大而减小;$N—Q$ 曲线表示泵的流量 Q 和轴功率 N 的关系,N 随 Q 的增大而增大,显然,当 $Q=0$ 时,泵轴消耗的功率最小,启动离心泵时,为了减小启动功率,应将出口阀关闭,$N—Q$ 曲线是合理选择原动机功率和正常启动的依据;$\eta—Q$ 曲线是检查泵工作经济性的依据,开始时,η 随 Q 的增大而增大,达到最大值后,又随 Q 的增大而下降;$NPSH—Q$ 曲线是检查泵是否会发生汽蚀的依据。

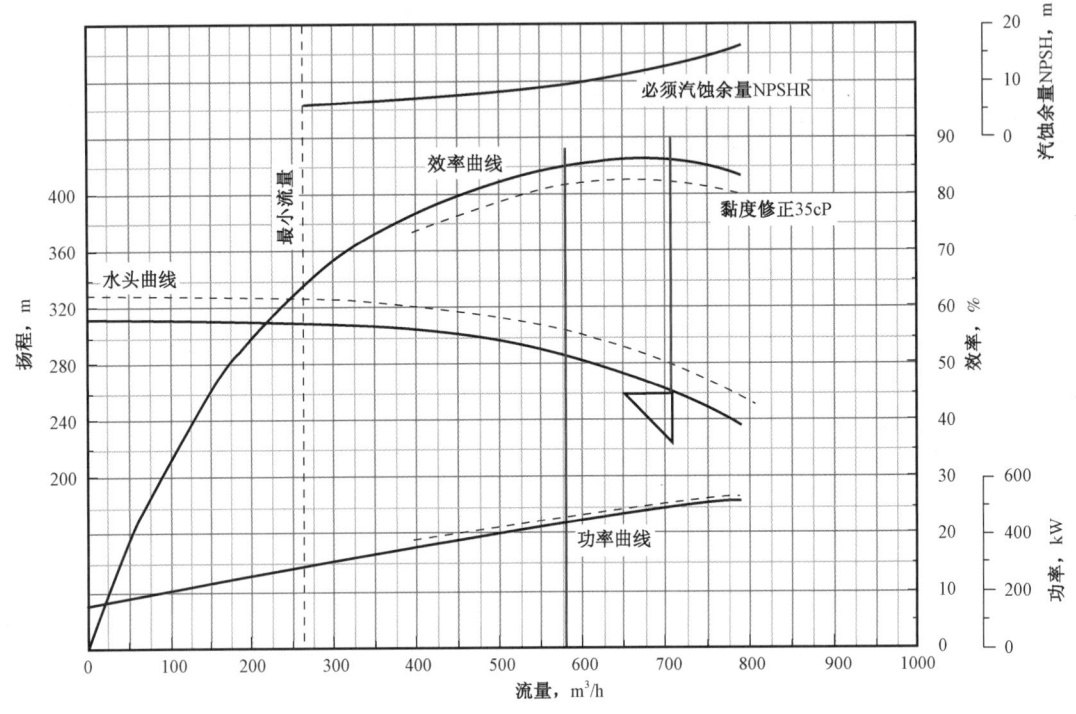

图 3-2 离心泵性能曲线

在实际生产中,输送的介质大多时候不是清水,且通常其黏度大于清水。用离心泵输送这些介质时,较大的黏度使得泵内部的能量损失增加,扬程和流量都要减小,并导致效率下降,但轴功率却增加,因此泵的特性曲线将发生变化。当输送液体运动黏度大于 $20\text{mm}^2/\text{s}$ 时,泵的特性曲线需要换算,为此应考虑在不同黏度下如何换算泵性能[50]。

$$Q_{\text{vis}} = C_Q Q_W \qquad (3-12)$$

$$H_{\text{vis}} = C_H H_W \qquad (3-13)$$

$$E_{\text{vis}} = C_E E_W \qquad (3-14)$$

$$BHP_{\text{vis}} = \frac{Q_{\text{vis}} H_{\text{vis}} \gamma}{3960 E_{\text{vis}}} \qquad (3-15)$$

式中　Q_{vis}——换算后的流量,m^3/h;

C_Q——流量换算系数；

Q_W——输送清水时的流量，m^3/h；

H_{vis}——换算后的扬程，m；

C_H——水头换算系数；

H_W——输送清水时的扬程，m；

E_{vis}——换算后的效率；

C_E——效率换算系数；

E_W——输送清水时的效率；

BHP_{vis}——换算后的功率，kW；

γ——相对密度。

流量换算系数 C_Q、水头换算系数 C_H 和效率换算系数 C_E 的确定，如图 3-3 所示。

泵输出的流量 Q 和提供的扬程 H 之间的关系可用 $H=f(Q)$ 之间的数学关系式或曲线来表示。对固定转速的离心泵机组，可以通过实际测量的扬程、排量数据，用最小二乘法回归得到泵机组的特性方程 $H=f(Q)$，可近似表示为：

$$H = a - bQ^{2-m} \tag{3-16}$$

式中 H——离心泵扬程，m；

Q——离心泵排量，m^3/h；

a,b——常数；

m——流态指数。

三、泵的温升

流体过泵之后温度上升，其主要原因是流体过泵被压缩而产生的绝热温升，泵内的摩擦生热以及泵缝隙处的泄漏导致的回流生热。泵的温升直接与泵在操作流量下的效率相关。温升的热量即是输入泵的能量与输出能量的差值。

当泵出口端控制阀关闭时，如果泵头较高，则会迅速导致泵中的温升。损失的功率与中断的输入功率相等，这部分功率用于加热进入泵的这一小部分流体。在启泵时，要特别注意避免这种情况。

由于流体过泵时会产生温升，泵的出口温度会增加，可用基础概念进行计算：由机械效率引起的泵中的机械能损失转换为热能。

$$T_d = T_s + \frac{\Delta p}{\rho c_p}\left(\frac{1-\eta}{\eta}\right) \tag{3-17}$$

式中 T_d——出口温度，℃；

T_s——入口温度，℃；

c_p——液体比热容，$kJ/(kg \cdot ℃)$；

η——泵的机械效率；

ρ——液体密度，kg/m^3；

Δp——过泵压差，kPa。

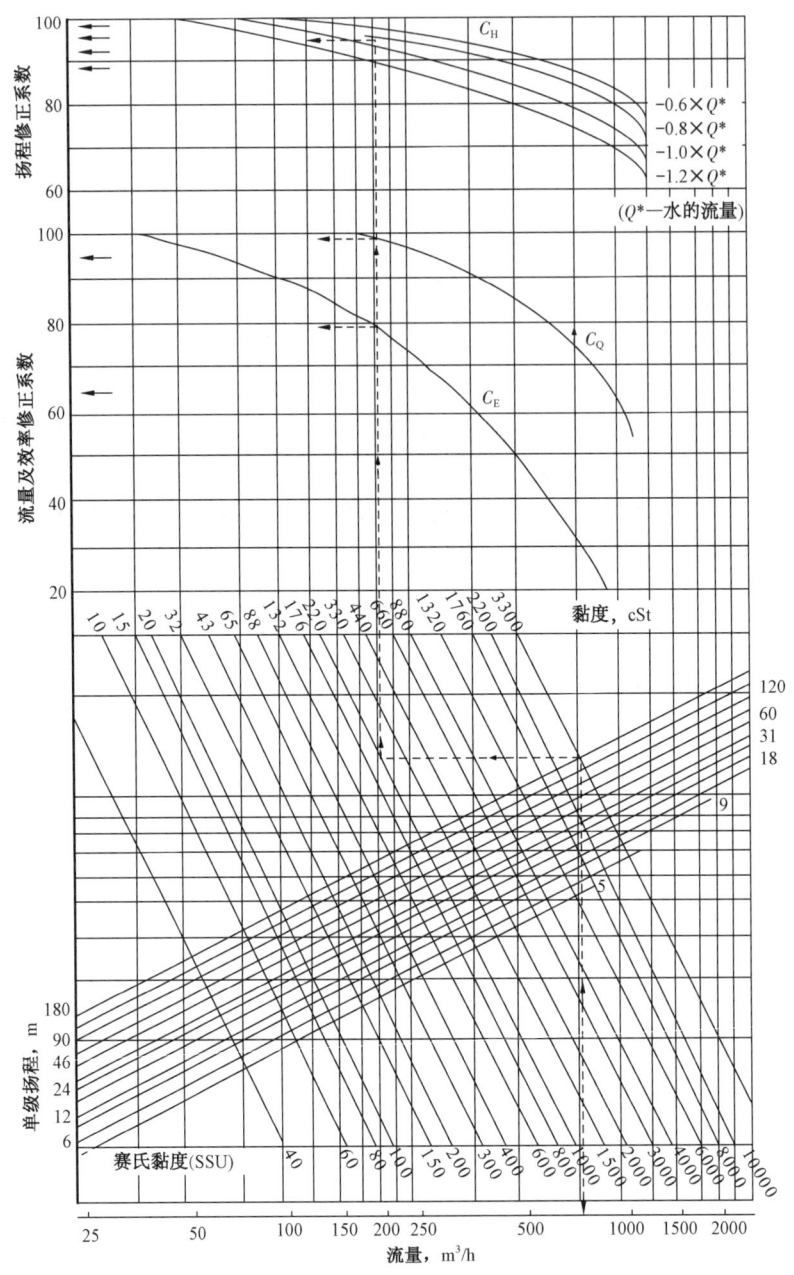

图 3-3　离心泵特性曲线换算

当泵正常工作时,温度上升幅度较小,一般在几摄氏度范围之内。当泵出口端阀门关闭或者流量太小,能量就转换为热能,并且不能较快地将热量传递出去。泵中的液体将被加热,最后蒸发。对于大型的多级泵来说,这将导致故障产生。我们可以通过在流量减小到泵的最小持续稳定流量时自动关泵,或者提供一个流量再循环系统,以避免这种情况的发生。泵的最小持续稳定流量是泵能够连续正常操作的最小流量,通常由泵的制造商提供数据。

四、相似定律

离心泵所提供的流量和水头会随着泵的转速或叶轮尺寸改变。这就导致了叶轮外缘速度或者叶片速度改变,从而改变了流体离开叶轮时的速度[51]。通常,叶轮可在不影响其效率的前提下,削减至原尺寸的80%。图3-4所示为相似定律示意图。

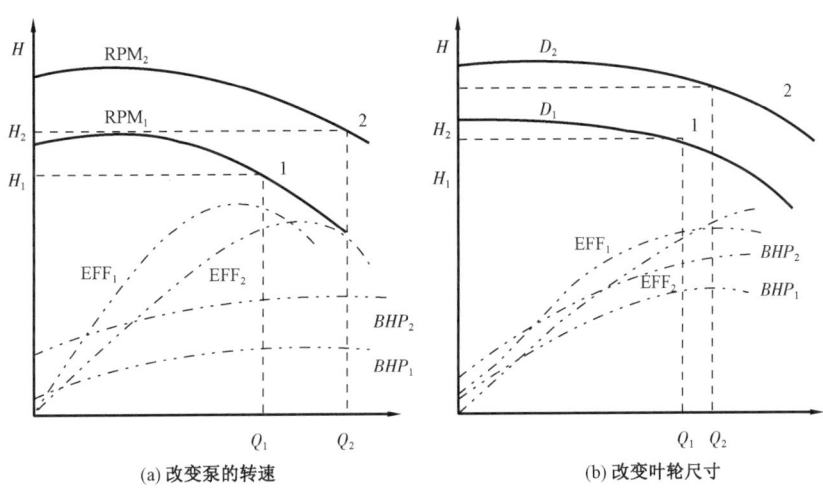

图3-4 相似定律示意图

RPM—转速;EFF—效率;BHP—功率;下标1—参数改变前的工况;下标2—参数改变后的工况

对于带径向叶轮的离心泵,叶轮尺寸或者泵转速改变前后各参数的关系,可按下述式子进行估算。

只改变泵叶轮尺寸:

$$Q_2 = Q_1 \left(\frac{D_2}{D_1}\right) \qquad (3-18)$$

$$H_2 = H_1 \left(\frac{D_2}{D_1}\right)^2 \qquad (3-19)$$

$$BHP_2 = BHP_1 \left(\frac{D_2}{D_1}\right)^3 \qquad (3-20)$$

只改变泵的转速:

$$Q_2 = Q_1 \left(\frac{N_2}{N_1}\right) \qquad (3-21)$$

$$H_2 = H_1 \left(\frac{N_2}{N_1}\right)^2 \qquad (3-22)$$

$$BHP_2 = BHP_1 \left(\frac{N_2}{N_1}\right)^3 \qquad (3-23)$$

叶轮尺寸和泵的转速同时改变：

$$Q_2 = Q_1 \left(\frac{D_2}{D_1} \frac{N_2}{N_1} \right) \qquad (3-24)$$

$$H_2 = H_1 \left(\frac{D_2}{D_1} \frac{N_2}{N_1} \right)^2 \qquad (3-25)$$

$$BHP_2 = BHP_1 \left(\frac{D_2}{D_1} \frac{N_2}{N_1} \right)^3 \qquad (3-26)$$

式中　D——叶轮尺寸；
　　　H——水头；
　　　Q——流量；
　　　N——转速；
　　　BHP——功率；
　　　下标1——改变前参数下标；
　　　下标2——改变后参数下标。

五、工作点

由能量供求的平衡关系知，在管道水力系统中，管道所消耗的能量必然等于泵所提供的能量。确定系统的工作点，即在能量供需平衡条件下，确定管道流量与泵进口和出口压力等参数之间的关系。一般用求泵的特性曲线与管道特性曲线交点的方法来确定系统工作点，也即泵的工作点。

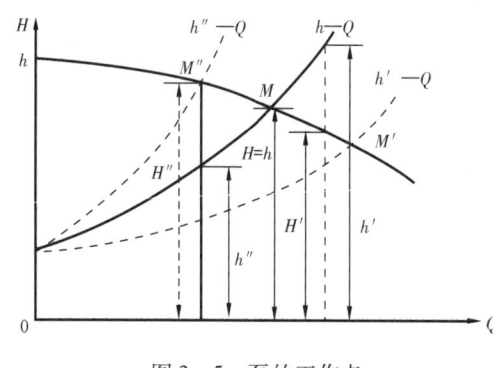

图3-5　泵的工作点

在工作点处，泵的扬程与管路装置需要的总水头相等，离心泵将在工作点稳定工作，如图3-5中的M点。若泵在图中的M′点工作，流量大于M点的流量，那么这时泵能提供的扬程H'小于管路装置所需的水头h'，能量不足，将导致管内流速减慢，使流量减小，工作点M′将沿泵扬程特性曲线向M点移动。反之，若泵在流量小于M点流量的M″点工作，则泵的扬程H''大于管路装置所需水头h''，除了用于将液体从吸液罐输送到排液罐所需的水头外，还有部分水头剩余，管路中液体将加速流动，流量增大，M″点将沿泵扬程特性曲线向M点移动。因此，M点是流量平衡和能量平衡的唯一稳定工作点，此点必然是泵的扬程特性曲线与管路特性曲线的交点。

如果工作点流量大于或小于所需输送量，应设法改变工作点的位置。改变运转泵的工作点称为工况调节。既然泵的工作点为管路特性曲线与泵特性曲线之交点，因此进行工况调节有两种途径：(1)通过调节阀门开度、在出口管路接一支管分流等措施改变管路特性；(2)通过改变泵转速、切削叶轮直径等方法来改变泵的特性。

六、泵的不稳定工况

当中间泵站关闭或者在泵的启动过程中,此类不稳定工况将造成管道中的压力波动,因此,在选择最优壁厚及管材时必须考虑到泵的不稳定工况。图3-6所示为稳定工况和不稳定工况的水力坡降图。

泵的启动和停输过程都是不稳定过程。一般情况,因事故突然停泵造成的不稳定流动过程要比启动过程的影响严重得多。因为事故突然停泵是指无法预先调节操作参数的在预料之外的停泵情况,泵机组突然失去动力(如停电),由于过热或振动而使电动机或泵的保护装置突然工作或泵机组的机械故障(如泵轴破坏)等都会造成突然停泵。停泵之后,由于泵和电动机旋转部分的惯性能量

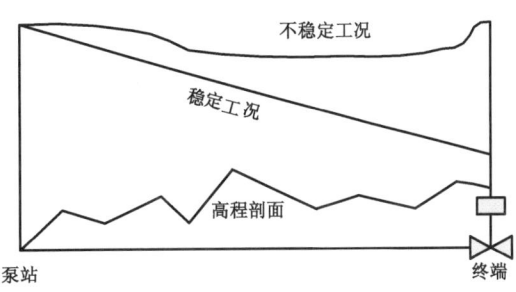

图3-6 稳定工况及不稳定工况的水力坡降图

(包括电动机的转子部分,泵轴、叶轮和叶轮流道内的液体等)继续推动泵向前转动,而泵轴摩擦和泵出口管内液体作用在叶轮上的反作用力会使叶轮的旋转速度不断减小,通过泵的液体流量减小,扬程降低。在泵的减速过程中,产生减压波向下游方向(出口管道)传播。某些特殊地段,在沿泵出口管道减压波的作用下,有可能使管道失稳破坏,也有可能破坏下游泵站的吸入特性。沿吸入管道传播的增压波,与管道稳态工作压力叠加,有可能在管道某些特殊位置产生较高压力,甚至造成管道的强度破坏。

第二节 泵 站 分 析

一、泵站的主要构成

设置泵站是为了供给流体一定的能量,以安全、经济地将流体输送到终点。泵站的一切设施都是为了完成这个根本目标。

泵站主要包括生产区和生活区两部分。生产区又分为主要作业区和辅助作业区。主要作业区包括:

(1)输油泵房。它是全站的核心,设有若干泵—原动机组及其辅助装置。

(2)阀组间。由管汇和阀门组成,是改换输送流程的中枢。

(3)清管器收发装置。由清管器发放、接收筒及相应的控制系统组成。

(4)计量间。内设油品计量及标定装置。一般设于首、末站。

(5)罐区。首、末站的罐较多,容量大。而中间站一般只设一座小容量罐,用于缓冲或事故泄放。

(6)加热系统。包括加热流体的直接加热系统和间接加热系统。

(7)站控室。站控室是泵站的监控中心,是站控系统与中心控制室的联系枢纽。自控系统的远终端、可编程控制器等主要设施设备都设在这里。

辅助作业区包括:(1)供电系统;(2)通信系统;(3)供热系统;(4)供、排水系统;(5)消防系统;(6)机修间、油品化验室、车库等;(7)办公室。

泵站的平立面布置是从站址的具体地形、地质及其后条件出发,根据生产和安全的要求,统筹安排全站的建(构)筑物。总图布置中要遵照有关规范,在保证生产和安全的前提下减少占地、减少土石方工程量,节约投资。图3-7所示为中间热泵站工艺流程图。

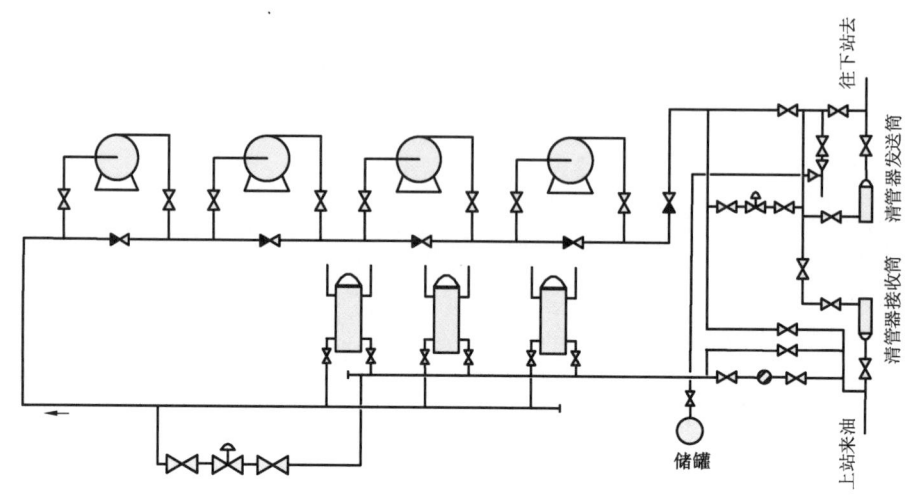

图3-7 中间热泵站工艺流程图

在一个简单的泵站流程图中,主要有泵,连接各部分的管道以及实现各种功能的阀门,通常有隔离阀、旁通阀、控制阀和止回阀。此外,大多数中间站还设有清管器收发装置。对于输送稠油的泵站还须设置加热炉。

二、流量再循环系统

在泵启动时,泵可以在低流量的状况下工作较短时间,而不对泵站系统产生危害。但当泵较长时间处于低流量工作状态时,大多数的泵都需要一个流量再循环系统。因为在低流量工况下,泵的工作温度会大幅度升高,此外,不稳定的流量也会导致脉动流和管道振动。长期或者频繁处于这种工作状态,将会损坏泵及其他设施。如果泵站需要泵送低流量流体,可采取以下措施:

(1)设置两个以上较小的平行泵;
(2)设置变速泵;
(3)设置流量再循环系统。

流量再循环系统通常包含流量计、循环控制阀、止回阀、旁通阀和相应的管道。当流量计检测到流量接近设定的最低流量限制时,开启旁通阀,使泵下游流体经循环管道流回到泵的吸入端。在每个泵的下游还应设置一个压力安全阀来避免管道超压。循环流量由吸入端设置的流量计和循环控制阀确定。随着流量减小,流量计发送信号打开循环控制阀,使流量保持在所需最小流量之上。

三、泵的串并联操作

为了提供必要的流量和所需的水头,在泵站常常设置多个泵。可将这些泵串联或者并联在一起操作。在我们需要较高的水头时,选择将泵串联;若需要较高的流量,则将泵并联在一起操作。

串联是指前面一台泵的出口向后面一台泵的入口输送液体的工作方式,常用于提高泵的扬程、增加输送距离、减少泵站数量,或提高扬程以增加流量的工况之中(图 3-8)。离心泵串联时,通过每台泵的流量相同,均等于总流量;总扬程等于各泵扬程之和,可写出多台泵串联时的特性方程,假设有 N_1 台泵串联:

$$H_c = \sum_{i=1}^{N_1} H_i = \sum_{i=1}^{N_1} a_i - \sum_{i=1}^{N_1} b_i Q^{2-m} \qquad (3-27)$$

式中 H_c——泵站扬程,m;
H_i——第 i 个泵的扬程,m;
a_i, b_i——第 i 个泵的性能常数。

当使用一台泵向某一压力管路输送液体而流量不能满足要求时,或输送流量变化很大,为提高泵的经济性,常采取两台或数台泵并联工作,以满足流量变化的要求。离心泵并联时,每台泵提供的扬程相同,均等于总扬程,总流量为每台泵的流量之和(图 3-9)。设有 N_p 台型号相同的泵并联,泵站的特性方程为:

$$H_c = a - b \left(\frac{Q}{N_p}\right)^{2-m} \qquad (3-28)$$

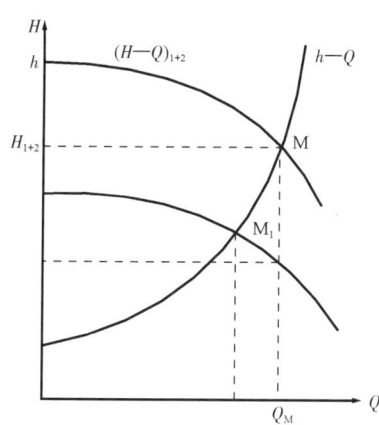

图 3-8 相同性能的泵串联工作曲线

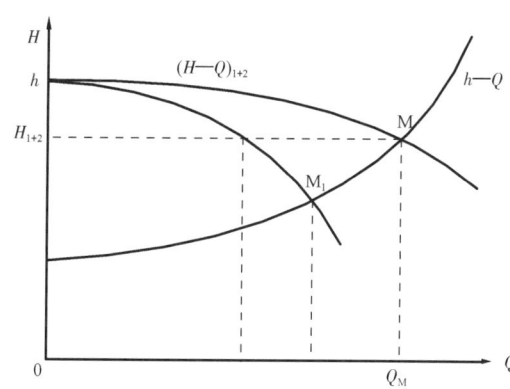

图 3-9 相同性能的泵并联工作曲线

在实际应用中,选择哪种操作方式取决于管道的高程剖面和操作的灵活性。由图 3-8 和图 3-9 可知,当两个泵并联设置时,可以得到更大的流量;当两个泵串联设置时,可以得到更大的水头。

四、泵的驱动设备

干线卧式离心泵,可由电动机、燃气涡轮机或者柴油机驱动。电动机由于其较低的初始投资成本、固有的可靠性以及能够满足严格的排放标准而更具优势。接下来将对恒速电动机和变速电动机进行介绍。

在电源稳定且可靠时,恒速电动机能较为合算地解决基本负荷的应用,且操作简单,维护费用低。变速电动机则更加适用于流量变化范围大或者需顺序输送不同种类油品的泵站。尽管变速电动机的操作系统更为复杂,但在能耗上相比恒速电动机更为经济。这是因为泵的流量可以在不因节流而损失压力的前提下得到控制。

变速泵通过改变驱动机的转速来控制流量和压力。对于同时设有恒速泵和变速泵的泵站来说,通常采用恒速泵在最小节流的情况下满足基本荷载,用变速泵来满足泵站所需的工作点。图3-10展示了一个变速泵的性能曲线。

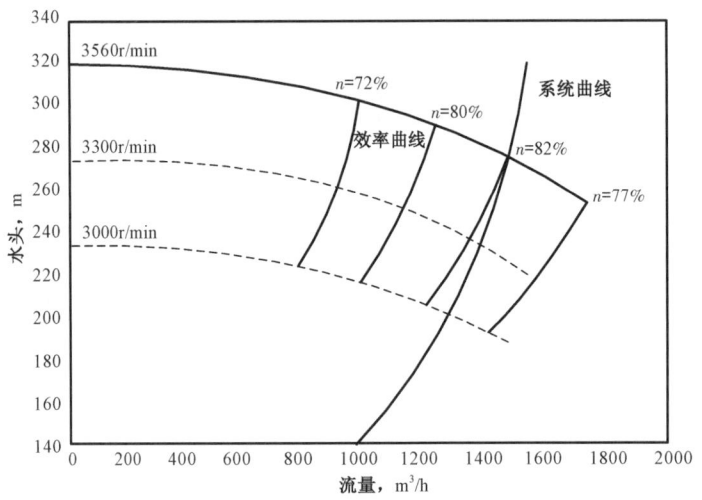

图3-10 变速泵性能曲线

当需要控制流量或者压力时,最高效的方法是使用电动变频驱动机。变频驱动最常见的形式是利用电压源变频器和脉宽调制变频器。变频器直接按照频率成比例地调节电压,从而在发动机中产生磁通量。这种形式的速度控制可以通过设定一系列的排放压力或者流量来控制。

五、加热炉及清管装置

在输送稠油时,通常需要对油品进行加热以降低其黏度,减少摩阻损失。加热炉通常设置在油库及某些中间站,一般安装在油罐和增压泵的下游,干线泵的吸入端。

图3-11为包含加热装置、泵以及清管收发装置的中间泵站。这些装置可通过 SCADA (Supervisory Control and Data Acquisition) 系统,即数据采集与监视控制系统进行控制。在某些操作工况下,或许不需要使用加热装置,尤其是在中间泵站。操作工况包括较高的环境温度和较低的流量:

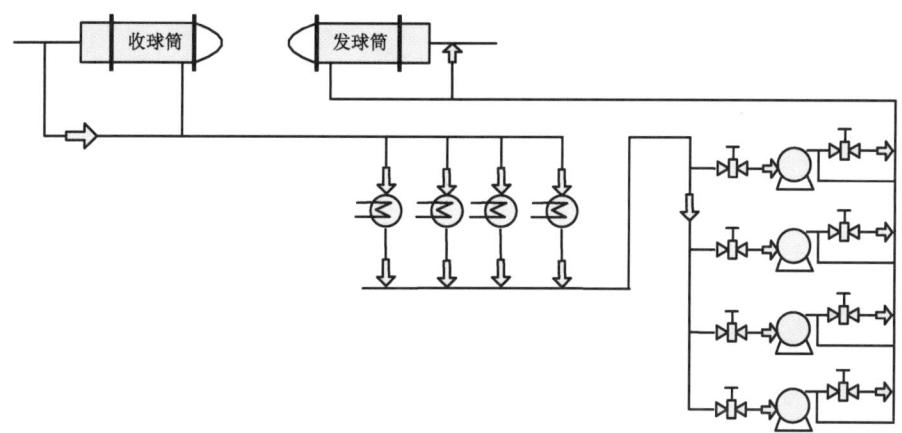

图 3-11 加热炉、泵及清管收发装置

（1）如果环境温度较高的话，油品或许能保持较高的温度以维持一个较低的油品黏度；

（2）在较低的流量下，油品或许能够在管道压力限制以内流动而不需要进一步的降低黏度，这是因为在较小的流量下，压力降也较低。

加热操作通常在进行增压操作之前进行。换句话说，在泵送油品进入管道之前，我们通过加热油品来提高泵的效率，在关泵之前关闭加热炉以节约加热成本。

清管球被广泛地用于石油行业的管道中，它们用于清洁及检查管道内部。智能清管器能通过超声波等来测量管道壁厚，从而推断管道内部的腐蚀情况。

清管球通过清管器收发装置来发送和接收。由于清管操作并非频繁进行，清管球的收发通常不是自动的。它们很少打断正常的流体运输，但从清管器接收装置中回收清管球时，可能会带入部分液体到废油罐中。发送清管球的同时会有一个发送信号来追踪清管球在管道中的位置直到其在设定的接收装置中被回收。

清管球在管道内并非恒速前进的，一些 SCADA 系统基于清管球滑动因子和管道的实际情况来估计清管球到达的位置及时间。

六、长输管道泵站数的确定

由于管道最大允许操作压力（MAOP）的限制，我们不可能在管道起点一次性提供整条管道所需的压力能。在长距离输送管道中，需通过在管道沿线设置多个泵站，以分阶段提供输送流体所需的压力能，且每个泵站所提供的压力能应充分利用管道的强度，并使泵机组处于高效区。同时，根据输量和输送距离的不同，通常采用多台离心泵并联或者串联的方式来实现。

根据任务输量，在泵站工作特性曲线上可以得到每个泵站所能提供的扬程 H_c。管路全线消耗的压力能为：

$$H = iL + \Delta Z + H_{sz} \tag{3-29}$$

全线 N 个泵站提供的总扬程必然与消耗的总能量平衡，于是有：

$$N(H_c - h_m) = iL + \Delta Z + H_{sz} \tag{3-30}$$

$$N = \frac{H}{H_c - h_m} \tag{3-31}$$

式中　i——管道水力坡降；

　　　L——管道长度，m；

　　　ΔZ——首末站高程差，m；

　　　h_m——泵站站内损失，m；

　　　H_{sz}——末站剩余压头，m。

显然，N 不一定是整数，需进行化整。在工程实践中，泵站数究竟往哪一方向化整，相应地采取什么措施，要进行综合的技术经济比较。泵站数化整时，无论化大或化小都存在铺副管（或变径管）以改变管道摩阻，保持任务流量不变，以及不铺副管，改变流量两种方案，两者在泵站布置方法上也有所不同。在纵断面图上初定站址范围之后，要经现场勘查确定每个站的具体位置。然后再校核各站进出站压力及沿线的动、静水压力是否在允许的范围内。设计时一般都是先根据水力条件在纵断面图上布置泵站，然后到现场勘查，与各有关方面协商，根据实际情况确定站址。最后再进行水力核算，作适当调整。

确定了泵站数之后，就要选择泵站站址。泵站的地理位置是在总的线路走向之内，由工艺要求和水力、热力计算来决定的。但可在符合工艺要求的前提下，作适当的调整，以选择最合适的站址。站址的确定，一方面要满足水力条件的要求，即在规定流量下泵站所提供的能量要与站间管路所消耗的能量相适应；另一方面，又必须考虑工程实践上的许多要求，诸如工程地质条件是否适于建站，交通、供电、供水、通信、排污等方面是否方便等。

输油泵站是管道储运公司的重要设备，对整个管道的正常运行和工作有着重要作用。为了确保输油泵站的正常运行，促进效益的提高，在日常工作中，必须加强输油泵站管理工作，确保泵站的安全。输油泵站的安全生产，有利于确保输油泵站各项设备处于良好的工作性能；有利于预防输油泵站设备可能出现的问题；有利于提高输油泵站各项设备的工作效率，确保输油泵站的安全。

第三节　泵站的运行控制

泵站系统的控制策略取决于所要运输的产品类型、原动机的形式（固定转速或者变速）、所需控制站的类型（测量站、泵站等）以及所处位置（分输点、大落差地段、冻土层等）。泵站控制的变量包括压力和流量，有时还需要考虑温度。对于批处理操作来说，产品密度和交界面也是控制变量。

对于由恒速驱动机驱动的泵来说，流量给定，则扬程一定，因此排放压力可以通过节流来控制。节流操作通过安装在泵下游的压力控制阀来实现。由变速驱动机驱动的泵，则通过驱动机速度的改变来控制泵出口压力。只要流量在泵的工作流量范围内就不需要对泵进行流量控制。如果液体管道设在地形起伏较大的地区，可能会出现不满流现象，在最高点的下游就需要设置一个背压控制装置来限流，以避免出现这种情况。

可以通过设定固定值的方式来实现系统控制，也就是说，调度员设定压力、流量或者温度，控制系统随即响应以达到设定的值。由于压力是首要的控制变量，下面将讨论一些特定压力的设定。调度员可以用SCADA系统来监控和改变压力值。

(1)吸入压力:即泵站所需的吸入压力。在正常操作中,吸入压力等于或高于设定的吸入压力。如果吸入压力小于设定值,控制系统将不能正常运行,除非压力测量有错。液体管道中常用排放压力超压的吸入压力控制来保证压力高于蒸气压,同时使压力小于最大允许操作压力。通常最小吸入压力设定值高于泵站启闭阀门的压力,小于泵站自动关停压力。

(2)出口压力:即所期望的泵站能够达到的出口压力值。设定的出口压力是泵站控制系统所要维持的最大值。如果排放压力低于设定的值,将不会引起任何控制行为。对于用恒速驱动机驱动的泵来说,需要设置控制阀来控制压力。排放压力等于或者低于泵壳压力,泵壳压力与出口压力的差值为节流压力。通常设定的最大排放压力低于最大操作压力200kPa,以避免事故停泵。

(3)保压压力:在分输点可能发生支流运输或者分输点没有泵站的情况下,设定保压压力来维持所需的干线压力。后一种情况的保压压力被称为分输压力,而前一种情况下的压力测量装置设置在泵站吸入端发生分输的地方。

一、泵站操作

这个部分将概述泵站控制的关键部分。以下是泵站控制中常用到的一些基本操作:
(1)泵单元控制(包括驱动机);
(2)阀门控制;
(3)压力等参数超限时发出警报以纠正操作;
(4)紧急关停以避免对设备的进一步损坏。
前两个控制操作通常结合在一起来控制站场和管道系统的开启和关闭。

如今,自动化的管道系统控制可以提供更可靠、更高效、更经济的操作。自动化系统控制可以通过SCADA系统监控管道、泵站、测量站以及其他设备。此外,它还能用于油库管理、能耗监测、产品计量、泄漏监测等。

对于站场的管理,一般是通过SCADA控制中心对站场进行远程控制。由于集中式系统提供了监控整个管道系统,并安全、高效地管理系统的能力,我们就可以进行远程控制。只有在一些非常规工况或者有维护任务时进行本地控制。

决定一个站可以设为无人站的关键标准就是控制系统具有高度可用性以及其能够可靠稳健地运行。此外,在非常规工况下,系统还需支持从远程控制切换到本地控制。

确定一个站可以设为无人站还需要考虑以下因素:
(1)尽可能地减少潜在的人为因素导致的错误,从而提高安全性;
(2)达到可靠而及时的控制反馈;
(3)相比较而言,远程操作更加高效,且成本较低。
典型的站场控制系统需要包括:站场控制、单元控制、驱动控制以及其他辅助单元控制。站场既要能够进行本地控制,也要能够通过SCADA系统接收控制中心的命令。

远程控制系统需要实现以下功能:
(1)监控所有的站内设备,包括辅助系统;
(2)提供站场与主机之间的双向通信;

(3) 监控驱动单元和泵机组的启停次序；

(4) 监控站场阀门；

(5) 紧急关停泵站。

这些附加的系统控制功能可以为泵站完成以下任务：

(1) 安全可靠地操作泵站，并维持较为经济的成本；

(2) 允许对站场内的关键设备进行持续的监控；

(3) 缩短对可能存在的问题的反应时间；

(4) 为站场操作员解决实际问题。

意外停电会给管道公司带来经济损失。因此，站场控制系统必须可靠、稳健且有较高的适用性，并为工作人员和站内设备提供一个安全的生产环境。同时，在发生紧急情况时，要能从远程控制切换为本地控制。从管道全局操作的角度考虑，泵站可以看作是一个在管道中补偿压力损失，以保证产品流动的"黑盒"。管道操作员仅仅关心不同站的设定压力，而不关注站内具体的控制情况。在这种情况下，泵站控制系统将从 SCADA 系统收到泵站的压力设定值而不是具体的泵站内各单元设定值，之后泵站控制系统再确定需要操作多少单元以及各单元操作时的设定值。

站场控制系统应包含在 SCADA 系统之内。系统操作员下达启动或者停止命令，再传达给各单元。通过 SCADA 系统可以看到监控站场的各种数据：

(1) 泵的状态；

(2) 流量；

(3) 产品名称和密度；

(4) 吸入压力及设定值；

(5) 排放压力及设定值；

(6) 节流压力；

(7) 站场电力负载；

(8) 通信状态；

(9) 警报。

一般通过可编程逻辑控制器（PLC）实现本地控制。目前对于站场设备来说，如泵、驱动机和润滑油系统，PLC 是站场控制的关键。PLC 包含微处理器、通信模块和用于连接各设备的输入/输出模块。PLC 可以控制整个站场，这意味着所有的设备并非由各单元控制系统直接控制，这样保证了整个站场在干线管道和站场规定的参数之内运行。此外，以通过 SCADA 系统从管道操作员处收到的站场所需设定值为基础，PLC 决定了操作单元的设定值。每个单元的设定值还需考虑负载共享策略。例如：

(1) 基础负载。一两个单元在稳定负载下工作，其余单元用于适应负载改变以提高效率。

(2) 优化负载共享。每个单元的设定值由已知的各个单元决定，分配负载使总的能耗最小。

二、泵的控制策略

泵站控制系统的优化设计需要考虑的因素包括泵的成本、配件、负载、操作和维护以及操作的灵活性。泵的控制策略必须包含以下标准：

（1）泵的吸入压力必须大于最小汽蚀余量以避免汽蚀的发生，还要满足需求，避免不满流现象或者泵站上游的液柱分离现象的发生；

（2）泵的出口压力必须小于最大允许操作压力以避免管道及相应设备的损坏，并保证管道在管理机构所规定的限制范围内运行；

（3）驱动机的功率也应保持在可接受的范围之内以保证其稳定运行。

由恒速电动机驱动的泵需要一个出口端控制阀来控制泵的出口压力；控制这个阀门的系统需要有一个吸入压力（或出口压力）控制循环系统。在控制系统中设定泵的最大出口压力，最小吸入压力和驱动机最大功率。控制的目的是为了让泵尽可能地在高效工作点或者靠近高效工作点工作，如图3-12所示。

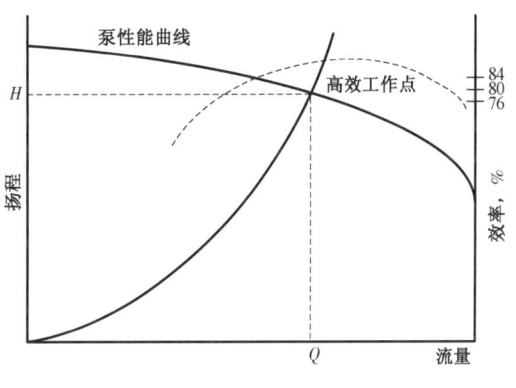

图3-12 高效工作点

设置压力开关以在控制系统失效的时候发出信号。考虑到可能出现控制系统完全失效的情况，还应在站内设置一个泄压阀。

对于同时设有固定转速和变速电动机的泵站来说，控制策略是让固定转速以最小节流量来承担基本荷载，利用变速泵来适应所需的站场设定点。

一般来说，在自动化管道系统的监控中存在3种主要的模式层次：

（1）现场控制。在这种模式下，所有现场设备的控制命令都传递给站场控制系统。这就允许了一个现场操作员在站内控制整个站场以及辅助设备。控制命令受到现场设备具体情况的限制。

（2）远程控制。如果站场控制系统处于远程控制模式下，那么，所有的控制命令都由SCADA控制中心给出。

（3）控制中心/SCADA。在这个模式下，站场的控制命令通过SCADA系统传递给控制中心。不能进行现场控制。这种模式对于站场控制系统来说本质上是一种远程操作模式。过程中的参数值及设备状态仍要被送到SCADA系统起到监控和记录的作用。

这里所描述的控制模式层次影响着操作员的控制状态。在所有的模式中，现场的设备总是被它的控制设备所控制。从发出命令到现场控制设备执行命令，体现了控制模式的改变。

产品从油库或其他管道输出或输入需要操作阀门，以有效地控制其到适当的压力水平和产品流向。控制压力需要避免设备损坏，同时需要控制流量使得产品运输到正确的目的地。对于分批输送和接收多种产品来说，阀门操作的次序也是非常重要的。

控制泵机组有两个方式：（1）通过控制阀节流以减小出口压力；（2）控制泵的转速。节流控制是一个控制离心泵出口压力的普遍方式，控制阀被安装在泵的出口端。通过控制泵的转速来控制出口端流量，这实际上是由泵的驱动机决定的。通过降低泵转速度来减少流量不会造成能量的浪费，这个控制动作使得通过泵的流量和管道压力发生改变。

在操作一个泵单元时,会出现几个问题:低于所需的最小流量和泵中产生蒸汽。泵单元的设计、操作过程中必须着重考虑泵的最小流量。如果流动缓慢,由于泵效率低,动能转换成热能,而热能不能迅速消散。泵内的液体受热并最终变为蒸汽。通常情况下,对于管道行业用泵,制造商会将设计流量的40%设为其最小流量。

通常,在进站口通过一些回流的方法,泵的入口才能够保证达到最小流量要求。

在管道停止运行,阀门关闭之后,泵可能被允许继续运行一段时间(最多几分钟),因此排放流量为零。如果阀门关闭,或者稍微打开,泵就会一直运行导致能耗增加,最终发生过热和高压,进而缩短泵的使用寿命。

另一个问题是泵内蒸汽的存在。如果在泵吸入端压力低于液体蒸气压,那么液体就会蒸发,汽化的液体形成泡沫。这些泡沫随着流体流入泵叶轮和蜗壳,使其液体压力急剧增加。然后,高压区域的泡沫破灭以及泡沫破灭产生的局部高压,将对泵造成损害。该问题通常通过增加泵入口端流体压力而避免,即使可用的汽蚀余量高于所需的汽蚀余量。

然而,当泵关闭时,蒸汽充满泵和管道。如果泵在这样的情况下启动,叶轮将在没有液体流入的情况下转动,这就导致液体不能完全地进入泵,流速缓慢。最后,如果这种情况持续了较长时间,泵将会过热。为了预防这种情况的发生,泵在启动之前必须灌满液体,在此之后,流量将逐渐增加到所需水平。如果恒速泵设有控制阀,那么控制阀需要在液体流经泵之后逐渐打开。

三、泵站控制

自动化的站场控制装置有能力根据控制中心的管道系统操作员或者有时当联系中断时也可以根据操作员发出的相关指令来进行开始、停止和调整装置的操作。另外,当流动速率改变时,它可以根据操作员设置的参数来控制压力或分配负载。为了控制站场并减少管道瞬变造成的危害,正确的控制逻辑(包括操作顺序和操作时间)是非常重要的。例如,当一个阀门关闭时,如果关得太快,会发生较大的压力波动,并且这种波动可能损坏泵和其他管道部件。因此,需要慢慢地关阀门来最小化这种波动的影响。

站场阀门控制是泵站控制系统的一个关键方面。站场里的每个阀门都可以远程控制,但是如果必要的话也可以由现场的操作员控制。阀门的控制逻辑必须保证正确的开关顺序,并且避免对装置造成破坏。控制系统包含的一些顺序方案包括:

(1)站场的启动和关闭;

(2)清管器的接收与发送;

(3)越站;

(4)分批接收和分批输送。

另外,可能需要一些基于管道水力研究结果的控制逻辑来帮助减小管线压力波动。

站场管理员指导站场阀门的顺序,通过下列操作来改变它们的位置:

(1)为了打开一个泵站或者在管线上安装额外的装置,用提前安排好的顺序打开或关闭阀门;

(2)为了关闭一个泵站、越站或者在管线上移除额外的装置,用提前安排好的顺序打开或关闭阀门;

(3) 为了收发清管器,用提前安排好的顺序打开或关闭阀门;
(4) 通过部分关闭或打开一个控制阀门,为固定转速泵调整出站压力;变速泵可能不需要控制阀门操作,除非站里装有这两种类型的泵。

图 3-13 所示为泵站操作示意图,以下描述的是站场开启的顺序:
(1) 从一个最初关闭状态开启站场;
(2) 假设站场隔离阀 MOV-101 和 MOV-102 是关闭的,打开之后,1 号泵做好准备;
(3) 泵开始旋转,当泵壳的压力上升、流体开始流动时,打开吸入阀和排出阀;
(4) 如果需要增加流量,2 号泵也进行同样的操作。

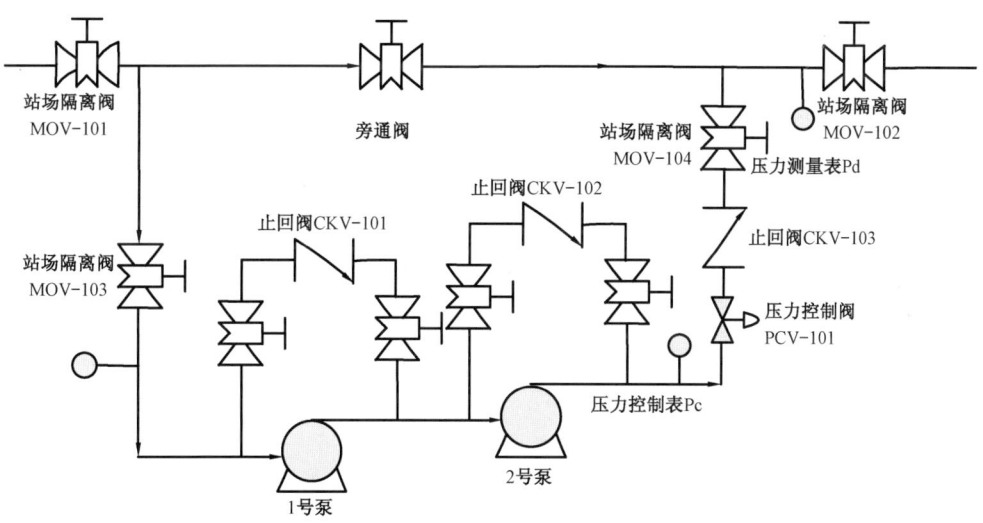

图 3-13　泵站操作示意图

以下描述的是站场关闭的顺序:
(1) MOV-101 开始关闭;
(2) MOV-103 和 MOV-104 开始关闭,打开它们,泵随即减速或者关停;
(3) MOV-102 关闭,泵站关停。

下面我们将考虑同时使用固定转速和变速电动机驱动泵的泵站操作。在电源可靠的地方,固定转速电动机为基本负载提供了一个比较具有成本效益的解决方法,它们具有维护成本低、操作简单的优势。对于流量范围广,或者需要输送不同密度油品的泵站,变速电动机得到了广泛使用。尽管变速驱动的控制系统更为复杂,但变速驱动可以降低能耗。这是因为变速驱动可以在没有节流损失的情况下控制泵的出口压力。

变速泵通过改变驱动器的转度与最大功率来控制流量和压力。而对于含有定速和变速电动机的泵站,其控制方法是在最小节流的基础负荷下运行定速单元,同时使用变速单元来调整所需的站场设定点。

在应用流量或压力控制时,最节能的选择是电动变速驱动,也称为变频率驱动(VFD)。VFD 最常见的形式是电压源脉宽调制变频器。该转换器通过在电动机中产生恒定的磁通量来形成一个与频率成正比的电压。这种类型的速度控制可以用来设定出口压力或流量。

四、泵站电力系统

在使用电动机驱动时,需要给泵站提供可靠的电力来源,一般通过考虑商业电源和自主发电的经济性与可靠性来决定采用哪种电力来源。

通常设有高压线路、变压设备以及相关的电力传输设备以实现多线路操作。电力设备的控制可以是独立的,也可以与站控系统合为一体。

电力保护通常包含于独立的、专业的整套保护设备中,以避免:
(1)过压或者欠压;
(2)频率过高或过低;
(3)过流和短路;
(4)接地故障;
(5)电压不平衡;
(6)相序逆转;
(7)变压器气体温度过高。

电源控制系统监控电力系统,并且返回以下信息到站场控制系统:
(1)电压、电流值;
(2)实际功率、功率系数;
(3)能耗;
(4)断路开关和切断位置;
(5)频率。

五、关机模式

站控系统的关机作业一般根据不同等级或严重程度划分为:

(1)正常关机。在这种情况下,泵站将按照正常的次序关停设备。重启也是按照正常程序进行。通常由操作员下达正常关机命令或者在工艺操作条件超过规定限制时,系统自动执行正常关机程序。一旦工艺操作条件恢复到限制以内,系统就会重启。

(2)关机锁定。当发生较严重的事故时,将启动关机锁定程序。这意味着需要人工重设才能够重新启动系统。这就保证了泵站在重启之前经过了技术人员的检查和评估。关机锁定既可以应用于整个泵站,也可以应用于泵站内各单元。这种关机方式应尽量按照正常关机的过程来设定,以减小水力扰动。

(3)紧急停机。在这种情况下,需要立即关停泵站所有单元,并隔离泵站。在天然气管道中,这将导致放空阀的激活。遵循紧急停机设置,所有控制将被设定为锁定状态,需要本地重设。

设立紧急停机系统的目的是提供一个独立的失效保护控制系统,在管道破裂或者泵站发生火灾等意外情况时,可以关停并隔离泵站。

从设计的角度考虑,紧急关停系统要能应对爆炸、火灾等类型的事故。为了做到失效保护,紧急关停系统要能够在事故发生时自动隔离产品流,直到确定可以安全地进行正常操作。

紧急关停系统要能够覆盖所有站控信号，因此，它的设计需要同时满足监管制度和设计者的设计理念和设计准则。

紧急关停系统是关闭泵站的最后一道防线，即使在泵站失去正常供能、与SCADA系统失联或本地控制系统失效等情况下，它也能够正常工作。通常紧急关停系统的设计需独立于站控系统，也应该满足在不干扰正常操作的情况下对紧急关停系统进行常规检测。一般紧急关停系统都有充足的能力，即使系统内某处失效，也不会使整个系统丧失检查和执行紧急关停命令的能力。

泵站紧急关停系统设有相应的控制阀以隔离泵站。如果这些控制阀关闭得太快，就会产生瞬态压力，对设备产生损害。水力研究需要确定紧急关停阀的关闭时间，以避免瞬态压力破坏管道。

六、泵站的自动化管理

油气长输管道自动化系统经历了循序渐进的发展过程。早期主要采用本地通用指示仪表，主要设备的控制，如阀门的开、关，输油泵的启动、停止等均由手动控制，输油工人通过巡视记录主要参数（如温度、压力、流量等）。随着自控技术、电子计算机、通信技术的发展，长输管道的自动化发展迅速。目前，SCADA系统已广泛应用于电网、水网、输油气管网、智能建筑等领域，成为管道自控系统的基本模式。

SCADA系统一般由设在管道控制中心的小型或超级微型计算机，通过数据传输系统对设在泵站、计量站或远控阀室的远程终端装置（RTU）定期进行查询，连续采集各站的操作数据和状态信息，并向RTU发出操作和调整设定值的指令。这样，中心计算机对整个管道系统进行统一监视、控制和调度管理。各站控系统的核心是RTU或可编程序控制器PLC。它们与现场传感器、变送器和执行器或泵机组、加热炉的工业控制计算机等连接，具有扫描、信息预处理及监控等功能，并能在与中心计算机通信中断时独立工作。站上可以做到无人值守。SCADA系统是一种可靠性高的分布式计算机控制系统，对整个管道系统实施在线、实时监控，主要的系统功能如下：

（1）采集监控对象的主要运行参数及状态；

（2）向各被控站发送遥测、遥控和遥调指令；

（3）运行参数、状态、趋势和模拟流程显示；

（4）运行事件、报警事件的存储和记录；

（5）运作报表打印，事故状态报告和打印；

（6）数据分析处理，调度决策指导；

（7）系统优化模拟预测；

（8）系统运行管理预测；

（9）工程应用开发研究、工程系统模拟培训；

（10）系统组态、扩展；

（11）数据有效值的分析测试等。

当今，中国正在进行大规模的管道建设，随着西部原油管道、兰成渝成品油管道等一批长距离管道对 SCADA 系统需求的提高，计算机技术的发展日新月异，这些都对 SCADA 系统提出了新的要求。它的成功实施，需要管道企业多专业、多部门的协同配合，可以按照统一规划，分步实施，先易后难的原则，坚持循序渐进，稳扎稳打，实施优化工程，从而达到提升企业管理水平，增加效益，降低成本的目的。

第四节　泵站的水力瞬变

长距离管道在运行过程中，凡是能够引起输送能力变化的因素都可以使管道产生不稳定流动。可以把它分为 3 类：

(1)有计划地调整管道输量。如改变阀门的开启程度、某站泵机组的开车和停车、某中间站的启动和停输、泵机组的转速调节等。

(2)管道的某些操作程序。如管道首站与末站的倒换油罐、顺序输送过程中的油品切换、分支管道开始运行(中途分流或集流)和停输等。

(3)管道操作过程的事故状态。如阀门的误操作、泵机组的机械故障、泵机组保护系统动作使泵机组失去动力、中间泵站突然停电、管道发生泄漏和管道破裂等。前两类操作过程都是有计划地进行，而且输量也比较平稳，一般可通过预先设计的程序进行控制，不会引起很大的压力波动。而某些事故状态，特别是阀门的误操作和泵站停电引起的不稳定过程，要比前两种情况严重得多，应该引起足够的重视。

在长距离管道中，其瞬态压力变化的特点主要有：

(1)由于长距离管道站间干线的摩阻损失值较大，稳定运行时，沿线存在很大的压力差。当管道出现水击时，不仅要考虑直接水击压力，而且要考虑管道充装的影响。

(2)采用泵到泵流程输送的长距离管道，全线是一个统一的水力系统。当管道发生扰动后，瞬变压力波会顺序影响全线。如管道终端阀门关闭产生的水击波，传到上游泵站之后，使泵站的输送能力降低，泵压升高。该泵站输送能力降低，又会使进站压力上升。升高的进站压力叠加在泵压上，使出站压力进一步上升。泵进一步向下游充装，管内流体压力进一步增加。这种压力波的叠加对管道是十分有害的。在这种情况下，如果管道压力超限，则必须设有可靠的保护措施，予以控制。

(3)可能发生"液柱分离"的危害。对于线路起伏剧烈的管道，由于管道投产或维修时管内的空气没有排除干净，管道投产后，残留的空气就会聚集在管路的高点位置。在稳态输送过程中，空气被压缩在管子上部，当管道发生水击，减压波到达该处使液压急剧降低时，被压缩的空气会急剧膨胀，使上游液流减速，下游液流加速，形成一定范围的管内自由表面流。如果空气区的压力低于液体的饱和蒸气压，还会导致液体的汽化，使管内自由表面流区域进一步增大。当管道恢复正常运行，压力升高时，由于蒸汽泡的破灭，有可能产生很大的水击压强，破坏管道。

(4)对于从泵到泵密闭输送的长距离管道，中间泵站意外停电会造成该站通过能力降低，并有可能短时间内停流。输量降低，对上游产生增压波，使上游站进站压头迅速上升；对下游产生减压波，使下游站出站压头降低，顺序导致全线输量变化，上游各站进、出站压头上升，下游各站进、出站压头下降。

第四章　液柱分离和弥合水锤

近年来,我国分布在地形复杂、地势起伏较大的地区的长输管线工程逐年增多,这种情况在我国西北、西南地区尤为突出,此类工程管线长、地形起伏大,在泵站启停、泵机组调速、各中间站的流程切换或分输站的启停、事故工况停机以及调节阀动作失灵、误关闭等操作过程中,极易产生水锤增压波和减压波以较大的速度向上下游传播,产生液柱分离和弥合水锤现象,造成危害很大的断流空腔弥合水锤危害,影响管道的安全正常运行。

断流空腔弥合水锤,宏观上表现为减压波传播过程中,在管道中流速梯度和压力梯度变化大的地方将会产生一处或者多处液柱分离现象并形成断流空腔,当反射增压波使断流空腔两侧压力增大时,液柱弥合即空腔溃灭,产生较大弥合水锤升压,断流空腔弥合水锤包括两个部分:液柱分离和弥合水锤升压,整个过程涉及断流空腔的发展和溃灭、水锤波的传递和反射以及压力的往复振荡,所以断流空腔弥合水锤是一个十分复杂的气液两相流瞬变问题[40],需要从微观到宏观等各个方面深入研究分析断流空腔弥合水锤与各种影响因素的关系,才能从整体上把握断流空腔弥合水锤全过程的规律和实质,为建立正确的物理—数学模型提供理论基础。本章以断流空腔弥合水锤形成过程中的气体释放、液柱分离和断流空腔、断流弥合水锤为重点,分别进行分析研究。

第一节　气体释放

不管气泡体积是多么的小,数量是多么的少,它们都将影响水锤波在液体中的传播速度,理论和实验都证明,即使是少量气泡的存在也会使波速大大减小,因液柱分离过程中管道部分位置因压力降低导致液体中气体释放聚集形成的气囊不仅会阻塞管道流通断面造成输送困难,严重的情况下,气囊会在增压波作用下破裂,发生升压很高的断流空腔弥合水锤,导致管道爆裂、供油中断。因此,有必要对液柱分离过程中气体释放进行研究。

一、压力降低与气体的释放

在管道水锤过程中,当管道的上游边界因为阀门关闭过快或泵机组突然停运等原因导致压力降低时,会产生减压波向下游传播,引起下游管道内液体的压力迅速降低,在减压波传播过程中,释放的气体主要由下面两个部分组成。

1. 溶解气的逸出

当管道受到减压波作用,管内压力下降到溶解气的饱和压力时,原来溶解在液体里的气体就会过饱和逸出,通常在液体中存在有悬浮状态的微粒,逸出的气体在管壁上或在油品中的悬浮颗粒周围形成很多的小气泡,这种现象称作气体的逸出。气体的逸出过程中,先出现微小的空气泡,形成气泡核心,随着压力进一步降低,小气泡不断长大、结合,在管内形成一定范围的气泡流。

2. 液体的汽化

当管内压力进一步降低到当时温度下的液体饱和蒸气压且持续时间足够长时,管内液体就会汽化,产生蒸汽,蒸汽与已形成的小气泡相结合,形成较大的气囊在管内上升,气囊会进一步的发展形成气团、气(汽)穴,气囊随着液体流动,形成气穴流,特别是在管道高程较大的地方处,气囊在那里聚集甚至会把液体隔开,阻断整个管道截面,破坏了液体的连续性。

纯液体的饱和蒸气压只随温度而变,原油和各种成品油都是多种烃类的混合物,其饱和蒸气压不仅随温度而变,还随混合物的组分及气液相的体积比而不同。对于矿场原油,情况更复杂了,矿场油库贮罐里的原油是油井产出的油、气、水混合物经过多次油、气、水分离后得到的液态原油,这种原油都会含有一定量的游离气和溶解气,管输原油时由于压降而引起的气体释放的过程,会在液态原油中形成很多细小的气泡,尤其是当原油中含有一定量的胶质、沥青质等表面活性物质时,这些分散在原油中的胶质、沥青质会降低原油的表面张力,增加气泡膜的强度,当原油的黏度较大时,沥青质的存在会显著提高原油中泡沫的稳定性,致使原油在气体释放过程中形成很多不易破灭的气泡。上述因素会影响低压区油品的汽化过程,也会影响高压区气泡的破灭过程,这些因素使分析管输原油时的弥合水锤现象变得更加复杂,输油管路在什么条件下会发生液柱分离,液柱分离产生的危害有多大,目前这方面的工作做得很少,还需要更多的研究。

二、气体的存在位置和影响因素

在突然停泵或者快速关闭阀门时,产生的减压波会引起管道局部压力快速降低,由上节可知,产生的气泡和蒸汽相结合并且随液体运行,聚积成大气泡或者气囊以不连续的多个或独立气囊存在于管顶,气囊长度及其占管道横截面面积的比例即截面含气率取决于液体中气体的含气率、压力波动情况、管径大小及管道纵断面条件等[52]。

正确认识管道中气囊的存在位置和运动规律,对保障管路的安全运行意义重大。这些微小气泡在随着液流流动的过程中会聚集在一起逐渐形成气囊,气囊虽然同液体处于相同的压强之下,但是,因为气体的密度远远小于液体,故气囊多存在于管道的上部,沿管顶随液流运动。理论研究和实践表明,在长输管道的高程起伏较大的管段中,气囊多存在于管道的高程点且不易被液流带走;在平缓的管段中,多个气囊则以不连续的相互独立的形式分散在管段中随着液流流动。

气囊在管道内所处的具体位置,不仅取决于管线的高程,也与气囊的受力平衡条件有关[53],当气囊所受外力沿管轴向的分力同液流方向一致时,气囊随液流方向前进;相反,如果气囊所受合外力沿管轴向的分力同液流方向相反时,气囊不随液流流动,甚至还会逆向流动,故上坡段的气体比起下坡段更容易随液流流动排出[54]。气囊可能存在的位置还与管内压力和流速的大小以及管壁粗糙程度也有关,其影响因素众多。

三、液体中所能溶解的饱和含气量

在断流空腔弥合水锤过程中压力是不断波动的,减压波的传播会造成管道沿线压力降低,在这个降压过程中气体会不断地从液体中释放出来,从而液体中的含气量是不断变化的[55]。

当压力降低到一定值时,液体中的溶解气会不断从液体中逸出,并在新的压力条件下达到新的溶解平衡状态,在标准大气压下,液体中所能溶解的饱和含气量 V_g 可用 Henry 数学模型来表示:

$$V_g = S \frac{H_S}{H_0} V \tag{4-1}$$

式中　S——溶解度系数;

　　　H_S——饱和压头(绝对),m;

　　　H_0——标准大气压头(绝对),m;

　　　V——液体体积,m³。

溶解度系数 S 随温度升高而减少,在 25℃ 及标准压力状态下,水中的氮、空气、氧和二氧化碳的 S 值分别为 0.0143,0.0184,0.0238 和 0.759。

四、气体的逸出速率和逸出量

水锤过程中,气体逸出量和逸出速率的精确表达式是很复杂的,如果要考虑气体逸出对水锤计算的影响,需要考虑到许多未知因素,影响气体逸出量和逸出速率的主要因素是液体的湍流度、超饱和程度、自由气体的空穴率及溶解系数等。假定气体一旦从液体中逸出,认为在整个水锤过程中就不再被液体重新吸收即气体的逸出过程为单向过程,气体逸出速率可用 Kranenburg 数学模型来表示,Kranenburg 数学模型是以气泡动力学为理论基础建立的[56]:

$$\dot{m} = \frac{dm}{dt} = 4R\beta(P_s - P_G)\sqrt{2\pi v dR} \tag{4-2}$$

式中　$\dot{m}$——单位液体体积中气体的质量逸出速率,kg/s;

　　　R——气泡或气核半径,m;

　　　β——亨利常数,表示单位液体体积中所溶解气体的体积;

　　　P_s——气体的饱和压强,Pa;

　　　P_G——气体的实际压强,Pa;

　　　v——气液相间的相对滑移速度,m/s;

　　　d——气体的扩散系数。

从式(4-2)可以看出,气体逸出率 $\dot{m}$ 是 R,β,P_s,P_G 和 v 等的函数,故在工程实际中,v 很难确定,并且常常采用均相流模型来计算分析气液两相流,在均相流模型中把气液混合物视为均匀介质,气相和液相速度相等即相对滑移速度 $v=0$,而利用 Kranenburg 数学模型计算气体释放时又令 $v\neq 0$,前后矛盾,因此模型还需进一步完善和改进。当采用均匀流模型,即气液相间相对滑移速度很小时可以忽略不计,采用下列数学模型分析计算气液两相流[57]:

$$\dot{m} = \frac{dm}{dt} = 4\pi Rd\beta(P_s - P_G)\left(1 - \frac{\frac{2}{3}\frac{\sigma}{R}}{P_G}\right) \tag{4-3}$$

式中　σ——表面张力系数。

综上所述,通过一系列对气体释放和重新吸收的试验和研究可知,水锤过程中气体逸出率的数学模型的精确表达式是很复杂的,把气体释放引入到水锤计算之中需要考虑许多未知因素,当$H_S > H_液$时,总结出下列经验公式:

$$\dot{m} = C_k(H_S - H_液) \qquad (4-4)$$

式中　H_S——液体的饱和压头,m;
　　　$H_液$——液体的压头,m;
　　　C_k——与溶解度系数等较为次要参数相关的综合系数。

上述经验公式认为气体从液体逸出后,在新的压力条件下建立新的气液平衡关系过程中气体被液体重新吸收的速率很慢,认为气体逸出过程是单向的,当气体逸出进行到一定程度,溶解气体的分压低于饱和溶解压力时,气体逸出停止,不考虑再溶解过程。气体逸出是非常缓慢的,在水锤过程中减压波和增压波交替在管道内很快地传播,故认为液体中气体的逸出量很少,但仍会对水锤波的传播速度有一定的影响,如果管道沿线安装了空气阀使大量自由空气混入液体中时,就可以忽略液体中气体的逸出量[58]。

第二节　液柱分离和断流空腔

一、液柱分离的形成及其影响因素

当管道受到水锤减压波作用导致管道局部压力降低时,会使溶解气逸出和液体汽化,气泡和蒸汽相结合,形成较大的气囊在管内上升,气囊会进一步的发展形成气团、气穴,气囊随着液体流动,形成气穴流,气囊倾向于停留、聚集在管道的高点或某些顶端的局部位置,形成较大的气泡区,气泡区形成后,它会连续地增长直到气泡两侧液柱压力平衡为止[59],根据压力平衡,气泡区有可能占据很长一段管道,甚至会把液体隔开阻断整个管道截面,破坏了液体的连续性,形成完全断流空腔,这种现象叫做液柱分离。

液柱分离的程度取决于水锤过程瞬变减压波的压力下降幅度和低压持续时间。不少研究者的试验研究发现,减压波传递过程中,液柱分离只在管道的某些特殊位置发生,但是在整个低压液体内都会有气泡出现,气泡量的大小取决于液柱分离低压区绝对压力的高低和低压持续的时间。在低压区,这些小气泡的存在,减慢了反射后增压波的传播速度,减小了气泡破灭产生的高压峰值,而且气泡的生长和破灭过程也会消耗能量,使压力峰值不断衰减,随着压力波的衰减,低压区的波及范围和低压持续时间也不断减小,气泡破灭产生的高压峰值不断减小,峰值间隔时间不断缩短,最后趋于平衡。

二、液柱分离的判断

在断流空腔弥合水锤过程中,管线上每一个点的最低的水头值的连线称为最低水头包络线,管线上各点的最低水头并不是在同一时刻发生的。管线上每个点发生液柱分离的临界水头值的连线称为液柱分离临界曲线,它是根据管线上不同的边界条件和实际工况具体计算得到。按照最低水头包络线和液柱分离临界曲线的位置关系,就能判断是否会发生液柱分离现象,以及何时何地发生。

(1)最低水头包络线高于液柱分离临界曲线,即两者既不相切,也不相交,这种情况下管道沿线均不会发生任何液柱分离现象;

(2)在某些管段,最低水头包络线低于液柱分离临界曲线,则说明这段管线出现会出现液柱分离现象。

如果仅仅是根据断流空腔弥合水锤的数学模型进行"纯理论"计算并绘制出相应的最低水头包络线,最低水头包络线上的某些点的水头值可能会很小,有些点的真空值可能大大超过绝对真空值即绝对压力约等于0,这在实际工程中是不可能的,因此,在针对工程实际的水锤数值模拟计算中,应考虑管线上安装的水锤防护措施和液体汽化的影响,对计算所得的最低的水头包络线进行相应的修正。

三、断流空腔的分类

1. 按液柱分离的程度分类

断流空腔按液柱分离的程度可分为完全断流型空腔和不完全断流型空腔。

完全断流型空腔是指能将连续液体完全截成两段的集中型空腔,空腔内的气体压力基本保持恒定,水锤波只在连续液柱管段内传播和反射。与以上定义相反的,即不完全断流空腔。

完全断流型空腔常发生于管线中的特殊点,如驼峰、膝部、鱼背、丘陵顶端以及泵或阀门的出口处等处,起伏较大的长输管道沿线中存在很多这样的特殊位置,这一客观事实为后面关于液柱分离和弥合水锤的数理模型的建立与应用提供了可靠的物理与工程基础。

2. 按断流空腔内介质类型分类

断流空腔按其内部介质的类型可分为蒸汽型空腔和空气型空腔。

蒸汽型断流空腔多发生在密封较好的管段中,当管线中的压力降到当时温度下液体的饱和蒸气压以下时,液体就会出现汽化现象,产生断流蒸汽腔,造成液柱分离,此时的断流空腔内充满着蒸汽,空腔中压强维持在小于或等于饱和蒸气压的状态,这种空腔弥合时液柱撞击常为直接水锤,故蒸汽腔弥合水锤升压很高,应当在工程中采取适当措施避免发生蒸汽腔弥合水锤。

在工程实际中为保证管线安全可靠的运行,管线上都会安装各种功能的阀门(如空气阀等),当管道某处压力降低时,为了避免管道中出现真空,空气阀会自动打开,管外的空气在内外压差的作用下会源源不断地进入管内形成充满空气的断流空腔,直到空气腔与两侧液柱达到新的平衡,空气腔内压力保持为一个大气压。

本文主要研究对生产实际和理论研究更具有针对性和实用性的完全断流型空腔及弥合水锤现象。

第三节 断流空腔与弥合水锤升压的关系

通过大量的理论研究分析可知,断流空腔和弥合水锤升压有如下关系:

(1)发生断流空腔弥合水锤时,完全断流型空腔溃灭造成的弥合水锤升压比不完全断流型空腔溃灭的升压大得多；

（2）完全断流型空腔的最大长度越长，溃灭时所造成的弥合水锤升压也就越高；

（3）对于密封较好的管道，在空气阀只进气不排气的水锤过程中，断流蒸汽腔溃灭造成的断流弥合水锤升压的比断流空气腔溃灭造成的弥合水锤升压大得多，这是因为空气腔在弥合水锤升压过程中起到了一定缓冲作用；

（4）在液柱分离过程中形成的断流空气腔的最大长度比断流蒸汽腔的最大长度要长得多，所以，如果在水锤过程中，空气能够通过空气阀自由进出管道，这种情况下空气腔在受到增压波作用下的溃灭速度将会非常快，相当于产生了升压很高的断流弥合水锤，故水锤升压要比蒸汽腔溃灭大很多；如果空气腔在受到水锤增压波作用逐渐被压缩的过程中，能够通过空气阀以稳定的速度排出，这时的空气腔对弥合水锤升压也可以起到缓冲作用。

第四节　完全断流型空腔弥合水锤的形成过程分析

以常见的管道膝部的完全断流型断流空腔弥合水锤为例（图4-1），描述整个断流空腔弥合水锤发展全过程即断流空腔的发生、扩展、形成、缩小、溃灭的过程[40,60]，得到结论如下：

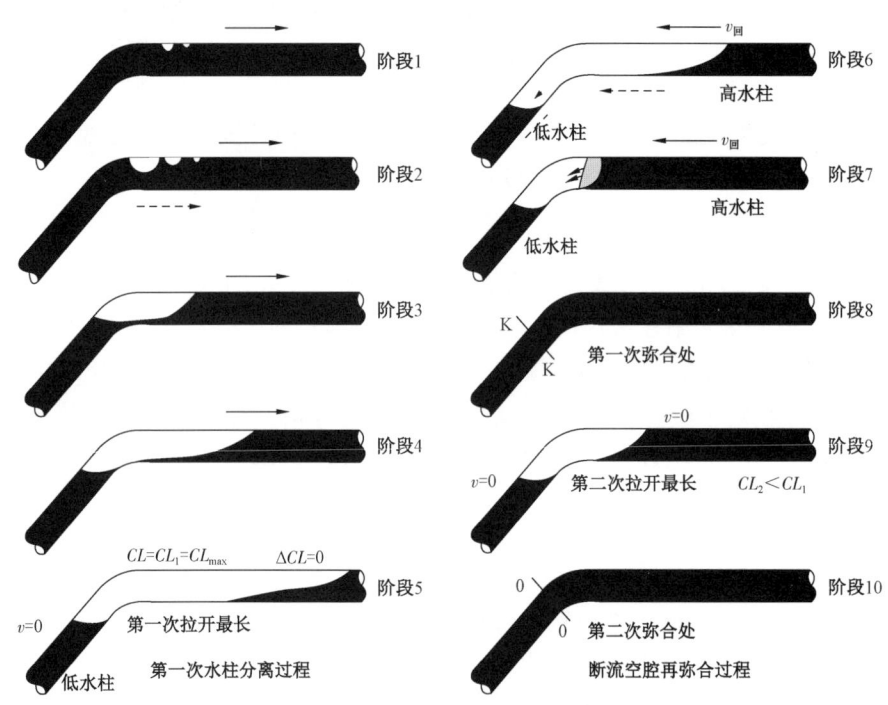

图4-1　断流空腔弥合水锤全过程示意图

CL—空腔体积；CL_1—第一次液柱分离过程的空腔体积；CL_2—断流空腔再弥合过程的空腔体积；CL_{max}—整个过程中的最大空腔体积；v—管道内液体流速

（1）断流空腔的形成和发展阶段——液柱完全分离。

阶段1表示减压波传播过程中管线膝部刚开始发生液柱分离的阶段，液体中释放的气泡数量较少,阶段 1 和阶段 2 发生过程极短,必须借助高速摄影机才能记录下来。

阶段 3 表示液流的连续性已遭到破坏并形成了明显的空腔,随着管线压力降低,空腔体积不断增大。

阶段 4 中的空腔已完全占据膝部管段形成完全断流型空腔,因为惯性作用高液柱仍向右侧流动,但流动速度减小,低液柱则继续回落,断流空腔长度继续增大。

阶段 5 是断流空腔体积达到最大时的瞬间的几何形状和位置,此时断流空腔与两侧液柱达到压力平衡状态,两侧液柱速度为 0,断流空腔长度达到最大,即 $CL = CL_1 = CL_{max}$。由阶段 3 至阶段 5 可以明显看出,断流空腔下游侧倾斜的自由液体表面的坡度由陡峻逐渐变得平缓,如果下游段没有安装相应的截流阀门或末端阀门没有及时关闭,则空腔将被继续拉大,直到空腔右侧管中的液体流尽。

(2)断流空腔弥合阶段——水锤升压。

如果在发生液柱分离的时候断流空腔下游的阀门及时关闭,右侧液柱将以逐渐增大的回冲速度回流,阶段 6 中断流空腔逐渐被压缩,回流液柱的坡度由平缓变得陡峻。

阶段 7 和阶段 8 表示右侧液柱加速流动过程,运动到膝部后呈倾覆状跌落,以较大的速度撞击静止的低液柱自由液体表面,在 K—K 截面处发生第一次断流空腔弥合水锤,其升压很高,液柱弥合后又马上分开。

阶段 9 表示第一次弥合水锤后液柱马上分离形成的断流空腔体积最大时瞬时的位置和状态,由图可知,CL_2 比 CL_1 要短,第二次弥合截面的位置略高于第一次弥合截面,第二次弥合水锤升压也低于第一次弥合水锤升压,见阶段 10,这是因为在断流空腔弥合水锤过程中液体的总能量会以各种形式逐渐衰减。

第五节　断流空腔弥合水锤的防护措施

地势起伏较大的长距离管道中,有时因为运行中的误操作(如事故停泵、阀门意外关闭)等工况时,容易发生液柱分离和断流弥合水锤现象,使泵和管路系统遭到破坏;另外,如果选用的综合防护措施不合理或者防护方案达不到要求,不仅会造成工程上的浪费,甚至还有可能使水锤更严重。因此,选择合理的水锤防护措施并采取最佳的防护方案,防止管道因断流弥合水锤而破坏,对保证管道安全可靠的运行具有重要的意义[57,61]。

一、断流空腔弥合水锤防护措施分类

根据水锤防护措施的工作原理,把常见的断流空腔弥合水锤的防护措施分为以下 4 类[52]:

(1)合理选择阀门种类,利用阀门对管路压力和流量进行调节和控制,阀门适当的开启和关闭可以减小管路中液体流速的变化率——梯度,对于重要的管路系统的阀门的开启和关闭历时必须通过计算机数值模拟进行分析和多个方案对比后确定,这类型的设备有两阶段关闭的可控阀(蝶阀)或各种形式的缓闭止回阀;

(2)注液补液或注空气稳压,避免因减压波传播造成的液柱分离形成较大的断流空腔,从而达到控制管路系统中水锤压力振荡的目的,既可以避免因液柱分离造成压力过低,又能够通

过控制形成的断流空腔长度从而达到缓冲弥合水锤升压的目的,这种类型的设备有空气阀、空气罐、双向调压塔、单向调压塔等;

(3)泄液降压,这种防护方法是基于缓冲液柱弥合时的水锤升压的原理,避免空腔瞬时溃灭时的水锤升压过大,这种类型的有防爆膜、设置旁通管、停泵水锤消除器等;

(4)其他类型防护措施,例如选用转动惯量较大的泵机组等防护措施。

在长输管路系统中还可以根据水锤防护对象的不同,把水锤防护措施分为泵站的水锤防护措施和管线的水锤防护措施等,断流空腔弥合水锤的综合防护措施的选择和应用要针对实际工程具体问题具体分析。

二、两阶段缓闭蝶阀

在 GB 50265—2010《泵站设计规范》的《条文说明》中指出,"在扬程高、管道长的大、中型泵站,事故停泵可能导致机组长时间超速倒转或造成水锤压力过大,因而推荐在泵出口安装两阶段关闭的缓闭蝶阀",两阶段缓闭蝶阀属于缓闭止回阀的一种。

1. 工作原理

以事故突然停泵时安装在泵出口处的两阶段缓闭蝶阀的动作过程为例,分析其工作原理,事故停泵时,阀门能按预先设置的关阀程序分两阶段关闭,先快关至某一角度,再慢关剩余角度,这样在事故停泵的水锤过程中,既可以有效地控制泵出口的水锤压力振荡,又可以不让大量液体逆流使泵机组长时间反转,故两阶段缓闭蝶阀不仅具有泵出口控制阀的作用,还具有止回阀和水锤防护措施的作用[62-64]。

1)事故停泵开始至泵流量降为零的阶段——快关阶段

从事故停泵开始至泵流量降为零的阶段内,泵管系统内的液流速度先快速降低,但流动方向仍然继续为正,泵机组仍然正转,若在此阶段内蝶阀的阀板以较快的对应于泵系统中流量下降速率的速度关闭到一个较大角度(如关闭70°),由于蝶阀在关闭70°以前阀门的水力局部阻力系数 ζ 或阀门的阻力特性系数 C_V 相当小,由表4-1可知,又因泵流量很快减少,所以过阀水头损失很小,因此,阀门虽然以较快的速度关闭了较大的角度,但在阀前后不会形成明显的压力变化,从而也不会存在较大的水锤压力波动,但应注意的是,泵出口关阀过快容易使管路下游的液柱分离现象更加严重,必须采取相应措施。

湖南省电力勘测设计院曾对铁岭阀门厂生产的 $D=200$mm 的蝶阀进行过阻力测定,其测定结果见表4-1。

表4-1 蝶阀的阻力特性

开启度,(°)	90	80	70	60	50	45	40	30	15
阀门阻力系数	0.573	0.575	1.38	3.08	8.48	12.7	20.3	39.5	485

2)泵机组正转逆流——慢关阶段

当泵管系统中液体开始反向流动时,液体的反向流速在短时间内快速增大,此时蝶阀若仍以较快的速度关闭,相当于造成了关阀水锤,在阀门处将产生很高的水锤升压,故蝶阀在此阶段必须缓慢关闭,因为前一阶段阀门已经关闭很大角度,故这种缓慢关闭只需要关闭剩余小角度,此时阀门对逆流的阀门的阻力系数 ζ 很大,逆向流动的液流受到的阀门阻力很大,故能够有效地控制逆流的流量,从而泵叶轮实际受到的液能作用也较小,所以缓慢关阀不会使泵机组产生较大的逆转现象。

2. 性能特点

(1)能按事先设置好的关阀程序在分快关和慢关两阶段关闭,两阶段缓闭蝶阀关闭时间和角度的调节范围大,对于大多数工况都适用;

(2)能够很好地控制断流空腔弥合水锤升压、防止泵机组逆转和液体逆流,有效地控制水锤发生时泵和管网系统的压力波动;

(3)两阶段缓闭阀安装在泵出口时既能当作泵出口控制阀,又有止回阀和水锤防护设备的功能,减少占地面积及基建投资,经济适用。

3. 选用技术要求

快速关阀阶段和慢速关阀阶段的具体角度和历时对控制水锤压力波动、泵机组逆转等有很大影响,在复杂的泵管系统的水锤综合防护措施的选择过程中,两阶段缓闭蝶阀的最佳操作程序的确定不能单独孤立的进行,必须与整个水锤综合防护措施融合在一起考虑,根据泵和管路系统本身的特性参数,通过水锤综合防护措施的计算机数值模拟的计算和结果分析对比后,才能确定最佳的快关慢关的角度和历时,只有当水锤综合防护措施的方案确定后,蝶阀两阶段缓闭的最佳操作程序才算结束。

三、空气阀

空气阀主要用于防止发生断流空腔弥合水锤时因减压波传播造成管线压力过度降低,避免管内出现真空;空气阀一般安装在管线上容易发生液柱分离的特殊点处,如主要峰点、膝部折点、驼峰及鱼背处等;目前工程上使用的空气阀有很多种,其功能各异,按工作原理、自身的动作方式,可以分为很多种,如浮球式空气阀、气缸式空气阀、恒速缓冲空气阀等,在实际工程中,应根据管线水锤防护数值模拟计算结果确定空气阀的安装位置、选用型号和动作方式[65-70]。

1. 工作原理

根据空气阀的动作方式分为自由进出气空气阀和只进气不排气空气阀,下面对两种空气阀的工作原理进行分析。

1)自由进出气空气阀

当管道内压力低于当地大气压时,空气阀开启,空气进入管道内,避免管道内压力过低并形成断流空气腔;当断流空气腔受到返回增压波作用时,液柱开始弥合,空气腔体积逐渐缩小,此时空气阀及时开启,排除空腔内气体,防止管道中因为存在气囊影响后期管道系统的安全运行,在排出空气时空气阀具有自动关闭的功能,不允许管内液体泄入大气。

2)只进气不排气空气阀

当管道内压力低于当地大气压时,空气阀开启,空气进入管道内,避免管道内压力过低,当断流空气腔受到返回增压波作用时,液柱开始弥合,空气腔不断被压缩,此时阀门关闭,压缩的空气腔相当于空气垫的作用,能够使液柱回冲流速减小,对弥合水锤的升压起到缓冲作用。

2. 性能特点

（1）空气阀主要是用于控制真空，在管线上容易产生负压和液柱分离的主要特殊点等处装设空气阀，空气阀占地面积小且造价不高，是防真空效果较好的经济适用的水锤防护装置；

（2）构造比单向调压塔简单，因此造价也低，安装上和后期管理维护也比较简单方便，在单向调压塔需要大量液体的场合，就可以考虑选用空气阀；

（3）自由进出气空气阀能起到破坏管中真空的作用，优点是不会残留空气在管中；缺点是不能对弥合水锤升压起削减作用，如果排气速度过快反而还会造成升压很高的断流空腔弥合水锤，排气速度过慢容易残留空气囊在管内，所以对排气速度和排气量有规定；

（4）使用只进气不排气空气阀的目的是破坏管中的真空、缓冲弥合水锤升压，优点是形成的空气腔能够缓冲管中的因液柱弥合造成的瞬时水锤升压；缺点是如果在水锤过后没有及时排出液柱分离过程中注入的大量空气，不仅影响水锤后的重新启泵，还有可能因为残存气囊的溃灭造成新的弥合水锤。选用空气阀时应注意，如果水锤增压波过大，空气腔体积不够大，此时空气腔不但起不了缓冲作用，还有可能被瞬间压破，同样也会造成升压很高的断流弥合水锤。

3. 选用技术要求

空气阀造价占管道工程的比例很小，但对长输管道安全运行至关重要，根据上述的空气阀的性能特点，如果空气阀的选型、布置位置和动作设置不合适，可能产生很多新的问题，如加剧断流弥合水锤引发爆管、液阻增大、输送能力降低等。故实际工程中应根据管道具体工况选用安全可靠经济适用的空气阀，选用的基本技术要求如下：

（1）自由进出气空气阀的排气速度和排气量适中，排气速度不能过快，也不能太缓慢。

符合工程实际的空气阀应在任何气液两相状态下都能以安全的速度排气，既不能过快也不能过慢地排气，现场工程实际中大量的断流弥合水锤爆管事故都是因为排气难而造成的，很多情况都是因为排气阀在大多数工况下只能微量排气，故要求空气阀能够以安全稳定的速度排出管道内任何一段气体，既不因为过快排气引起断流空腔弥合水锤，也不因为排气过慢遗留空气腔被压破造成断流空腔弥合水锤。空气阀还应保证在管道内充满液体时阀门关闭不泄漏。

（2）管道条件和工况较复杂且水锤压力波动较大时，对水锤防护要求较高，应采用具有缓冲功能的只进气不排气空气阀和自由进出气空气阀组合使用。

符合断流空腔弥合水锤综合防护要求的空气阀，不仅应具有缓冲弥合水锤升压的功能，保证管道中因空腔溃灭造成的弥合水锤升压值在安全范围内，还必须保证水锤过后在管道气液两相间的任何压力和状态下，都能够安全可靠连续地排出管道内存气。

四、单向调压塔

1. 工作原理

单向调压塔主要用于防止断流空腔弥合水锤压力波动过程中因减压波的传递造成的液柱分离，避免形成体积较大的断流空腔，从而从根本上控制弥合水锤升压；常用于安装在管线上的高程点,如主要峰点、膝部折点、驼峰及鱼背处等,单向调压塔的安装位置和选用型号都需要事先经过计算机数值模拟和方案对比后确定。

它主要由液箱、注液管以及向调压塔液箱中补液的充液管组成,液箱和管道的注液管上安装有防止管内液体进入液箱的普通止回阀,止回阀必须满足能够准确及时的启闭,这样才能保证塔中液流单向地注入管道[71]。管线正常运行时,注液管上的止回阀处于关闭状态;如果调压塔液箱不满或全空,则图4-2中的止回阀9开启,通过满液管5向液箱中充液,当箱中液位达设计标高时,满液管出口的浮球阀4自动关闭,使液箱保持在设计液位;事故停泵后,当管中的压力降到事先设定的数值时,注液管8上的止回阀3迅速开启,利用液箱和管道低压点的势能差将足够流量的液体及时地注入管道中,防止管线中压力过低,从而达到控制泵管系统中的水锤压力振荡的目的[72-74]。

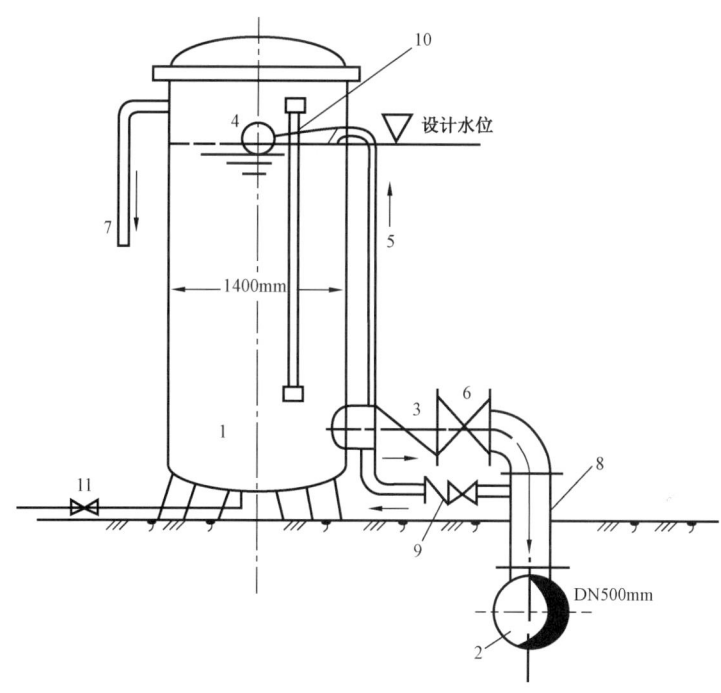

图4-2 单向调压塔结构图

1—液箱;2—管道;3—止回阀;4—浮球阀;5—满液管;6—闸阀;7—溢流管;
8—注液管;9—满液管止回阀;10—液位计;11—排空管

2. 性能特点

(1)主要是针对管线上容易因为水锤减压波造成液柱分离的特殊点(如主要峰点、膝部折点、驼峰及鱼背处等)进行水锤防护,在管中的液压降到事先设定的数值时,通过向管道内注液,防止出现体积较大的断流空腔来控制水锤过程中的低压和高压;但对于管线上某些高程较低,水锤过程中不会发生液柱分离的点,单向调压塔对于控制这些点因为水锤增压波的传递造成的压力升高的作用不大;

(2)在管线受水锤增压波作用升压时,能够通过注液管上的止回阀阻止管内液体反向流入调压塔内。

3. 选用的技术要求

(1) 单向调压塔的具体安装位置、数量、液箱体积、注液速度、液箱的液位标高、注液管主要尺寸等,都必须根据管线的实际工况,考虑不同水锤影响因素下制订出多种单向调压塔选型和安装方案,根据计算机数值模拟结果进行方案对比,选出最佳方案;

(2) 单向调压塔主要是通过消除断流空腔弥合水锤过程中产生的断流空腔来控制弥合水锤升压,但对管线上某些高程较低不会发生液柱分离的点因为水锤增压波的传递造成的压力升高作用不大,所以在管线水锤综合防护方案的制订过程中应考虑在管线高程低点选用超压泄压阀等与高点的单向调压塔的配合使用,从而满足整条管线的水锤综合防护。

五、断流空腔弥合水锤综合防护措施的选择

1. 基础数据

1) 泵机组数据

(1) 泵型号及规格、泵运行情况及台数、可否倒转等;

(2) 各设计参数或额定参数:额定流量 Q_n、额定扬程 H_n、额定转速 N_n、总效率 η_n 和转动惯量 GD^2 以及泵的全面性能曲线;

(3) 泵的驱动方式、原动机型号及规格。

2) 阀门数据

各主要阀门类型、数量、安装位置、动作方式及启闭历时、对应不同开度的阀门阻力系数等。

3) 管路数据

(1) 整个泵管系统的总平面布置图和纵断面图,并标注可能产生液柱分离的特殊点如驼峰、膝部点及鱼背等;

(2) 管线数据:管材、内径、壁厚、外径、允许最大压力、管线上有无支管、变径、变材质等情况以及管线上的附属设备(各种阀门)等;

(3) 管线平时运行工况及以前的事故记录数据。

4) 稳态运行时的工况数据

每台泵稳态运行时的排量 Q_0、总扬程 H_0,管线上各点的稳态流速 v 和压头 H。

2. 水锤综合防护措施的选用原则

(1) 应与实际工程的泵站及管路系统安全性的要求及技术管理水平相适应,以经济合理、安全可靠、管理维修方便为总目标;

(2) 应以预防为主,应将水锤综合防护措施的设计提前到泵站及管路系统的设计阶段,在工程设计阶段应尽量避免可能引起断流空腔弥合水锤的各种诱因,即使水锤的发生不可避免,也要给出相应的解决方案,而不是在泵管系统的运行阶段遭遇水锤破坏后再添加防护措施;

(3) 水锤综合防护措施的选择和使用要具体工况具体分析,特别是针对复杂的泵管系统中,建议采用综合性水锤防护措施来提高管路系统的总体防护效果,使水锤防护更加安全

可靠;

(4)必须事先利用计算机对每个方案进行数值模拟,根据所得计算结果分析对比各个综合防护方案的防护效果,选择最安全可靠、经济适用的综合防护措施。

第六节 小 结

长输管道由于工况的异常变化,会产生减压波和增压波向上游和下游传播,由于减压波的传递导致部分管段压力过度降低造成液体汽化、多处管段发生液柱分离并形成断流空腔,随后断流空腔受反射增压波作用造成空腔溃灭引发弥合水锤升压的整个水锤过程是复杂的流态多样的气液两相流瞬态问题,断流空腔弥合水锤就是由液柱分离和弥合水锤这两个部分组成,这个过程不仅涉及液体的水力瞬态过程、水锤波的往复传播和压力的不断振荡,而且在断流空腔的发生、扩展、形成、缩小乃至溃灭的过程中,气液之间形成复杂的两相界面现象,因此要深入地研究断流空腔弥合水锤,就必须从微观到宏观等诸方面深入研究其与各种因素的相互关系,深入而具体地理解液柱分离与弥合水锤的机理与特征,才能从整体上把握断流空腔弥合水锤的实质及规律,为建立与其相对应的物理—数学模型提供理论依据。

断流空腔弥合水锤综合防护措施的选择应以工程的基础数据、相关注意的问题为基础,与泵站及管路系统安全性的要求及技术管理水平相适应,以技术安全可靠、经济合理和管理方便为总目标,以预防为基本原则,将水锤综合防护措施的设计提前到泵站及管路系统的设计阶段,采用综合性防护措施以提高水锤防护功能的安全可靠性及总体防护效果,所有的水锤防护方案都必须事先通过计算机数值模拟、结果分析、综合防护方案对比,确定最优的水锤综合防护措施。

第五章 断流空腔弥合水锤数学模型及数值解法

通过伴有多处液柱分离的断流空腔弥合水锤工程实例,选用不同的水锤综合防护措施,结合对应的断流空腔弥合水锤的数学模型,根据数值模拟结果绘制最低、最高水头包络线以及主要点的水锤瞬态曲线等其他相关水锤数据,分析泵站和管路系统在不同的防护措施下的水锤过程,最后通过各种方案对比可以得到具体工程下的最优水锤综合防护措施。

第一节 断流空腔弥合水锤数学模型

一、完全断流型蒸汽腔离散模型

1. 适用范围

完全断流型蒸汽腔模型是以常波速—集中空穴模型为基础,最开始是由 Wylie 等提出的,用以解决波速不变、减压过程无气体释放情况密闭管道的断流空腔弥合水锤问题,又称为"蒸汽—液体模型"。完全断流型蒸汽腔离散模型多应用在管道密封较好的起伏较大的管道的水锤过程中,由于管段所在地区地势复杂、高程起伏较大,在瞬变过程中液体压力变化明显,如果管道压力降低到液体的饱和蒸气压以下,液体就会出现冷沸现象,管路中就出现蒸汽型空腔,增压波反射后导致液柱弥合,产生瞬时升压很高的断流弥合水锤。

该模型认为在管道输送过程中,当管道某节点的压力低于液体的饱和蒸气压时,认为形成的蒸汽腔只集中在计算节点的横截面上;当蒸汽腔溃灭时,仍然按照特征线法求解截面处的 H 值和 Q 值。

2. 模型的假设条件

该模型在计算时作了如下假设:
(1)液柱分离现象发生在管线上多个固定的计算截面处;
(2)稳定状态下,管内液体不含有自由空气和其他溶解气体,并且在减压瞬变过程中液体内无气体释放,认为波速是常数;
(3)当固定的计算截面处的压强降至液体的饱和蒸气压或其以下时,发生液柱分离形成蒸汽腔,认为蒸汽腔集中在固定的计算截面上,蒸汽泡的生长和破坏遵守质量守恒定律,液柱完全弥合后不残留气泡,蒸汽腔完全消失;
(4)在蒸汽腔存在期间,蒸汽腔内压强 P 保持不变且 $P \leq P_v$(P_v 为液体的饱和蒸气压),其边界处的压强等于蒸汽腔内的压强;
(5)完全断流型蒸汽腔能够将连续液柱完全截断,水锤波只能在蒸汽腔间的液流连续的管段内以不变的波速进行传播、叠加和反射,直到蒸汽腔溃灭为止。

虽然长输管道发生多处液柱分离时,液柱分离的位置固定在几个计算截面上,但是断流空腔的溃灭顺序是由泵站和管路系统本身的特性决定的。

3. 模型的建立及求解

通过分析并计算断流空腔弥合水锤过程中蒸汽腔体积的变化,判断管线是否发生液柱分离、水锤弥合何时发生,现在从常波速—集中空穴模型出发来分析断流弥合水锤。

如图 5-1 所示,设截面 i 发生液柱分离,蒸汽腔集中在计算截面 i 处,流入 i 的流量为 $Q_{i,\text{in}}$,流出 i 的流量为 $Q_{i,\text{out}}$,管线 i 处的位置高程为 Z_i,测压管水头为 H_i ($H_i = Z_i + \dfrac{P_i}{\rho g}$,$P_i$ 表示为相对压强),大气压头 H_a,液体的饱和蒸气压头为 $H_v = \dfrac{P_v}{\gamma}$ (P_v 为绝对压强),故管内液体的绝对压头为 $(H_i + H_a) - Z_i$。

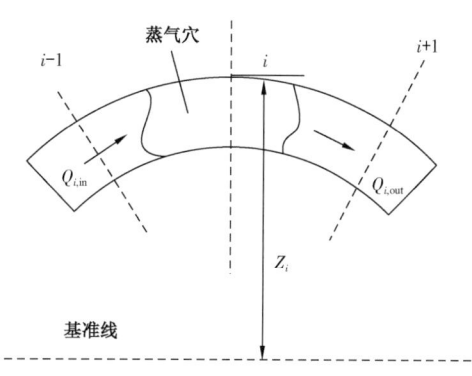

图 5-1 某高点存在液柱分离时分析图

对可能发生液柱分离的固定截面 i 来讲,没有发生断流时,它仅仅是管路中的一个内节点,可当作简单管路水力过渡过程的一个内节点来计算,而在发生液柱分离时,固定截面 i 作为管路中的内部边界来考虑,此时需要补充断流空腔的边界条件方程。

利用常波速—集中空穴模型分析某高点发生液柱分离及断流弥合水锤的过程:

(1) 先判断横截面 i 处是否发生液柱分离。

如果 $(H_i + H_a) - Z_i > H_v$,则截面 i 处不发生水柱分离现象,蒸汽腔体积 $V_L = 0$,水锤过程可按水锤基本方程式进行运算。

如果 $(H_i + H_a) - Z_i \leq H_v$,截面 i 处发生液柱分离,蒸汽腔的体积 $V_L > 0$,此时认为断面 i 处压强保持为饱和蒸气压,即 $H_{Pi} = H_v + Z_i - H_a$。

(2) 计算本时段 Δt 末截面 i 上游的进入流量 $Q_{Pi,\text{in}}$ 和下游侧的流出流量 $Q_{Pi,\text{out}}$。

如果截面 i 处发生液柱分离,确定 H_i 后,利用相邻步长的相容性方程可以计算本时段 Δt 末截面 i 上游进入流量 $Q_{Pi,\text{in}}$ 和下游侧的流出流量 $Q_{Pi,\text{out}}$。

先计算用于截面 i 的 C_{i-1} 和 C_{i+1}:

$$C_{i-1} = H_{i-1} + BQ_{i-1} - RQ_{i-1}|Q_{i-1}| \tag{5-1}$$

$$C_{i+1} = H_{i+1} - BQ_{i+1} + RQ_{i+1}|Q_{i+1}| \tag{5-2}$$

$$Q_{Pi,\text{in}} = \frac{C_{i-1} - H_{Pi}}{B} \tag{5-3}$$

$$Q_{Pi,\text{out}} = \frac{H_{Pi} - C_{i+1}}{B} \tag{5-4}$$

(3) 计算蒸汽腔总体积 V_L。

本计算时段 Δt 内蒸汽型空腔的体积为:

$$V_{L_t} = V_{L_{t-1}} + \frac{(Q_{Pi,in} - Q_{Pi,out})\Delta t + (Q_{i,in} - Q_{i,out})\Delta t}{2} \quad (5-5)$$

(4)判断横截面 i 处的蒸汽腔是否弥合。

随着水锤过程的发展,断流空腔将经历发生、扩展、形成、缩小至溃灭的过程,蒸汽空腔增加到最大后缩小直至最后的溃灭。

当 $V_L > 0$ 时,表示断流空腔在继续发展,增大,计算下一时段。

当 $V_L \leq 0$ 时,认为两段分离的水柱发生弥合,空腔溃灭,这时应令 $V_L = 0$,并按水锤基本方程式计算 H_{Pi} 和 Q_{Pi},即:

$$H_{Pi} = \frac{C_{i-1} + C_{i+1}}{2} \quad (5-6)$$

$$Q_{Pi,in} = Q_{Pi,out} = \frac{C_{i-1} - H_{Pi}}{B} \quad (5-7)$$

二、完全断流型空气腔离散模型

1. 适用范围

在工程实际中,管道沿线特殊点(如驼峰、膝部或峰顶等处)都装设有防止负压的空气阀,当管道受水锤波作用某处压力下降到大气压下并开始液柱分离时,空气通过空气阀自动注入,直到断流空腔两侧的液柱流速完全相等为止,这时液柱分离处的空腔体积达到最大,空气也不再注入,此时认为断流空腔全部被空气充满,其压力等于大气压。

当反射回来的增压波使空腔变小时即液柱弥合过程中,根据空气阀的动作分为以下3种情况:

(1)空气可以自由无阻从管道排除时,对防止真空很有效,并且可以排出管内的气体防止管内因为气囊的存在给管道造成破坏;但如果没有控制好排气速度,比如排气过快,后期空气腔在增压波作用下溃灭的速度非常快,可能会造成升压很高的断流弥合水锤;

(2)空气的排出速度受阀门的控制,当管内压力高于当地大气压力时,空气阀自动开启并且能够控制气体的排出速度,使气体稳定的排出,既对防止真空有效,又能防止因为自由排气过快和不能排气残存气囊引发的断流弥合水锤,而且在以合适的速度排出空气的过程中,管内空气腔还能起到一定的缓冲弥合升压的作用;

(3)空气阀只能进气不能排气,则在液柱弥合过程中空气腔逐渐被压缩,当断流空腔增大到最大开始变小时阀门自动关闭,空腔使两侧液柱的回冲流速逐渐减小,从而对弥合水锤升压起到缓冲作用,但若在水锤过后不能及时排出注入的空气,如果残存气囊在管道中,有可能造成新的断流空腔弥合水锤,所以安装空气阀后能否利用空腔对弥合水锤起缓冲作用,需通过计算水锤过程中的最大断流空腔体积、水锤波传播速度、最大水锤值等参数。

2. 模型的假设条件

由于空气阀工作时进气与排气过程是一个非常复杂的两相流过渡过程,液体与气体间相互作用和运动边界非常复杂,故完全断流型空气腔离散数学模型的建立过程相当复杂,其过程与气体在喷管中的流动相似,通过研究气体在喷管中的流动特性,就可以间接得到它的数学模型,为了将喷管的计算公式引入完全断流型空气腔离散模型中,该模型在建立前作了如下假设:

(1)液柱分离现象发生在管线上多个固定的计算截面处;
(2)认为空气是理想气体,等熵地流进和流出阀门;
(3)认为管内空气的膨胀和压缩过程遵守等温规律,因为管道内液体表面积和容积很大且通过空气阀进入管内的空气质量比起管内液体相对较小,所以空气迅速与管内液体达到新的热平衡,可以把这个过程看为温度不变;
(4)认为空气聚集在阀门附近,不会被液流带走。

3. 模型的建立

由前面所述的空气阀的3种动作方式,根据空气腔对弥合水锤升压能否起到缓冲作用可以将完全断流型空气腔离散模型分为无缓冲—空气腔离散模型和缓冲—空气腔离散模型,下面推导这两种模型的通用数学模型。

完全断流型空气腔离散模型如图5-2所示,假设空气阀安装在截面i处,Q_N是计算时段Δt时刻开始时流入截面i的流量,Q_i是计算时段Δt时刻开始时流出截面i的流量;Q_{PN}是计算时段Δt时刻结束时流入截面i的流量,Q_{Pi}是计算时段Δt时刻结束时流出截面i的流量;V为断流空腔的体积;Z为截面i的位置高程;C^+和C^-为特征线法中的正负特征线。

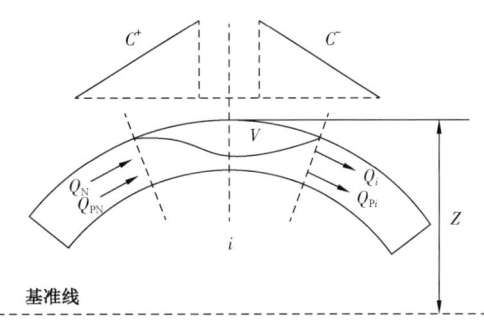

图5-2 完全断流型空气腔离散数学模型示意图

管道截面i的相容性方程:
C^+
$$H_{Pi} = C_P - BQ_{PN} \tag{5-8}$$
C^-
$$H_{Pi} = C_M + BQ_{Pi} \tag{5-9}$$

当管道中充满液体或管内压力高于大气压时即阀门关闭时,$Q_{PN} = Q_{Pi}$,注排气阀处的H_{Pi}和Q_{Pi}可以当作管道内节点利用特征线法求解。

当i处的测压管水头降到管线高度以下即压力小于大气压时,管外空气通过开启的阀门进入截面i,此时$Q_{PN} \neq Q_{Pi}$,此时有3个独立变量Q_{PN},Q_{Pi}和H_{Pi},但目前只有两个方程,因此还需要建立一个辅助方程,从气体流入和流出截面i的能量关系建立辅助方程。

根据前面模型的假设条件可知,管内空气变化过程满足等温定律:
$$pV = mRT \tag{5-10}$$

式中 p——截面i处管内的绝对压力,Pa;
V——管内气体的体积,m³;

m——管内气体的质量,kg;

R——气体常数,一般取为287J/(kg·K);

T——液体的温度,K。

截面 i 处管内的绝对压力 p 和管内能量压头 H_{Pi} 之间存在如下关系:

$$H_{Pi} = \frac{p}{\rho g} + Z - H_a \quad (5-11)$$

式中 H_a——当地大气压液柱高度,m;

ρ——输送温度下的液体的密度,kg/m³。

在水锤计算过程中,在每一计算时段 Δt 末 i 处的空气腔的体积等于该计算时段开始时刻的体积 V_i 加上计算时段中气体的变化量,空气腔体积的变化量可用进出截面 i 两侧的液体的流量变化表示:

$$V_{Pi} = V_i + 0.5\Delta t[(Q_i + Q_{Pi}) - (Q_{PN} + Q_N)] \quad (5-12)$$

式中 V_{Pi}——Δt 时段终了时刻的气体的体积,m³;

V_i——Δt 时段初始时刻的气体的体积,m³。

管内气体的质量为:

$$m = m_0 + 0.5\Delta t(\dot{m}_0 + \dot{m}) \quad (5-13)$$

式中 m_0——Δt 时段初始时刻断流空腔中的空气的质量,kg;

$\dot{m}_0$——Δt 时段初始时刻的流进或流出断流空腔的空气的质量流量,流入为正,流出为负,kg/s;

$\dot{m}$——Δt 时段终了时刻的流进或流出断流空腔的空气的质量流量,流入为正,流出为负,kg/s。

把式(5-12)和式(5-13)代入式(5-10)中,可得:

$$p[V_0 + 0.5\Delta t(Q_i + Q_{Pi} - Q_{PN} - Q_N)] = [m_0 + 0.5\Delta t(\dot{m}_0 + \dot{m})]RT \quad (5-14)$$

$$\Delta t = t - t_0$$

将相容性方程式(5-8)和式(5-9)代入式(5-14)得:

$$p\left\{V_0 + 0.5\Delta t\left[Q_i - Q_N - \frac{C_P + C_M}{B} + \frac{2}{B}\left(\frac{p}{\gamma} + Z - H_a\right)\right]\right\} = [m_0 + 0.5\Delta t(\dot{m}_0 + \dot{m})]RT \quad (5-15)$$

简化上式可得:

$$p(pC_1 + C_2) = C_3 + C_4\dot{m} \quad (5-16)$$

式中 C_1,C_2,C_3 和 C_4 为 Δt 时段初始时刻的参数组合,均为已知值,各值分别为 $C_1 = \frac{\Delta t}{B\rho g}$,$C_2 = v_0 + 0.5\Delta t\left(Q_i - Q_N - \frac{C_P + C_M}{B}\right) + \frac{\Delta t}{B}(Z - H_a)$,$C_3 = RT(m_0 + 0.5\Delta t \dot{m}_0)$,$C_4 = 0.5\Delta t RT$。

在式(5-16)中只有 p 和 $\dot{m}$ 是未知量,其余参数都是已知量,如果能够求出单位时间流经截面 i 的气体的质量流量 $\dot{m}$,则可代入式(5-16)求出绝对压力 p,从而可以求出 Q_{PN},Q_{Pi} 和 H_{Pi}。

进排气过程是一个复杂的动态过程,在管线发生断流空腔弥合水锤时因为不同类型的空气阀的动作方式的不同,所以其进排气特性有明显差别,故不同空气阀下的完全断流型空气腔离散数学模型的也应该有所差别,式(5-16)是完全断流型空气腔的通用数学模型,未考虑不同空气阀之间的差异,应增加相应的限定条件。

4. 模型的求解

由模型的假设条件可知,进出空气阀过程中气体与管壁及液体之间的热量交换可以忽略不计,认为该过程是绝热过程,从而引入滞止状态的概念,滞止状态是指气体流速 $c=0$ 的状态;该状态下的密度表示为 ρ_0,称为滞止密度;压力表示为 p_0,称为滞止压力。

气流连续性方程为:

$$\dot{m} = Ac\rho \tag{5-17}$$

式中 $\dot{m}$——气体质量流量,kg/s;
$\quad A$——喷管截面积,m^2;
$\quad c$——气体流速,m/s;
$\quad \rho$——气体密度,kg/m^3。

气体的能量方程为:

$$(h - h_0) + \frac{1}{2}(c^2 - c_0^2) = 0 \tag{5-18}$$

式中 h——气流焓值,kJ/kg;
$\quad h_0$——滞止状态下气流焓值,kJ/kg;
$\quad c$——气流速度,m/s;
$\quad c_0$——滞止状态下的气流速度,m/s。

对于滞止状态 $c_0=0$,于是上式可写为:

$$c = \sqrt{2(h_0 - h)} \tag{5-19}$$

对于理想气体焓的变化量为:

$$dh = c_p dT \frac{k}{k-1} R dT \tag{5-20}$$

式中 c_p——比定压热容,kJ/(kg·K);
$\quad k$——比热比;
$\quad T$——气体的温度,K。

将式(5-20)代入式(5-19)中,得到通过喷管截面的气流速度 c 的计算式为:

$$c = \left(-2\int_0^T c_p dT\right)^{\frac{1}{2}} = \left(-2\int_0^T \frac{k}{k-1} R dT\right)^{\frac{1}{2}} = \sqrt{\frac{2k}{k-1}R(T_0 - T)} \tag{5-21}$$

式中　T——气体的温度，K；

　　　T_0——滞止状态下的气体的温度，K。

理想气体的状态方程为：

$$\frac{p}{\rho} = RT \tag{5-22}$$

理想气体的等熵过程为：

$$p = p_0 \left(\frac{\rho}{\rho_0}\right)^k \tag{5-23}$$

联立式(5-21)至式(5-23)，可以得到通过喷管截面的气体流速 c 为：

$$c = \sqrt{\frac{2k}{k-1}\frac{p_0}{\rho_0}\left[1 - \left(\frac{p}{p_0}\right)^{\frac{k-1}{k}}\right]} \tag{5-24}$$

式中　k——绝热指数，即比热比；

　　　ρ_0——滞止密度，kg/m³；

　　　p_0——滞止压力（绝对压力），Pa；

　　　p——气流压力（绝对压力），Pa。

将式(5-24)代入式(5-17)中，得到通过喷管截面的气体质量流量为：

$$\dot{m} = A\sqrt{\frac{2k}{k-1}p_0\rho_0\left[\left(\frac{p}{p_0}\right)^{\frac{2}{k}} - \left(\frac{p}{p_0}\right)^{\frac{k+1}{k}}\right]} \tag{5-25}$$

把气流速度达到当地声速时，通过喷管截面的气流速度和压力分别定义为临界流速 c_{cr} 和临界压力 p_{cr}，临界压力 p_{cr} 和滞止压力 p_0 有如下关系：

$$\frac{p_{cr}}{p_0} = \left(\frac{2}{k+1}\right)^{\frac{k}{k-1}} = \nu_{cr} \tag{5-26}$$

式中　ν_{cr}——临界压力比。

将式(5-26)代入式(5-25)中，可以得临界状态时气体通过喷管的质量流量为：

$$\dot{m} = A\sqrt{kp_0\rho_0\left(\frac{2}{k+1}\right)^{\frac{k+1}{k-1}}} \tag{5-27}$$

式(5-27)为气流通过喷管的质量流率的计算公式，对于进出空气阀的气体，其滞止状态为大气压状态，滞止压力为大气压力，即 $p_0 = p_a$。由模型的假设条件可知，把空气近似看作理想气体时，其绝热指数 $k = 1.4$，代入式(5-26)中可得 $\nu_{cr} = 0.5283$。

假设气体进出空气阀的质量流量 $\dot{m}$ 取决于管外大气绝对压力 p_a、绝对温度 T_a 以及管内的绝对压力 p 和绝对温度 T，由热力学和流体动力学理论可知，气体进出空气阀时，根据管内压力 p 与管外大气压 p_a 的关系，气体的流动速度可以分为亚音速和临界音速两种情况，根据气体流进、流出空气阀速度的不同，将绝热指数 k 和临界压力比 ν_{cr} 代入式(5-25)和式

(5-27),并考虑理想气体状态方程 $pv=RT$,就得到了完全断流型空气腔离散模型的 4 种边界条件。

(1)空气以亚音速流入($0.5283p_a < p < p_a$):

$$\dot{m} = C_{in}A_{in}\sqrt{7p_a\rho_a\left[\left(\frac{p}{p_a}\right)^{1.4268} - \left(\frac{p}{p_a}\right)^{1.7143}\right]} \quad (5-28)$$

式中　C_{in}——空气流入空气阀时的流量系数;

　　　A_{in}——空气阀的进口面积,m^2;

　　　p——空气阀内气体的绝对压力,Pa;

　　　ρ_a——大气的密度,kg/m^3。

(2)空气以临界流速等熵流入($p \leqslant 0.5283p_a$):

$$\dot{m} = C_{in}A_{in}\frac{0.6847}{\sqrt{RT_a}}p_a \quad (5-29)$$

式中　T_a——大气温度,K。

(3)空气以亚音速等熵流出$\left(p_a < p < \dfrac{p_a}{0.5283}\right)$:

$$\dot{m} = -C_{out}A_{out}p\sqrt{\frac{7}{RT}\left[\left(\frac{p_a}{p}\right)^{1.4268} - \left(\frac{p_a}{p}\right)^{1.7143}\right]} \quad (5-30)$$

式中　C_{out}——空气流出空气阀时的流量系数;

　　　A_{out}——空气阀的出口面积,m^2;

　　　T——空气阀内气体温度,K。

(4)空气以临界速度等熵流出$\left(p > \dfrac{p_a}{0.5283}\right)$:

$$\dot{m} = -C_{out}A_{out}\frac{0.6847}{\sqrt{RT}}p \quad (5-31)$$

根据工程实际所选用的阀门,根据其动作方式,选用合适的边界条件代入式(5-16),就可以得到管内绝对压力 p 的二次方程,其求解过程可用牛顿迭代法,每次迭代计算结束后,应该验证所得计算结果 p 是否在所选的边界条件限制范围内,如果超出范围,应根据重新选择的合适的边界条件,重新计算。

完全断流型蒸汽腔离散模型是解决波速不变、减压过程无气体释放情况密闭管道的断流空腔弥合水锤问题,但在工程实际中,管道某节点在压力下降到液体的饱和蒸气压的过程中,液体中必然会有气体释放出来,最后形成的断流空腔是蒸汽和其他气体的混合物,并且由水锤波速的修正方程可知,气体释放和液体汽化形成的混合气泡对波速影响较大,完全断流型蒸汽腔离散模型假设蒸汽腔集中在固定计算截面上并且波速为常数,这都与工程实际有很大差别,因而用完全断流型蒸汽腔数学模型计算液柱分离再弥合后产生的水锤升压的结果偏于保守,由大量文献中的实验结果可知,利用完全断流型蒸汽腔数学模型计算得到的断流空腔弥合水锤过程中前几次弥合水锤升压的理论计算值均大于实测值,这主要是因为在数学模型中没有计入气体释放的影响,气体对弥合水锤升压会有一定的缓冲作用,但是断流空腔弥合水锤研究中的重点是判断管内是否会发生液柱分离和弥合水锤现象以及断流空腔弥合水锤过程中的压力的波动程度,对于这种情况,完全断流型蒸汽腔离散模型具有一定的参考价值。

完全断流型空气腔离散模型适用于在管道沿线特殊点(如驼峰、膝部或峰顶等处)都装设有防止负压的阀门的断流空腔弥合水锤的计算,当反射回来的增压波使空腔变小时(即液柱弥合过程中),空气阀的动作分为空气可以自由无阻从管道排除时、空气的排出速度受阀门的控制、空气阀只能进气不能排气3种情况,根据喷管计算模型,建立通用的空气腔离散数学模型,还需要根据工程实际具体选用的空气阀的种类增加相应的限制条件,完全断流型空气腔离散模型比完全断流型蒸汽腔离散模型更接近工程实际。

第二节 断流空腔弥合水锤的数值模拟

一、数值模拟的内容

通过对断流空腔弥合水锤全过程进行数值模拟,可以在短时间内得到大量的较为准确的水锤数据,以此为基础分析和预测在各种可能工况下的水锤压力波的产生机理和传播规律,为断流空腔弥合水锤综合防护措施的选择提供可靠的理论依据。

断流空腔弥合水锤的数值模拟是以断流空腔弥合水锤的数学模型为基础,结合管线实际工况的初始条件和边界条件,建立符合工程实际的数学—物理模型,编制计算程序,对管线实际工况下的断流空腔弥合水锤全过程进行数值模拟,主要是为了求得:

(1)断流空腔弥合水锤的瞬态过程中,管线各点的流量 Q 和扬程 H 等基本参数随时间变化的规律以及它们的最大、最小值,从而绘制出沿全管线的最低、最高水头包络线以及各主要点(如泵站和液柱分离处)的水锤瞬态曲线,可以判断何时何地发生液柱分离和弥合水锤,液柱分离形成的断流空腔的发生、扩展、溃灭和再形成的全过程以及各断流空腔的最大长度和所处位置,液柱分离降压过程中的最低值和各空腔溃灭时所产生的弥合水锤的升压值,是否都在安全压力值范围内;

(2)断流空腔弥合水锤过程中泵出口转速 N、扬程 H 和流量 Q 等随时间变化的规律;

(3)根据上述的断流弥合水锤危害预测结果,选取可能采用的水锤防护措施并通过数值模拟,对各个水锤综合防护方案进行分析、比较与综合后,确定最佳的水锤综合防护方案。

二、简单管路水锤过程的计算程序编制

在复杂地势条件下的管路系统(如多起伏长输管道)的断流空腔弥合水锤研究过程中,因为影响因素太多,要进行同步的现场实测或模拟实验几乎不太可能,这时就要借助计算机数值模拟了,长输管道的断流空腔弥合水锤计算程序非常复杂,所以断流空腔弥合水锤的计算程序的编制要以简单管路为基础,通过改变添加不同的边界条件并根据实际工况选择不同的断流弥合水锤数学模型来编制复杂管线的计算程序,图5-3是简单管路的数值模拟过程,复杂工况下的水锤过程的计算程序可在此基础上通过修改边界条件来完善。

根据已建立的相容性方程和相应工况的边界条件,就可以通过编程对简单管路水锤过程进行数值模拟,首先要将管线分成合适的计算空间步长和计算时间步长,数值模拟的顺序如下:

(1)定义基本常数。如管段横截面积 A、管道常数 B 和 R、阀门阻力 ΔH、计算时长 Δt、计算步长 Δx、分段数 N 等。

(2)求解初始(稳态)参数。计算水锤开始时刻 t_0 各节点上的初始参数 Q_i 和 H_i,一般就是水锤发生前的稳态参数。

(3)第一个时段 $t_0 + \Delta t$ 的运算。对各个内节点 $i = 1 \sim N$ 依次逐步使用水锤相容性方程,通过多次迭代运算,求解出第一个时段结束时各内节点的 Q_{Pi} 和 H_{Pi}。

(4)根据上、下游边界方程和边界相邻的相容性方程,求解第一时段结束时上下游边界点上的 Q_{P1} 和 H_{P1} 以及 $Q_{P,N+1}$ 和 $H_{P,N+1}$。

(5)将得到的该计算时段结束时的管线上所有点的 Q_{Pi} 和 H_{Pi}($i = 1 \sim N+1$,$i = 1$ 表示起点,$i = N+1$ 表示末端点)整体赋值给下一个计算时段的初始参数 Q_i 和 H_i,开始第二个计算时段的运算,重复步骤(3)和步骤(4)。

(6)计算时段依次向后推移,直到得到所要求计算的水锤全过程为止。

按照上面的计算逻辑,一条直径不变、无分支的简单管路的水锤数值模拟的计算程序编制顺序如图 5-4 所示。

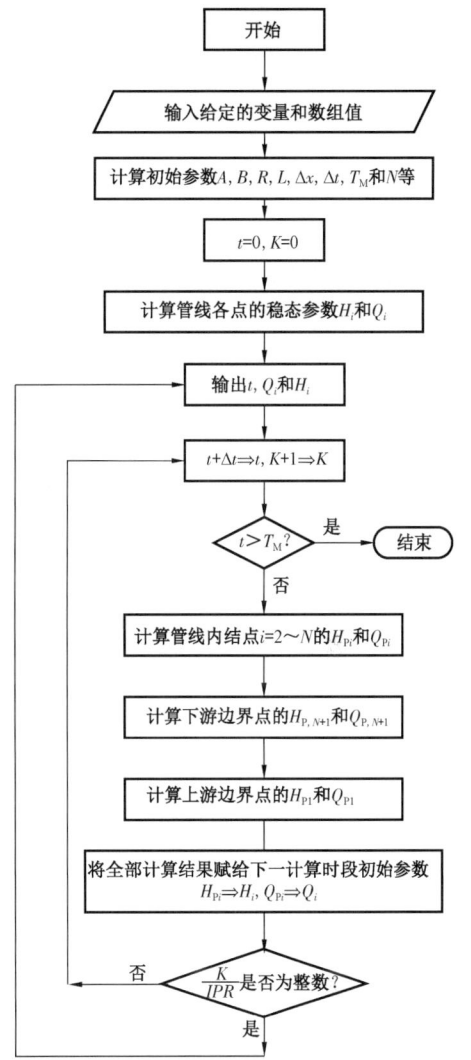

图 5-3 简单管路的水锤数值模拟过程

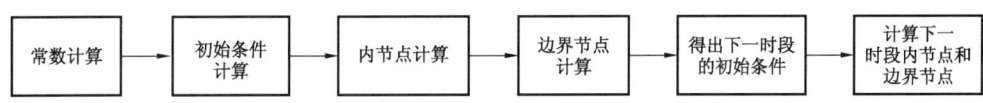

图 5-4 简单管路的程序编制逻辑

三、完全断流型蒸汽腔弥合水锤数值模拟程序编制

在水锤减压波传播过程中,管内截面 i 发生无气体逸出条件下的液柱分离时,则可将计算截面 i 看作一个内部边界点,数值模拟的计算程序编制过程如下:

(1)计算过程中,先判断 i 处水头是否满足液柱分离的临界条件 $(H_i + H_a) - Z_i \leq H_v$,如果满足条件,则认为 i 处发生液柱分离并形成断流空腔;当空腔体积为 0 时,认为液柱分离现象

消失;

(2) 计算 i 处的 C_{i-1} 和 C_{i+1}:

$$C_{i-1} = H_{i-1} + BQ_{i-1} - RQ_{i-1}|Q_{i-1}|, C_{i+1} = H_{i+1} - BQ_{i+1} + RQ_{i+1}|Q_{i+1}|$$

(3) 当 i 处满足液柱分离的临界条件 $(H_i + H_a) - Z_i \leqslant H_v$ 时:

① 令 $H_{Pi} = H_v + Z_i - H_a$;

② 计算时段末流进、流出截面 i 的流量:

$$Q_{Pi,in} = \frac{C_{i-1} - H_{Pi}}{B}, Q_{Pi,out} = \frac{H_{Pi} - C_{i+1}}{R}$$

③ 计算时段 Δt 内蒸汽型空腔的体积为:

$$V_{L_t} = V_{L_{t-1}} + \frac{(Q_{Pi,in} + Q_{i,in} - Q_{Pi,out} - Q_{i,out})\Delta t}{2}$$

(4) 当 i 处液柱分离消失时,即 $V_L \leqslant 0$:

① 令 $V_L = 0$;

② 计算 $H_{Pi} = \dfrac{C_{i-1} + C_{i+1}}{2}$;

③ $Q_{Pi,in} = Q_{Pi,out} = \dfrac{C_{i-1} - H_{Pi}}{B}$。

图 5-5 为断流空腔弥合水锤过程中,管道截面 i 可能发生液柱分离并基于完全断流型蒸汽腔离散数学模型的水锤数值模拟过程,其他管线点的水锤计算过程与图 5-3 相同。

四、完全断流型空气腔弥合水锤数值模拟程序编制

在工程实际中,管道沿线高程较高的点(如驼峰、膝部或峰顶等处)都装设有防止负压的空气阀,当管道受水锤波作用截面 i 处压力下降到大气压下并开始液柱分离时,空气通过空气阀自动注入,直到截面 i 处的断流空腔两侧的液柱流速完全相等为止,这时液柱分离处的空腔体积达到最大,空气也不再注入,此时认为断流空腔全部被空气充满,其压力等于大气压,可将计算截面 i 看作一个内部边界点;当断流空腔被压缩时,空气排出管道的过程要根据空气阀动作的不同,应用第五章中对应的数学模型求解截面 i 处的 H 和 Q 值。

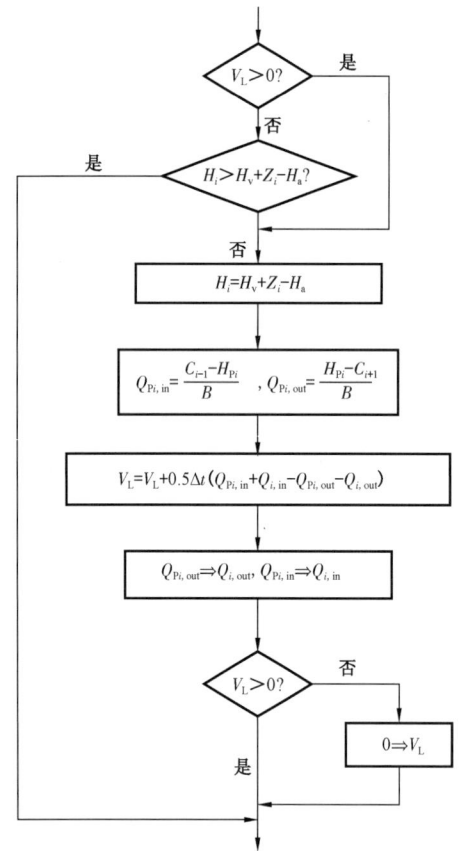

图 5-5 完全断流型蒸汽腔弥合水锤的数值模拟

1. 无缓冲—完全断流型空气腔离散模型

图 5-6 为断流型空气腔弥合水锤过程中，管道截面 i 可能发生液柱分离并基于无缓冲—完全断流型空气腔离散模型的水锤数值模拟过程，其他管线点的水锤计算过程与图 5-3 相同。

2. 缓冲—完全断流型空气腔离散模型

图 5-7 为断流型空气腔弥合水锤过程中，管道截面 i 可能发生液柱分离并基于缓冲—完全断流型空气腔离散模型的水锤数值模拟过程，其他管线点的水锤计算过程与图 5-3 相同。

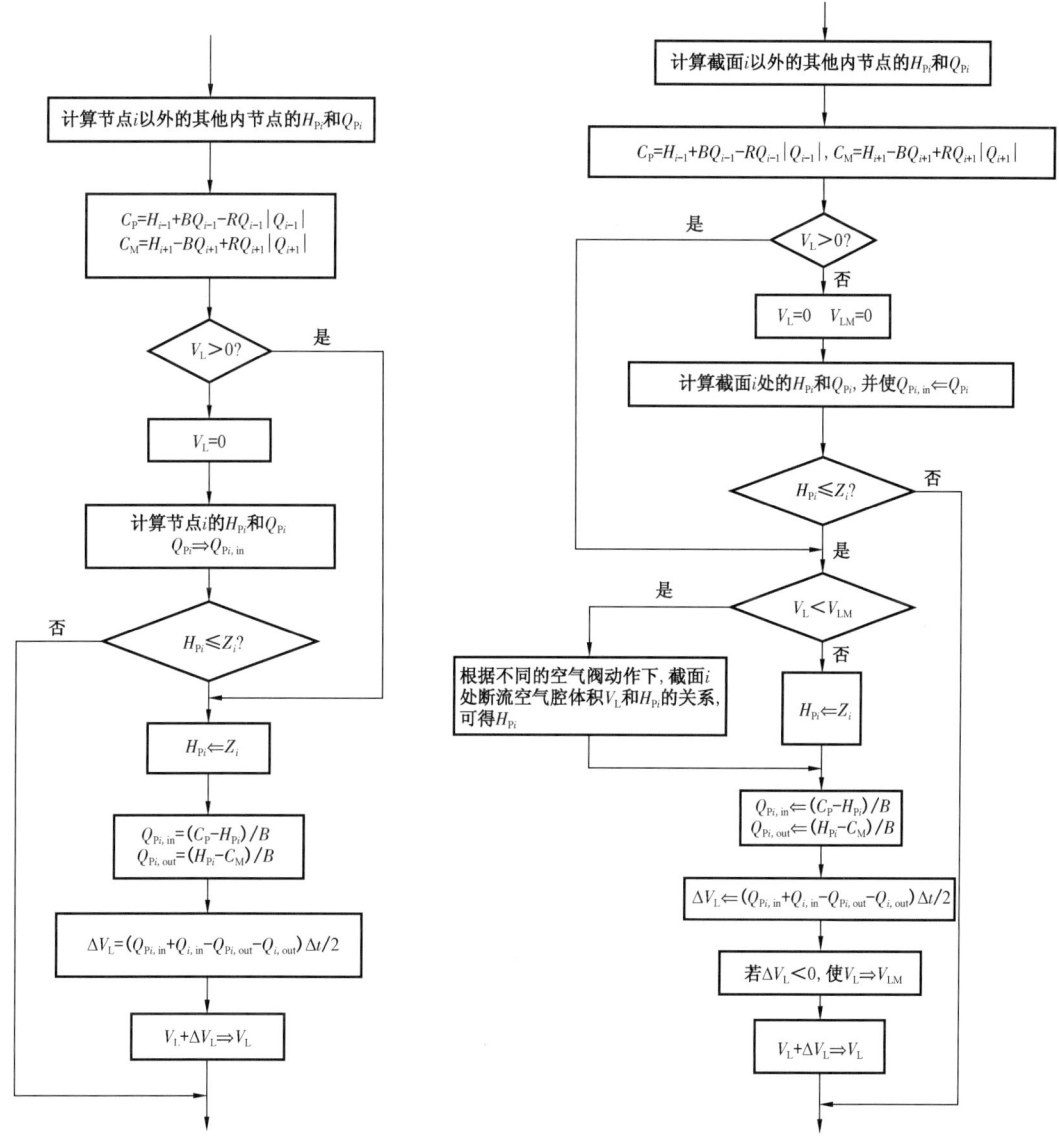

图 5-6 基于无缓冲—完全断流型空气腔离散模型的水锤数值模拟过程

图 5-7 基于缓冲—完全断流型空气腔离散模型的水锤数值模拟过程

第三节　断流空腔弥合水锤工程实例分析

一、工程概况

泵机组因事故意外停泵,停泵水锤大多发生在人为不能控制的突然事故的情况下,比如突然断电导致泵机组停止运转等,停泵水锤的过程中,泵机组要经历以下过程:泵机组突然断电后,由于惯性作用,泵叶轮不会立刻停止转动但转速不断降低,泵出口的液体流速逐渐降低,但仍向下游方向流动一直到流速降低为零,由于泵叶轮转速不断降低,相当于从泵机组处产生减压波沿管线向下游传递。

泵出口的液体流速降到零后,由于泵出口管线的高程都高于泵机组,故管路中的液体又在自身重力下向泵站处流动且逆流的流速不断增大,与此同时减压波在末端高位水池处释放并反射为增压波沿管路向泵站处传播,这种高程起伏较大的管线中因事故停泵引起的压力振荡过程将导致整个泵管系统发生剧烈的水锤,管道全线压力先降低,导致多处高点液柱分离并形成断流空腔,随后受反射增压波作用将产生具有很大破坏性的断流空腔弥合水锤。

以某给水工程为例进行实例分析[40],包括泵站和输水干线两大部分,管道工程布置如图5-8所示。

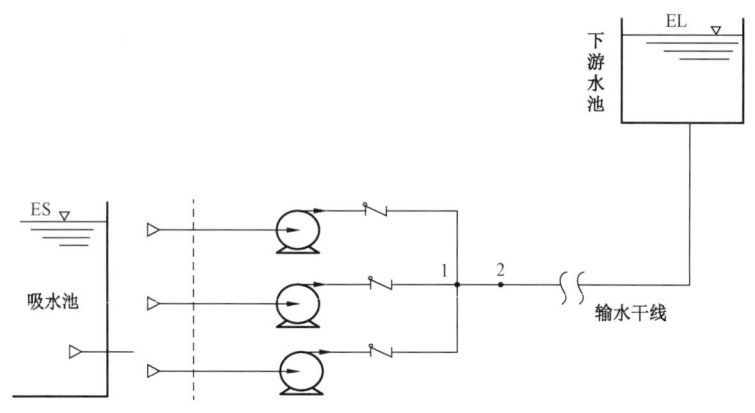

图5-8　某给水管道工程布置简图

1. 干线主要数据资料

干线总长为19km,管道首末两端都是水池,首末水池的液位分别为27.7m和34m,在水锤过程中液位保持不变;干线管径为DN1400mm;管材主要为预应力钢筋混凝土管;管线纵断面图如图5-9所示,管线长度很长,地形一起一落呈鱼背状,首末两端附近有两处明显高点。

2. 泵站主要数据资料

泵站设置32SA-10JC离心泵3台,2用1备,泵站设计流量为1.91m³/s,电动机型号为Y5609-12。泵及泵机组的相关参数见表5-1。

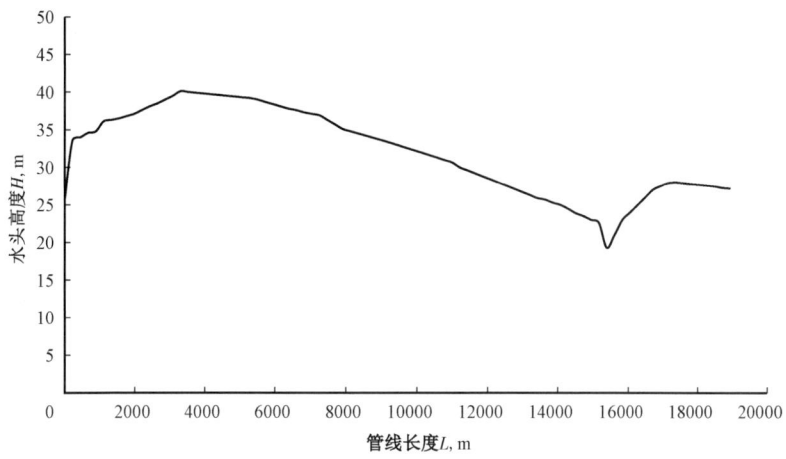

图 5-9 管线纵断面图

表 5-1 泵及泵机组的相关参数

项目	泵的相关参数	符号	数值	单位
泵	额定流量	Q_n	1	m^3/s
	额定扬程	H_n	34	m
	额定转速	N_n	495	r/min
	额定转矩	M_n	7438.9	N·m
	额定效率	η_n	0.865	—
	比转速	N_s	91	—
	轴功率	$P_{轴}$	385.4	kW
	泵的叶轮转动惯量	$J_{泵叶}$	24.2	kg·m²
泵机组	泵机组的总转动惯量	$J_{机总}$	145.2	kg·m²
	泵机组的总飞轮矩	GD^2	5697.65	N·m²
电动机	额定功率	$P_{额}$	500	kW
	额定转速	N_n	493	r/min
	转子转动惯量	$J_{电动机}$	121	kg·m²

3. 计算分析

(1) 经计算水锤波速为 998.95m/s；

(2) 管线全长 19km，管道沿线摩阻系数为 0.023，根据管线纵断面图分为 86 段，即 $N=86$，计算步长为 $\Delta x = \dfrac{L}{N} = 220$m，计算时间步长 $\Delta t = \dfrac{\Delta x}{a} = 0.22$s，数值模拟进行到 400s 时认为水锤过程已经趋于稳定；

(3) 泵的比转速 $N_s = 91$，采用 $N_s = 128$ 的泵的全面性能曲线资料进行计算；

(4) 选取管线上的 22 个点，对这 22 个点在不同断流弥合水锤数学模型和防护措施下的 H_i 值和 Q_i 值进行研究分析，22 个研究点的高程和位置见表 5-2、图 5-10 和图 5-11。

表 5-2 研究点的高程和位置   单位：m

管线点	1	2	4	7	11	16	19	22	25	34	38
里程 L	0	220	659	1319	2198	3297	3956	4615	5274	7252	8131
高程 Z	25.70	33.60	34.60	36.30	37.60	40.10	39.80	39.50	39.20	36.90	34.80
管线点	43	47	52	57	62	66	71	75	80	84	87
里程 L	9230	10109	11208	12307	13406	14285	15384	16263	17362	18241	18900
高程 Z	33.30	31.98	30.00	27.95	25.90	24.50	19.30	25.00	28.00	27.60	27.20

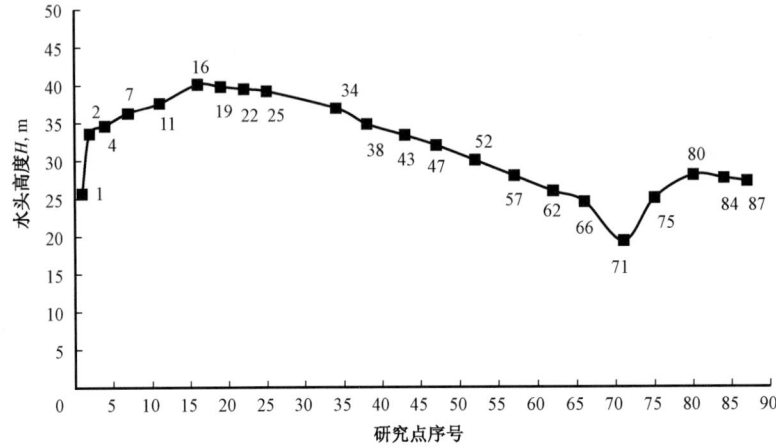

图 5-10 研究点分布图

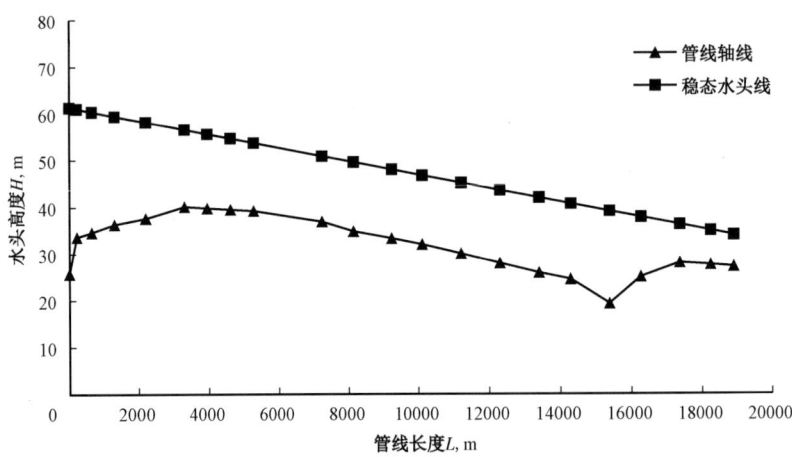

图 5-11 稳态水头线

数值模拟得到的水锤值均用测压管水头表示，简称"水头值"，稳态水头线是管线上各点在正常运行时的测压管水头即 $H(i) = Z(i) + \dfrac{P_i}{\gamma}$ 的连线，将 $\dfrac{P_i}{\gamma}$ 简称为"压头值"，表示管内的相对压强。

二、断流空腔弥合水锤防护目标

根据 GB 50265—2010《泵站设计规范》9.4 款中的规定的原则以及《条文说明》9.4 款中的说明,提出对事故停泵断流空腔弥合水锤综合防护措施的目标为[49]:

(1)在水锤过程中,管线上的最大压强小于 1.3~1.5 倍的管路的工作压力;
(2)管道沿线不出现液柱分离,不出现负压;
(3)泵机组倒转数及倒转历时不能超过生产厂的规定,如厂方尚提不出上述规定的内容,则采用 GB 50265—2010《泵站设计规范》中的规定,"离心泵最高反转速不应超过额定转速的 1.2 倍,超过额定转速的持续时间不应超过 2min";
(4)断流空腔弥合水锤过后便于启泵。

三、纯理论计算

假设泵机组事故停泵时,管路中无任何的水锤防护措施,也不考虑液体汽化的影响,管路中的压力变化仅仅按照水锤数值解法的计算变化,虽然与实际不相符,但可以根据所得数据对管道全线的水锤压力变化进行粗算和预测,计算结果见表 5-3 和图 5-12。

表 5-3 水锤压力最低值和真空值 单位:m

管线点	高程	稳态水头值	最低水锤模拟值	最高水锤模拟值	真空值
1	25.70	61.35	22.74	48.06	2.96
2	33.60	61.04	22.50	61.04	11.10
4	34.60	60.40	22.01	60.40	12.59
7	36.30	59.45	21.29	59.45	15.01
11	37.60	58.17	20.33	58.17	17.27
16	40.10	56.58	19.14	56.58	20.96
19	39.80	55.63	18.42	55.63	21.38
22	39.50	54.68	17.71	54.68	21.79
25	39.20	53.72	16.99	53.72	22.21
34	36.90	50.86	14.85	50.86	22.05
38	34.80	49.59	13.90	49.59	20.90
43	33.30	48.00	12.72	48.00	20.58
47	31.98	46.72	11.78	46.72	20.20
52	30.00	45.13	10.60	45.13	19.40
57	27.95	43.54	9.43	43.54	18.52
62	25.90	41.95	8.26	41.95	17.64
66	24.50	40.68	7.33	40.68	17.17
71	19.30	39.09	6.18	39.09	13.12
75	25.00	37.82	5.34	37.82	19.66
80	28.00	36.23	4.79	36.23	23.21
84	27.60	34.95	7.43	34.95	20.17
87	27.20	34.00	34.00	34.00	—

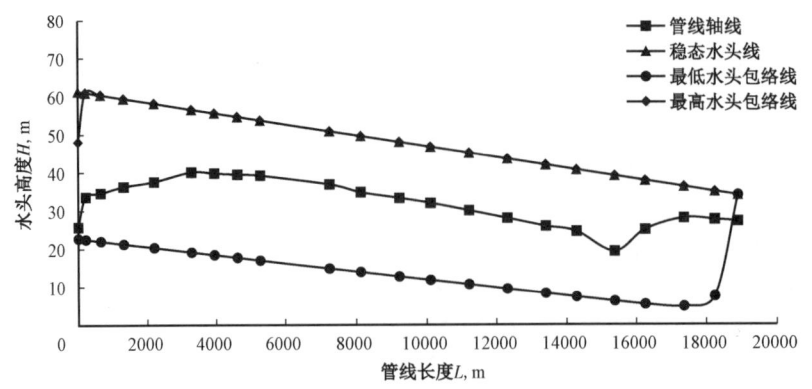

图 5-12 "纯理论"计算的最低水头包络线

由图 5-12 和表 5-3 可知,当泵机组事故停泵时:

(1)从最低水头包络线可以看出,管线沿线几乎都出现很高的真空,仅从计算所得的数据来看,19 个研究点的真空值都超过了绝对真空 10.33m 即截面 i 处的绝对压力为 0,这在实际中是不可能发生的,因为在降压过程中液体会发生汽化,断流空腔内不可能为绝对真空,从纯理论计算结果可以看出,在泵机组事故停泵时如果没有任何防护措施下,管道沿线将发生多处液柱分离现象;

(2)最高水头包络线和稳态水头线几乎重合,这是因为没有考虑低压造成的液柱分离引起的断流空腔弥合水锤升压,所以"纯理论"计算所得的最高水头包络线的参考价值不大。

由管线纵断面图可以看出,管线前端很长一段的标高均高于末端水池的标高即呈鱼背状,为避免管线因液柱分离造成管线被压憋等现象,在管线高点适当位置应设置空气阀;如果事故停泵后,管线的末端阀拒绝动作或者没有设置末端阀,则大量水会流进末端水池,导致管线上的高程管段发生液柱分离形成长度很长的空腔,这对重新启泵输水非常不利,故管线首末两端应设置止回阀。

四、首末两阶段缓闭蝶阀

1. 完全断流型蒸汽腔离散模型基本参数

1)防护措施

由管道纵断面图可知,管线前 8km 一大段的标高超过了首端泵站的标高(25.7m)和末端水池水面(34m)的标高,因此在事故停泵后,如果管线的首端和末端没有安装相应的阀门进行有效的控制或者阀门失效,那么管线高程处的液体将会被泄空,这不仅会引起升压很大的断流空腔弥合水锤,还会使泵机组长时间倒转。

水锤过程中,管线两端的压力振荡最为严重,故在泵出口处和输水干线末端(水池前)均采用阀门进行控制,用来控制管线两端的压力振荡、水的倒流、泵机组的倒转等现象,本工程防护措施选择在首末两端安装两阶段缓闭蝶阀。设定首末两阶段缓闭蝶阀在泵机组停泵的瞬间开始动作,两阶段关闭方式如下:

(1)泵出口阀。先快关 60° 历时 4s,余下 30° 慢关,用时 16s 关完,关阀总历时 $TC=20s$。

（2）管线末端阀。先快关 60°历时 40s，余下 30°慢关，用时 200s 关完，关阀总历时 $MC=240\text{s}$。

2）完全断流型蒸汽腔离散模型基本参数的设置

根据管线的防护措施可知，管道沿线没有任何其他防护措施，所以沿线各点采用完全断流型蒸汽腔离散模型。

由完全断流型蒸汽腔离散模型可知，发生断流空腔弥合水锤时，在完全密封的管段中，当某处的压强下降至汽化压或以下时，认为液体开始汽化并发生液柱分离，形成充满蒸汽的断流空腔，管线的高点容易发生液柱分离，由管线纵断面图可知，选定 2，7，16，34，52 和 80 点为断流空腔的离散点（图 5-13），当选定截面的水头 H_i 满足下列条件：

$$H_i + H_a - Z(i) \leq H_v$$

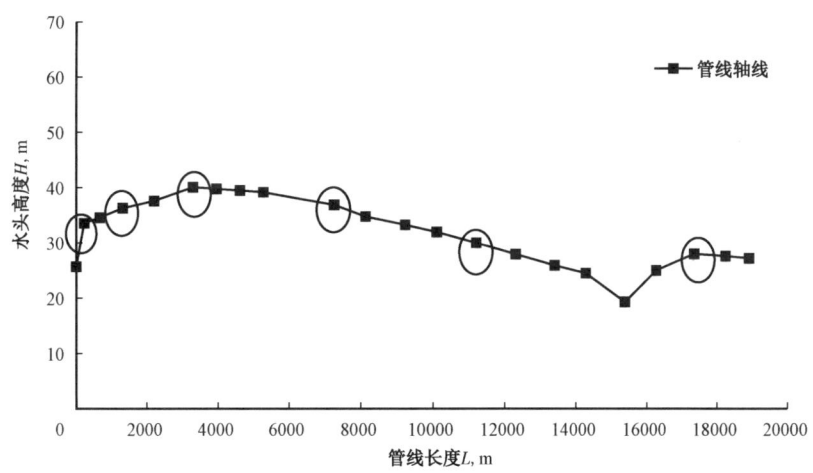

图 5-13　各离散点（2，7，16，34，52 和 80）在管线上的分布图

认为选定截面处发生液柱分离，应用完全断流型蒸汽腔离散模型求解出截面处的 H_i 值和 Q_i 值。

输水工程的当地大气压头 $H_a=10.3\text{m}$，水温为 20~25℃，汽化压头（绝对压头）$H_v=0.33\text{m}$，真空值 $H_s=H_a-H_v$ 即 9.97m 时，考虑到液态水中夹杂空气泡，认为当真空值达到 9.5m 时，液态水开始汽化，离散点处截面出现液柱分离，液柱分离的临界值可表示为，当 $H_i \leq Z_i - 9.5$ 时，离散截面 i 处发生液柱分离。

2. 最低水头包络线

通过数值模拟可以得到管道沿线各点 $i=1\sim87$ 在每个计算时段的 H_i 值和 Q_i 值，数值模拟完成后，可以得到各点在整个断流空腔弥合水锤过程中的最小值和最大值，分别绘成曲线则得到最低水头包络线和最高水头包络线。

由管线纵断面图可知，选定管线高点处容易发生液柱分离的 2，7，16，34，52 和 80 点为离散截面，当满足一定条件时，应用完全断流型蒸汽腔离散模型求解离散截面的 H_i 值和 Q_i 值，并根据离散截面的值计算其他点的 H_i 值和 Q_i 值，再根据实际工程情况对模拟结果进行修正。

当泵机组事故停泵时,在管线的首末两端安装两阶段缓闭蝶阀来控制断流空腔弥合水锤的压力波动,由表5-4、图5-14和图5-15可知:

(1)由图中最低水头包络线和液柱分离临界值曲线的位置可知,管线上大多数点在受到减压波作用后发生压力很低的液柱分离现象,只有少部分高程较低的管线($i=52\sim75$)不会出现液柱分离现象,在管长位置10000～17000m有一段管线的最低水头包络线在液柱分离临界值曲线之上,说明这段管线始终不会发生液柱分离现象,由表5-4中模拟数据可知,管线点$i=52\sim75$虽然不会出现液柱分离现象,但仍然会出现真空且真空值很大;

(2)由表5-4中模拟数据可知,管线上大多数点都出现很高的真空值,两个驼峰处附近点的真空值甚至高达临界真空值9.5m,如果不添加更加可靠的防护措施,大口径的薄壁钢管可能失稳被压憋。

表5-4 研究点的最低水锤值、修正值和真空值　　　　　　　单位:m

管线点	高程	液柱分离临界值	最低水锤模拟值	最低水锤修正值	真空值
1	25.70	16.20	-202.80	16.20	9.50
2	33.60	24.10	24.10	24.10	9.50
4	34.60	25.10	-160.80	25.10	9.50
7	36.30	26.80	26.80	26.80	9.50
11	37.60	28.10	-85.44	28.10	9.50
16	40.10	30.60	30.60	30.60	9.50
19	39.80	30.30	21.83	30.30	9.50
22	39.50	30.00	21.82	30.00	9.50
25	39.20	29.70	24.70	29.70	9.50
34	36.90	27.40	27.40	27.40	9.50
38	34.80	25.30	14.14	25.30	9.50
43	33.30	23.80	13.66	23.80	9.50
47	31.98	22.48	13.71	22.48	9.50
52	30.00	20.50	20.50	20.50	9.50
57	27.95	18.45	21.28	21.28	6.67
62	25.90	16.40	19.96	19.96	5.94
66	24.50	15.00	18.90	18.90	5.60
71	19.30	9.80	17.60	17.60	1.70
75	25.00	15.50	16.58	16.58	8.42
80	28.00	18.50	18.50	18.50	9.50
84	27.60	18.10	17.55	18.10	9.50
87	27.20	17.70	22.84	22.84	4.36

注:最低水锤模拟值是以断流空腔弥合水锤数学模型为基础,应用在事先人为选定的离散点上进行数值模拟得到的数据,故应该根据工程实际对所得的模拟结果数据进行修正,得到更接近真实情况的最低水锤修正值。

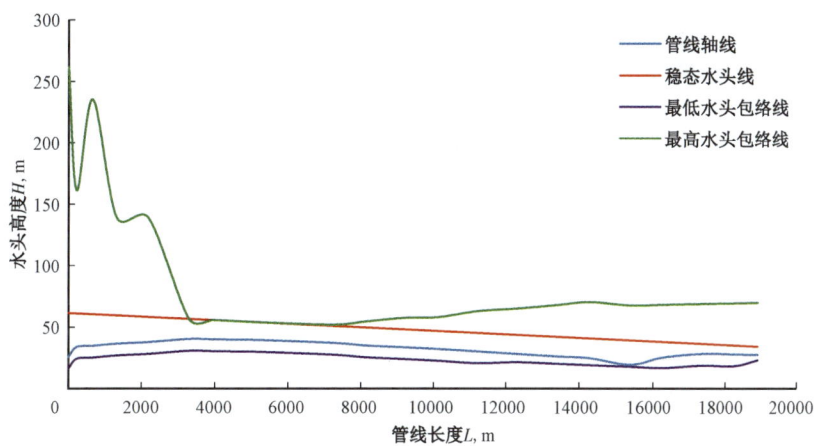

图 5-14　最低和最高水头包络线

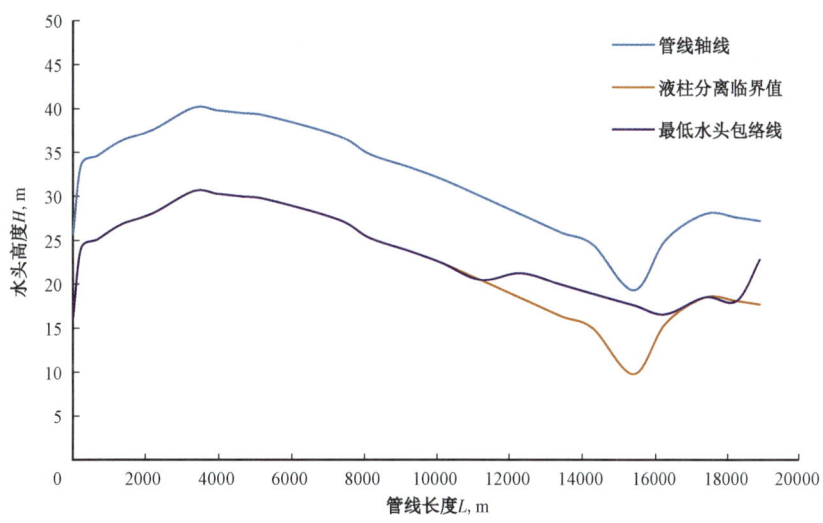

图 5-15　最低水头包络线和液柱分离临界值

3. 最高水头包络线

由表 5-5 和图 5-14 可知，当泵机组事故停泵时：

(1) 泵站出口处的最大水锤值达 261.37m（最大压头值为 235.67m），为稳态压头值的 6.61 倍，远远超过了管路的工作压力，说明事故停泵后泵站附近将发生严重的升压很高的断流空腔弥合水锤，容易造成管道爆裂事故；

(2) 根据各点的最高压头值和稳态压头值的比值可知，发生弥合水锤时，管道沿线大部分点的弥合水锤瞬时升压均超过了安全规定范围，并且越靠近管道两端，水锤升压值越大，管线最大压头值超过稳态压头值的倍数越大。

表 5－5　研究点的最高水头值和最高压头值　　　　　　　　　单位：m

管线点	高程	稳态水头	最高水锤	稳态压头	最高压头	最高压头/稳态压头
1	25.70	61.35	261.37	35.65	235.67	6.61
2	33.60	61.04	161.24	27.44	127.64	4.65
4	34.60	60.40	235.15	25.80	200.55	7.77
7	36.30	59.45	139.25	23.15	102.95	4.45
11	37.60	58.17	138.70	20.57	101.10	4.91
16	40.10	56.58	56.58	16.48	16.48	1.00
19	39.80	55.63	55.63	15.83	15.83	1.00
22	39.50	54.68	54.67	15.18	15.17	1.00
25	39.20	53.72	53.72	14.52	14.52	1.00
34	36.90	50.86	51.91	13.96	15.01	1.08
38	34.80	49.59	54.44	14.79	19.64	1.33
43	33.30	48.00	57.42	14.70	24.12	1.64
47	31.98	46.72	57.85	14.74	25.87	1.76
52	30.00	45.13	62.72	15.13	32.72	2.16
57	27.95	43.54	64.90	15.59	36.95	2.37
62	25.90	41.95	67.76	16.05	41.86	2.61
66	24.50	40.68	70.12	16.18	45.62	2.82
71	19.30	39.09	67.41	19.79	48.11	2.43
75	25.00	37.82	67.95	12.82	42.95	3.35
80	28.00	36.23	68.63	8.23	40.63	4.94
84	27.60	34.95	69.13	7.35	41.53	5.65
87	27.20	34.00	69.60	6.80	42.40	6.24

4. 各离散点断流空腔弥合水锤过程瞬态曲线

数值模拟的计算总时间设为 400s，计算时间步长为 0.22s，如果每个计算时间步长保存一次数据，数据点太多，不容易处理，选择每隔 5 个计算时段保存一次各个离散点的瞬态数据，将各点的每个计算时段的 H_i 值绘成曲线后可以更加直观地看出各个离散点的液柱分离时间（即形成的空腔持续时间长短）、液柱弥合（即空腔溃灭）的时间、断流空腔弥合水锤的升压大小等。

图 5－16 为离散点 2, 7, 16, 34, 52 和 80 在整个断流空腔弥合水锤过程中的瞬态曲线。

1）离散点 2 的断流空腔弥合水锤过程瞬态曲线

离散点 2 位于泵站出口附近，离散点 2 的液柱分离临界值为 24.1m，当 $H_{离散点2} \leq 24.1m$ 时，离散点 2 发生液柱分离，图中的水锤瞬态线与液柱分离临界值曲线重合，曲线重合水平段的横坐标为离散点 2 发生液柱分离的持续时间。

由图 5－17 可知，事故停泵后，离散点 2 处的压力波动剧烈，2 点首先受减压波作用压力快速降低到液柱分离临界值,发生液柱分离,形成断流蒸汽空腔,因为管线较长且地形起伏较大,到达下游水池再反射回来的水锤增压波迟迟不能到达泵站,故液柱分离持续时间长,首次液柱分离时间约为73s,如果不采用更可靠的防护措施,大口径的薄壁钢管可能会失稳压瘪。

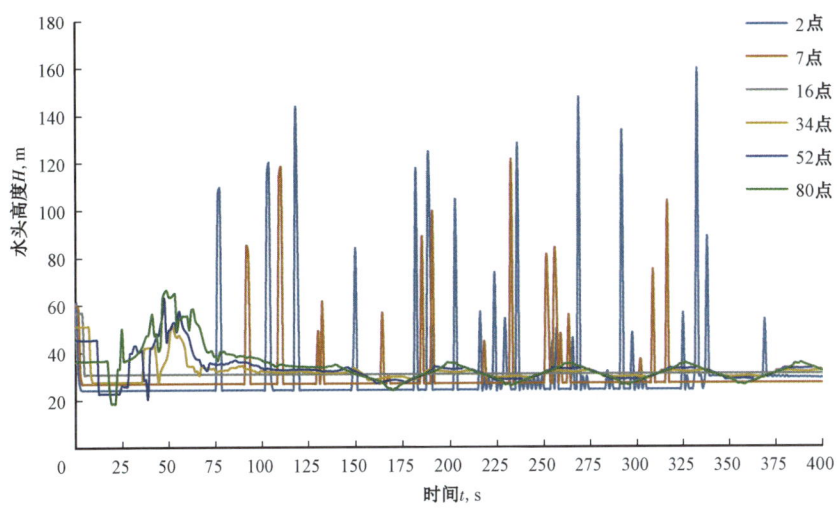

图 5-16　各个离散点的断流空腔弥合水锤过程瞬态曲线

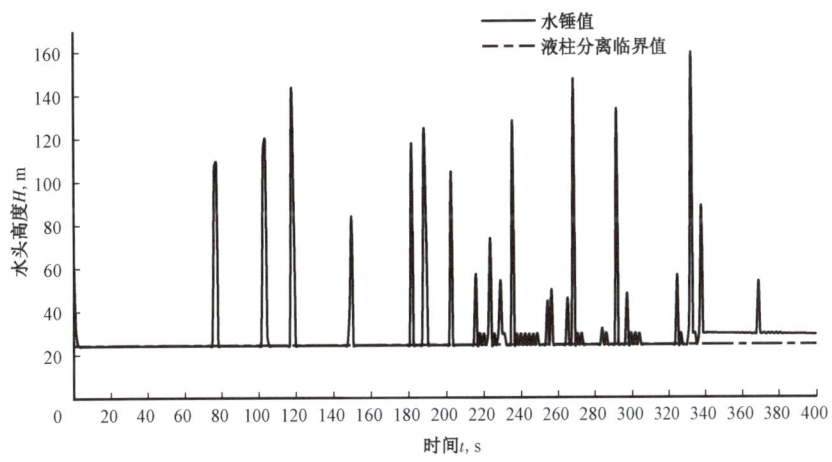

图 5-17　离散点 2 的断流空腔弥合水锤过程瞬态曲线

每次空腔溃灭引起的弥合水锤发生时间极短但是瞬时升压很高,最高值达到了 161.24m 水柱,最高压头为稳态压头的 4.65 倍,大大超过了安全标准,瞬间高压极易击破管道,造成事故。

2)离散点 7 的断流空腔弥合水锤过程瞬态曲线

由管道纵断面图可知,离散点 7 处于管线第一个驼峰的上坡段,离散点 7 的液柱分离临界值为 26.8m,当 $H_{离散点7} \leqslant 26.8m$ 时,离散点 7 发生液柱分离,图 5-18 中的水锤过程瞬态曲线与液柱分离临界值曲线重合,曲线重合水平段横坐标为离散点 7 发生液柱分离的持续时间。

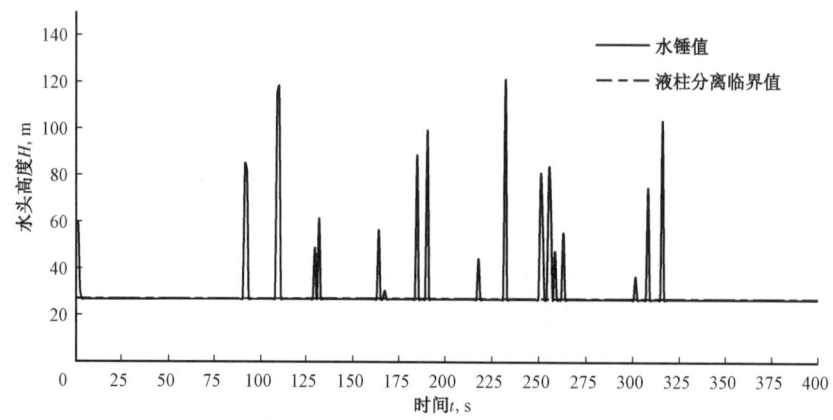

图 5-18　离散点 7 的断流空腔弥合水锤过程瞬态曲线

断流弥合水锤压力波动过程没有离散点 2 剧烈,但是液柱分离持续时间仍然很长,首次液柱分离时间约为 88s。

每次空腔溃灭引起的弥合水锤发生时间极短但是瞬时升压很高,最高水锤值达到了 139.25m 水柱,最高压头值为稳态压头的 4.45 倍,也大大超过了安全标准,瞬间的高压极易击破管道。

3) 离散点 16 的断流空腔弥合水锤过程瞬态曲线

由管道纵断面图可知,离散点 16 处于管线的第一个驼峰最大高程处附近,离散点 16 的液柱分离临界值为 30.6m,当 $H_{离散点16} \leqslant 30.6m$ 时,离散点 16 发生液柱分离,图 5-19 中的水锤瞬态线与液柱分离临界值曲线重合,曲线重合水平段横坐标为离散点 16 发生液柱分离的持续时间。图 5-19 中离散点 16 的水锤值一直保持为临界值 30.6m,说明事故停泵后离散点 16 一直处于液柱分离状态,整个断流弥合水锤过程中,管道第一个驼峰处始终存在一段空腔,空腔内真空值为 9.5m,长时间的低压极易使管道被压憋。

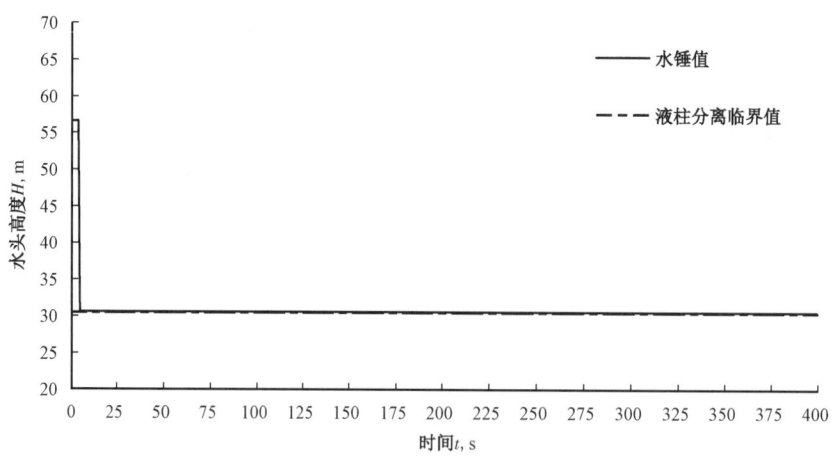

图 5-19　离散点 16 的断流空腔弥合水锤过程瞬态曲线

4)离散点34的断流空腔弥合水锤过程瞬态曲线

由管道纵断面图可知,离散点34处于管线第一个驼峰的下坡段,离散点34的液柱分离临界值为27.4m,当$H_{离散点34}$≤27.4m时,离散点34发生液柱分离。

由图5-20可知,离散点34只在事故停泵后的初期发生液柱分离,持续时间约28s,整个断流空腔弥合水锤过程中的水锤升压最大值为液柱分离形成的空腔溃灭后引起的弥合水锤,最大水锤值为51.91m,最高压头值为稳态压头值的1.08倍,在管道安全承压范围内。

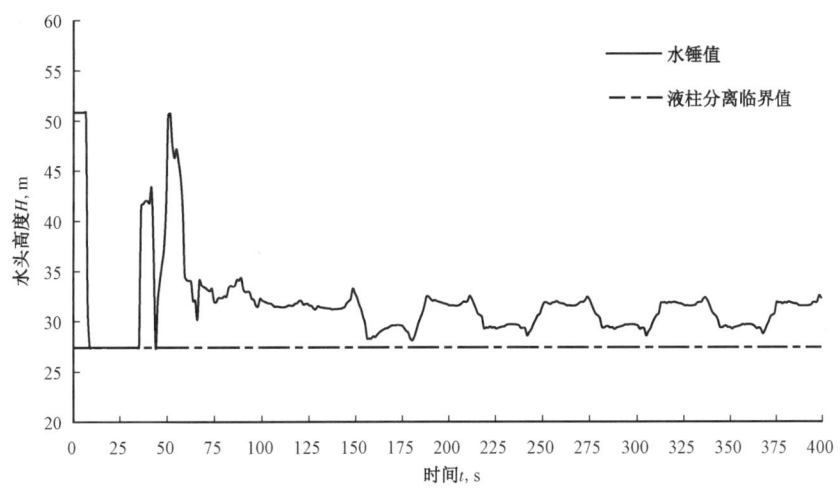

图5-20　离散点34的断流空腔弥合水锤过程瞬态曲线

在后期水锤过程中,离散点34的水锤值仍然不断波动,但波动幅度较小,最小水锤值约为28.27m,最大水锤值约为32m,真空值为4.9~8.63m,小于液柱分离临界真空值9.5m,说明离散点34在水锤后期始终处于低压状态,但不再发生液柱分离。

5)离散点52的断流空腔弥合水锤过程瞬态曲线

由管道纵断面图可知,离散点52处于管线第一个驼峰的下坡段,离散点52的液柱分离临界值为20.5m,当$H_{离散点52}$≤20.5m时,离散点52发生液柱分离。

图5-21的初始两段水平线是因为管线较长,离散点52又处于管线的中间位置,停泵后的首次减压波需要约8s才传到离散点52,这之前离散点52仍然保持稳态水头45.13m,当减压波到达离散点52时水锤值迅速下降至22m并以极小的整幅波动(可以忽略认为水锤值不变);减压波继续向下游传播,到达下游水池边界反射为增压波,增压波需要约13.2s传到离散点52。

离散点52的断流空腔弥合水锤值波动过程和离散点34类似,停泵初期水头值波动剧烈且水锤升压值很大,由水锤值曲线和液柱分离临界值曲线的位置可知,离散点52在整个水锤过程中几乎不发生液柱分离现象,由数值模拟结果可知,只在38.5s时发生时间极短的液柱分离现象,随即产生的弥合水锤升压为整个水锤过程中的最大水锤值为62.72m,最大压头值为稳态压头值的2.16倍,超过安全标准规定。

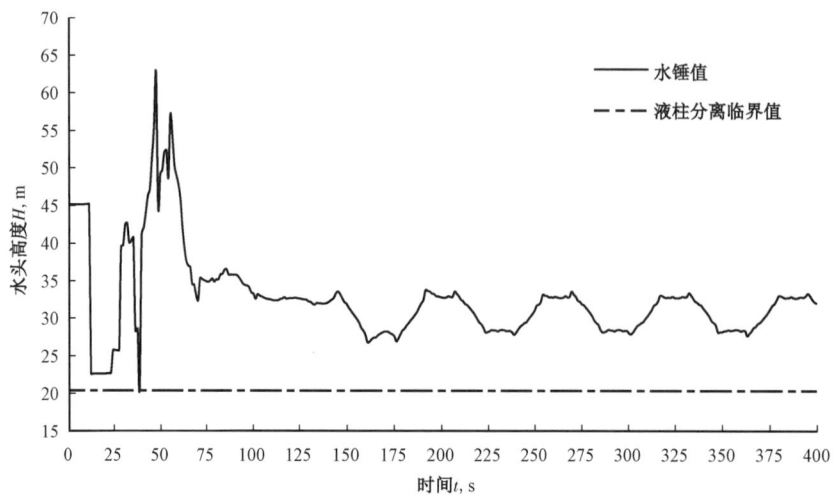

图 5-21 离散点 52 的断流空腔弥合水锤过程瞬态曲线

后期水锤过程中,离散点 52 的水锤值仍然不断波动,但波动幅度较小,最大水锤值约为 33.58m,最小水锤值约为 27.69m,最大真空值为 2.31m,小于液柱分离临界真空值 9.5m,说明离散点 52 在水锤后期始终处于低压状态,但是不再发生液柱分离。

6) 离散点 80 的断流空腔弥合水锤过程瞬态曲线

由管道纵断面图可知,离散点 80 处于管线的第二个驼峰最大高程处附近,离散点 80 的液柱分离临界值为 18.5m,当 $H_{离散点80} \leqslant 18.5\text{m}$ 时,离散点 80 发生液柱分离。

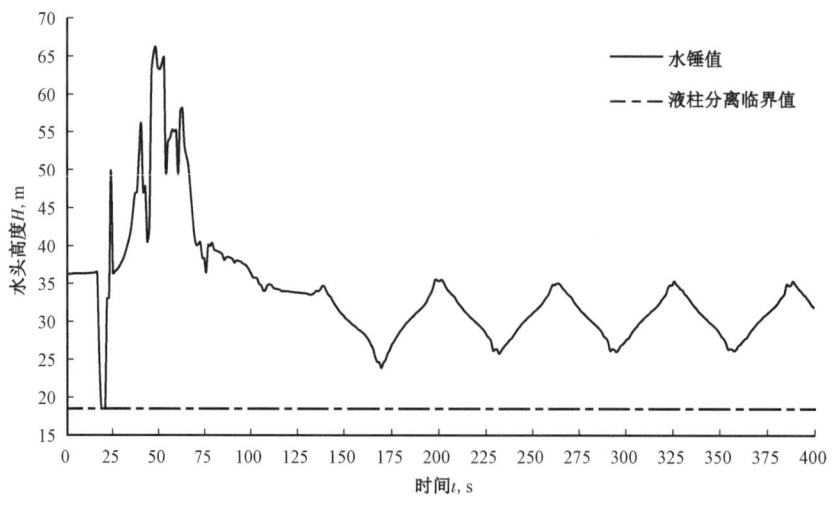

图 5-22 离散点 80 的断流空腔弥合水锤过程瞬态曲线

离散点 80 的高程低于管道第一个高程段的大部分点,整个水锤过程几乎不发生液柱分离现象,只在停泵初期发生持续时间极短的液柱分离现象,停泵初期水锤值波动剧烈且水锤升压很大,最大水锤值为68.63m,最大压头值为稳态值的4.94倍,超过安全标准规定。

后期水锤过程中,离散点80的压力值仍然不断波动,但波动幅度较前期的断流空腔弥合水锤明显变小,最大水锤值约为35.33m,最小水锤值约为25.78m,最大真空值为2.22m,小于液柱分离临界真空值9.5m,说明80点在水锤后期不再发生液柱分离现象。

虽然在事故停泵后,在首末两端采用了两阶段缓闭蝶阀来控制水锤压力波动,但是整个管路系统中仍然出现很高的真空值和弥合水锤升压,说明单一的防护措施不能达到很好的水锤防护效果,如果不采用更可靠的防护措施,大口径薄壁钢管可能失稳被压憋或因水锤升压而爆管。

五、首末双阀—沿线自由进出气空气阀

1. 无缓冲—完全断流型空气腔离散数学模型的基本参数

1) 防护措施

在原有的首末双阀控制的水锤防护措施基础上,在沿线可能发生液柱分离的截面安装空气阀,可以达到破坏真空、消除负压、防止管路被压憋的目的,考虑到通过空气阀进入管线中的空气不能在管线中大量长期存留,故将空气阀的动作设定为能够自由进出气。

2) 无缓冲—完全断流型空气腔离散模型基本参数的设置

根据上述空气阀的动作,选择无缓冲—完全断流型空气腔离散模型为断流空腔弥合水锤数值模拟的数学模型。当离散截面处的压强降到大气压以下时,空气阀开启,外界空气通过空气阀自动进气,形成断流空腔并不断增大,空腔的压力维持为大气压即 $H(i) = Z(i)$,当水锤增压波反射回来,空腔溃灭液柱弥合时,空气能通过空气阀自由无阻力地排出,在空气排完后即液柱完全弥合,离散截面的 $H(i)$ 值和 $Q(i)$ 值按照连续液柱情况进行计算。

由管线纵断面图可知,选定管线容易发生液柱分离的高程处2,7,16,34,52和80点安装空气阀,同时也可将2,7,16,34,52和80点看作离散截面,当满足一定条件时,应用无缓冲—完全断流型空气腔离散模型求解离散截面的 $H(i)$ 和 $Q(i)$,并根据所得的离散截面的值计算其他点的 $H(i)$ 和 $Q(i)$ 值,再根据实际工程情况对模拟结果进行修正。

2. 最低水头包络线

当泵机组事故停泵时,在原有的首末双阀控制的防护措施基础上,在沿线可能发生液柱分离的截面安装空气阀后,由表5-6和图5-23可知:

(1)最低水头包络线和管线轴线基本重合,沿线大多数点的最低水锤值为点的高程值,说明管线上大多数点在受到减压波作用后发生液柱分离。在管长位置10000~16000m有一段管线的最低水头包络线在管线轴线上面,说明这段管线始终不会发生液柱分离现象,因为这段管线的高程较低,不容易发生液柱分离现象。

(2)因为空气阀的自动进气作用,形成的空腔内压力维持为大气压,所以管线的最低水头包络线几乎不会低于管轴线标高,管道沿线几乎不出现真空,这说明在管线高程点安装空气阀对控制管线上各点的真空值很有效。

表 5-6　研究点的最低水锤值和修正值　　　　　　　　　　　　单位:m

管线点	高程	最低水锤模拟值	最低水锤修正值
1	25.70	-155.97	25.70
2	33.60	33.60	33.60
4	34.60	-139.37	34.60
7	36.30	36.30	36.30
11	37.60	-118.31	37.60
16	40.10	40.10	40.10
19	39.80	39.25	39.80
22	39.50	38.41	39.50
25	39.20	37.56	39.20
34	36.90	36.90	36.90
38	34.80	32.34	34.80
43	33.30	31.97	33.30
47	31.98	31.94	31.98
52	30.00	31.76	31.76
57	27.95	30.35	30.35
62	25.90	28.93	28.93
66	24.50	27.80	27.80
71	19.30	26.40	26.40
75	25.00	25.30	25.30
80	28.00	28.00	28.00
84	27.60	26.95	27.60
87	27.20	34.00	34.00

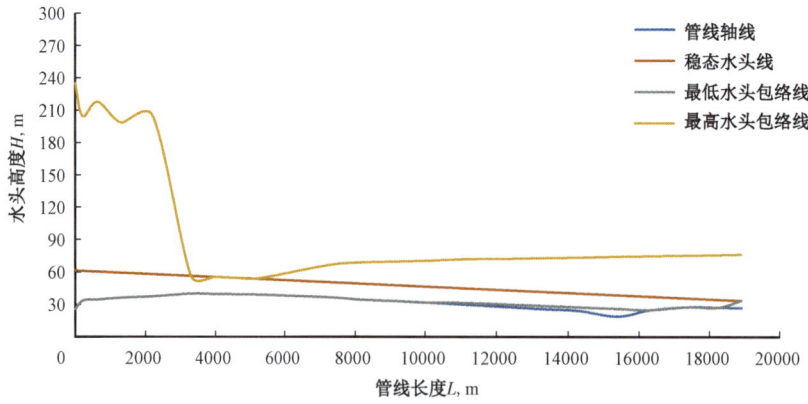

图 5-23　无缓冲—完全断流型空气腔离散模型的最低和最高水头包络线

3. 最高水头包络线

由图 5-23、表 5-7 可知：

(1) 泵站出口处的最大水锤值达 234.70m（最大压头值为 209m），为稳态压头值的 5.85 倍，远远超过了管路的工作压力，说明事故停泵后泵站附近将发生严重的升压很高的断流空腔弥合水锤，容易造成管道爆裂事故；

(2) 根据沿线各点的最高压头与稳态压头的比值可知，发生断流空腔弥合水锤时，管道沿线大部分点的瞬时弥合水锤升压均超过规定的 1.3~1.5 倍管路稳态压头值，并且越靠近管道两端，水锤升压值越大，管线最大压头值超过稳态压头值的倍数越大；

(3) 由表 5-8 可知，除了第一个驼峰顶点处的 16 点外，其余点的无缓冲—完全断流型空气腔的最大水锤升压倍数都大于完全断流型蒸汽腔的水锤升压倍数，这是因为空气阀的动作方式引起的，在受到减压波作用时，安装空气阀的离散截面处形成的断流空气腔的长度比没安装空气阀形成的断流蒸汽腔的长度大得多，断流空气腔在受到水锤增压波作用时，空气可以通过空气阀自由排出，此时空气腔对弥合水锤没有缓冲作用，并且液柱弥合即空腔溃灭的速度非常快，可以视为发生了的升压很高的弥合水锤，其弥合水锤升压比蒸汽腔溃灭引起的水锤升压更大。

表 5-7 研究点的最高水锤值和最高压头值 单位：m

管线点	高程	稳态水头值	最大水锤值	稳态压头值	最高压头值	最高压头/稳态压头
1	25.70	61.35	234.70	35.65	209.00	5.86
2	33.60	61.04	204.45	27.44	170.85	6.23
4	34.60	60.40	217.66	25.80	183.06	7.10
7	36.30	59.45	198.50	23.15	162.20	7.01
11	37.60	58.17	204.48	20.57	166.88	8.11
16	40.10	56.58	56.58	16.48	16.48	1.00
19	39.80	55.63	55.63	15.83	15.83	1.00
22	39.50	54.68	54.67	15.18	15.17	1.00
25	39.20	53.72	54.52	14.52	15.32	1.06
34	36.90	50.86	66.63	13.96	29.73	2.13
38	34.80	49.59	69.10	14.79	34.30	2.32
43	33.30	48.00	70.08	14.70	36.78	2.50
47	31.98	46.72	70.82	14.74	38.84	2.64
52	30.00	45.13	72.32	15.13	42.32	2.80
57	27.95	43.54	72.74	15.59	44.79	2.87
62	25.90	41.95	73.40	16.05	47.50	2.96
66	24.50	40.68	73.88	16.18	49.38	3.05
71	19.30	39.09	74.75	19.79	55.45	2.80
75	25.00	37.82	75.29	12.82	50.29	3.92
80	28.00	36.23	75.82	8.23	47.82	5.81
84	27.60	34.95	76.32	7.35	48.72	6.63
87	27.20	34.00	76.70	6.80	49.50	7.28

表 5-8　最大水锤升压倍数对比

离散点	2	7	16	34	52	80
完全断流型蒸汽腔 （最高压头/稳态压头）	4.65	4.45	1.00	1.08	2.16	4.94
无缓冲—完全断流型空气腔 （最高压头/稳态压头）	6.23	7.01	1.00	2.13	2.80	5.81

4. 各离散点断流空腔弥合水锤过程瞬态曲线

计算总时间为 400s，计算时间步长为 0.22s，如果每个计算时间步长保存一次数据，数据点太多，不容易处理，故选择每隔 5 个计算时段保存一次各个离散点的瞬态数据。

图 5-24 为离散点 2，7，16，34，52 和 80 在整个断流弥合水锤过程中的瞬态曲线。

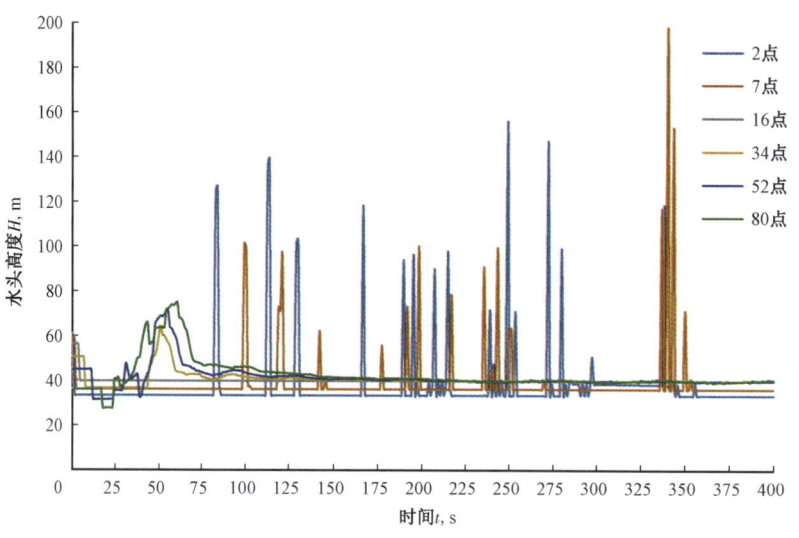

图 5-24　各个离散点的断流弥合水锤过程瞬态曲线

1) 离散点 2 的断流空腔弥合水锤过程瞬态曲线

由管道纵断面图可知，离散点 2 位于泵站出口附近，离散点 2 的高程为 33.6m，当 $H_{离散点2} \leqslant 33.6\text{m}$ 时，离散点 2 发生液柱分离，图中的水锤瞬态线与液柱分离临界值曲线重合，曲线重合水平段横坐标为离散点 2 发生液柱分离的持续时间。

由图 5-25 可知，事故停泵后，离散点 2 处的压力波动剧烈，2 点首先受减压波作用发生液柱分离，因为管线较长且地形起伏较大，到达下游水池再反射回来的水锤增压波迟迟不能到达泵站，故首次液柱分离持续时间很长，首次液柱分离时间约为 75s，液柱分离期间，空腔内的压力为大气压。

每次空腔溃灭引起的弥合水锤发生时间极短但是瞬间升压很高，最高值达到 204.45m，最高水锤值为稳态压头的 6.23 倍，大大超过了安全标准，瞬间的高压极易击破管道。

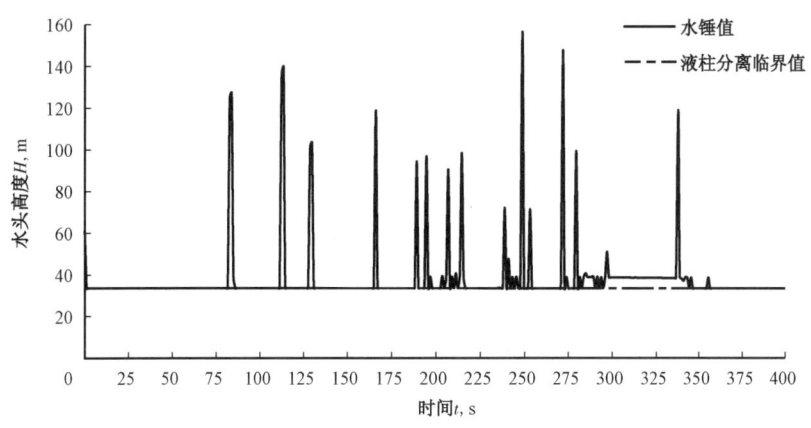

图 5-25　离散点 2 的断流空腔弥合水锤过程瞬态曲线

2）离散点 7 的断流空腔弥合水锤过程瞬态曲线

由管道纵断面图可知，离散点 7 处于管线第一个驼峰的上坡段，离散点 7 的液柱高程为 36.3m，当 $H_{离散点7} \leqslant 36.3m$ 时，离散点 7 发生液柱分离，图中的水锤瞬态线与液柱分离临界值曲线重合，曲线重合水平段横坐标为离散点 7 发生液柱分离的持续时间。

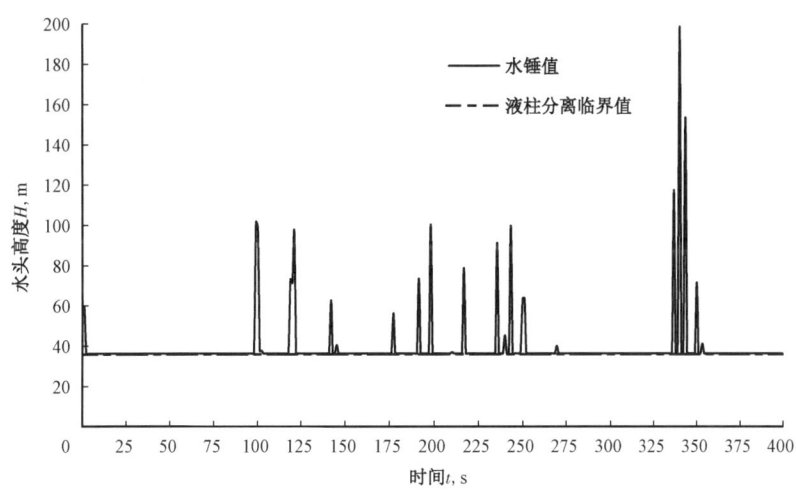

图 5-26　离散点 7 的断流空腔弥合水锤过程瞬态曲线

断流弥合水锤压力波动过程没有离散点 2 剧烈，但是首次液柱分离持续时间仍然很长，首次液柱分离时间约为 95s。

每次空腔溃灭引起的弥合水锤发生时间极短但是瞬时升压很高，最高水锤值达到了 198.5m 水柱，最高压头值为稳态压头的 7.01 倍，也大大超过了安全标准，瞬间的高压极易击破管道。

3）离散点 16 的断流空腔弥合水锤过程瞬态曲线

由管道纵断面图可知，离散点 16 处于管线的第一个驼峰最大高程处附近，离散点 16 的高程为 40.1m,当 $H_{离散点16} \leqslant 40.1$ m 时,离散点 16 发生液柱分离,图 5-27 中的水锤瞬态线与液柱分离临界值曲线重合,曲线重合水平段横坐标为离散点 16 发生液柱分离的持续时间,由图中可知,离散点 16 的水锤值一直保持为液柱分离临界值 40.1m,说明整个断流弥合水锤过程中,离散点 16 一直处于液柱分离状态,管道第一个驼峰处始终存在一段空腔。

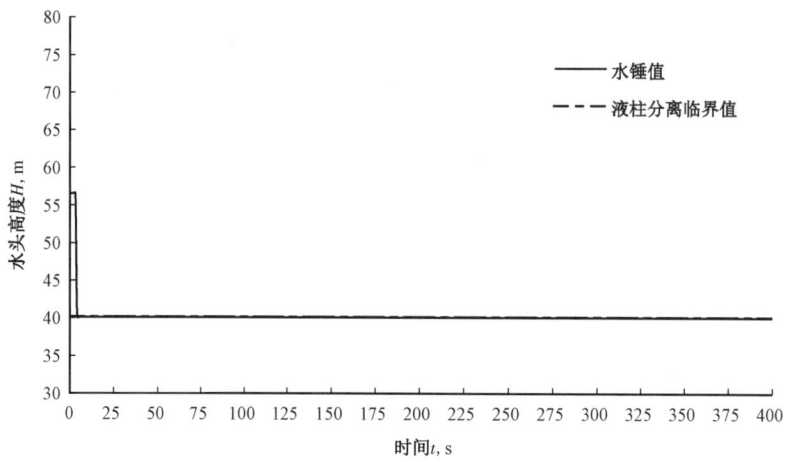

图 5-27 离散点 16 的断流空腔弥合水锤过程瞬态曲线

4) 离散点 34 的断流空腔弥合水锤过程瞬态曲线

由管道纵断面图可知,离散点 34 处于管线第一个驼峰的下坡段,离散点 34 的高程为 36.9m,当 $H_{离散点34} \leqslant 36.9$ m 时,离散点 34 发生液柱分离。

由图 5-28 可知,离散点 34 只在事故停泵后的初期发生液柱分离,持续时间约 36.5s,整个断流空腔弥合水锤过程中的水锤升压最大值为首次液柱分离形成的空腔溃灭后引起的弥合水锤,最大水锤值为 66.63m,最高压头值为稳态压头值的 2.13 倍,超出管道安全承压范围内。

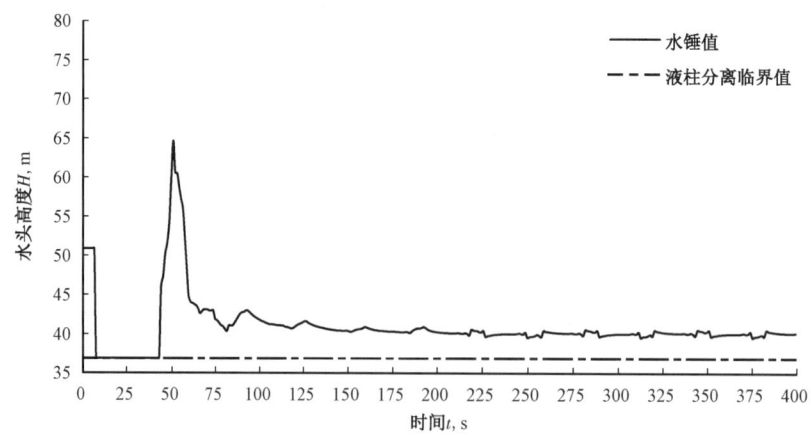

图 5-28 离散点 34 的断流空腔弥合水锤过程瞬态曲线

后期水锤过程中,34 点的压力值仍然不断波动,但波动幅度较小,最大水锤值约为 43m,最小水锤值约为 39.57m,压头值在 2.67~6.1m 波动,低于稳态压头值 13.96m,说明离散点 34 在水锤后期始终处于低压状态,但是不再发生液柱分离现象。

5) 离散点 52 的断流空腔弥合水锤过程瞬态曲线

由管道纵断面图可知,离散点 52 处于管线第一个驼峰的下坡段,离散点 52 的高程为 30m,当 $H_{离散点52} \leqslant 30m$ 时,离散点 52 处发生液柱分离。

图 5-29 上的初始两段水平线是因为管线较长,离散点 52 又处于管线的中间位置,停泵后的首次减压波需要约 11s 才传到离散点 52,这之前离散点 52 仍然保持稳态水头 45.13m,当减压波到达离散点 52 时水锤压头迅速下降至 31.78m 并以极小的整幅波动(可以忽略认为水锤值不变);减压波继续向下游传播,到达下游水池边界反射为增压波,增压波需要约 12.1s 传到离散点 52。

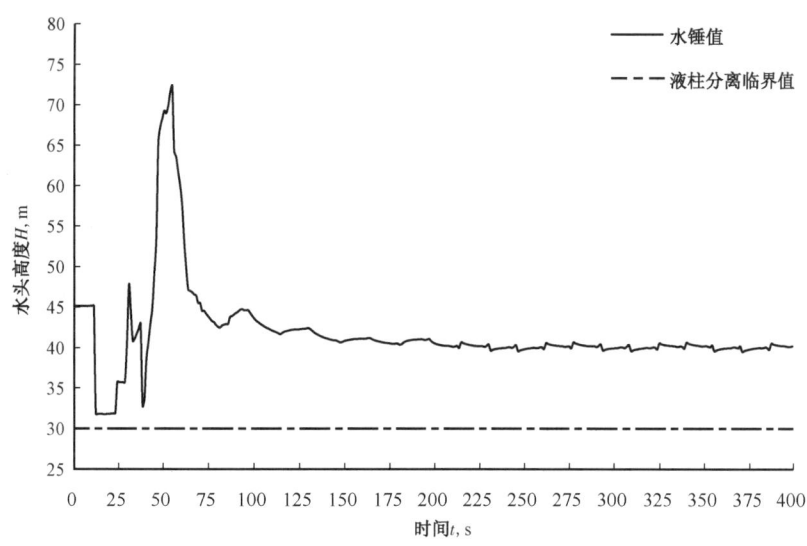

图 5-29 离散点 52 的断流空腔弥合水锤过程瞬态曲线

离散点 52 的水锤值波动过程和离散点 34 类似,离散点 52 在整个水锤过程中不发生液柱分离现象,但是停泵初期水头值波动剧烈且水锤升压值很大,最大水锤值为 72.32m,最大压头值为稳态值的 2.8 倍,超过安全标准规定。

后期水锤过程中,离散点 52 的压力值仍然不断波动,但波动幅度很小,最大水锤值约为 40.67m,最小水锤值约为 39.53m,压头值在 9.53~10.69m 波动,低于稳态压头值 15.13m,说明离散点 34 在水锤后期始终处于较低压状态,但是不再发生液柱分离现象。

6) 离散点 80 的断流空腔弥合水锤过程瞬态曲线

由管道纵断面图可知,离散点 80 处于管线的第二个驼峰最大高程处附近,离散点 80 的高程为 28m,当 $H_{离散点80} \leqslant 28m$ 时,离散点 80 处发生液柱分离。

离散点 80 的高程低于管道第一个驼峰高程段的大部分点,整个水锤过程几乎不发生液柱分离现象,只在停泵初期发生持续时间较短的液柱分离现象,停泵初期水头值波动剧烈且水锤升压很大,最大水锤值为 75.82m,最大压头值为稳态值的 5.81 倍,远远超过安全标准规定(图 5 – 30)。

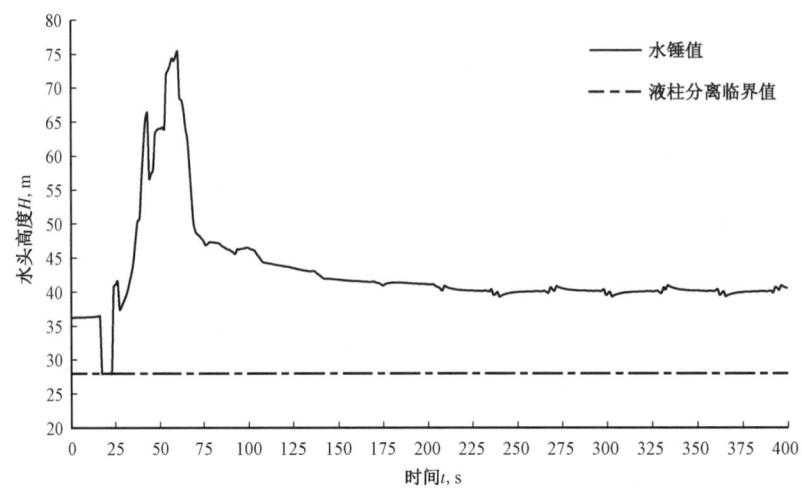

图 5 – 30　离散点 80 的断流空腔弥合水锤过程瞬态曲线

后期水锤过程中,离散点 80 的压力值仍然不断波动,但波动幅度很小,最大水锤值约为 40.93m,最小水锤值约为 39.29m,说明离散点 80 在水锤后期不再发生液柱分离现象,压头值在 11.29 ~ 12.93m 波动,离散点 80 的稳态压头为 8.23m,在规定的安全承压范围内。

在事故停泵后,在原有的首末两端采用了两阶段缓闭蝶阀来控制水锤压力波动的防护措施基础上,在沿线可能发生液柱分离的截面安装空气阀并将动作设定为自由进出气,通过数值模拟结果可知:

(1)管道沿线几乎不出现真空,说明在管线高程点安装空气阀对控管线上各点的真空值有效,防止出现大口径薄壁钢管因低压被压憋的情况;

(2)空气阀能够自由进出气,在减压波的作用下,空气腔对弥合水锤没有缓冲作用,断流空气腔溃灭的瞬间将产生升压很高的弥合水锤,弥合水锤升压值甚至超过蒸汽腔溃灭,说明所选水锤防护措施不仅不能有效控制断流空腔弥合水锤过程中的高压,反而还使弥合水锤升压值变得更大。

所选的水锤防护措施不能达到全面的防护效果,如果不采用更可靠的防护措施,大口径薄壁钢管可因水锤升压而爆管。

六、首末双阀—只进气不排气空气阀

1. 缓冲—完全断流型空气腔离散模型的基本参数

1)防护措施

在原有的首末双阀控制的防护措施基础上,在沿线可能发生液柱分离的截面安装空气阀,可以达到破坏真空、消除负压、防止管路因低压被压憋的目的。

上一章节选定管线容易发生液柱分离的高点处 2,7,16,34,52 和 80 点安装可以自由进出气的空气阀,由数值模拟结果可知,因为在空气腔溃灭过程中空气能自由排出,所以每次弥合水锤升压很高。离散点 2 和 7 处发生频繁的交替的液柱分离和空腔溃灭现象,离散点 16 一直处于液柱分离状态,离散点 34,52 和 80 只在停泵初期发生较短时间的液柱分离现象,考虑到管线中不能存在大量空气,容易造成后期的启泵水锤,所以将水锤防护措施修改为离散点 2 和 7 设置空气阀且动作设定为只进气不排气,利用空气腔缓冲液柱弥合时的水锤升压,离散点 16,34,52 和 80 空气阀动作不变。

2) 数学模型基本参数设置

根据离散点 2,7,16,34,52 和 80 处的空气阀动作的不同,当各点满足一定条件时,应用相应的断流空腔弥合水锤数学模型求解离散截面的 $H(i)$ 和 $Q(i)$。离散点 2 和 7 使用缓冲—完全断流型空气腔数学模型,离散点 16,34,52 和 80 仍然使用无缓冲—完全断流型空气腔数学模型,再根据得到的离散截面的值计算其他点的 $H(i)$ 值和 $Q(i)$,根据实际工程情况对模拟结果进行修正。

2. 最低水头包络线

当泵机组事故停泵时,在首末双阀控制的防护措施基础上,在沿线可能发生液柱分离的截面安装空气阀并设定不同的动作方式,由图 5-31 和表 5-9 可知:

(1) 最低水头包络线和管线轴线基本重合,沿线大多数点的最低水锤值为高程值,说明管线上大多数点在受到减压波作用后将发生液柱分离;在管长位置 11000~16500m 有一段管线的最低水头包络线在管线轴线上面,说明这段管线始终不会发生液柱分离现象;

(2) 因为空气阀的自动进气作用,液柱分离形成的空腔内压力维持为大气压,所以管线的最低水头包络线几乎不会低于管轴线标高,管线几乎不出现真空,这说明在管线高点安装空气阀对控制管线上各点的真空值有效。

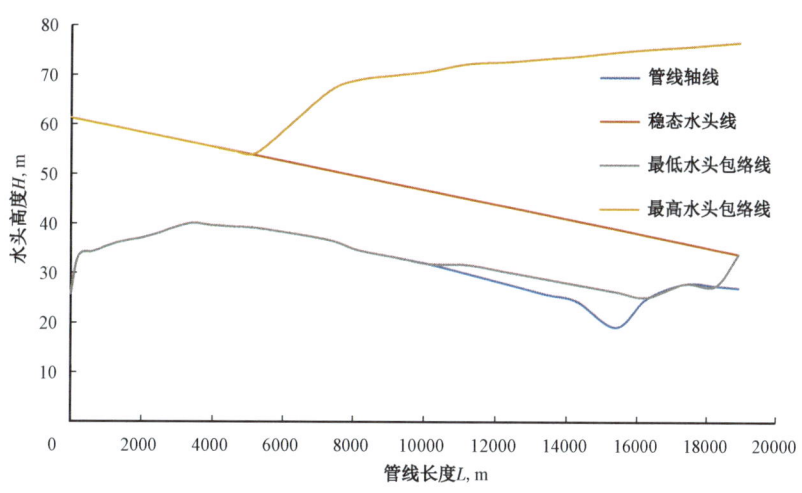

图 5-31 缓冲—完全断流型空气腔离散模型的最低、最高水头包络线

表 5-9 研究点的最低水锤值和修正值　　　　　　单位:m

管线点	高程	最低水锤模拟值	最低水锤修正值
1	25.70	26.04	26.04
2	33.60	33.60	33.60
4	34.60	30.38	34.60
7	36.30	36.30	36.30
11	37.60	33.53	37.60
16	40.10	40.10	40.10
19	39.80	39.25	39.80
22	39.50	38.41	39.50
25	39.20	37.56	39.20
34	36.90	36.90	36.90
38	34.80	32.34	34.80
43	33.30	31.97	33.30
47	31.98	31.94	31.98
52	30.00	31.76	31.76
57	27.95	30.35	30.35
62	25.90	28.93	28.93
66	24.50	27.80	27.80
71	19.30	26.40	26.40
75	25.00	25.30	25.30
80	28.00	28.00	28.00
84	27.60	26.95	27.60
87	27.20	34.00	34.00

3. 最高水头包络线

由图 5-31 和表 5-10 可知:

(1)泵站出口处的最大水锤值为 61.35m(最大压头值为 35.65m),离散点 2 和 7 附近管线的最大水锤值基本和稳态压头值相等,说明所选水锤防护措施控制弥合水锤的瞬时升压很有效,这是因为离散点 2 和 7 处先受减压波作用液柱分离,空气通过空气阀进入,随后空气腔受反射回来的水锤压缩波作用,此时空气阀关闭,空气腔对弥合水锤升压起到了缓冲作用;

(2)根据沿线各点的最高水锤值可知,研究离散点 25 之前管段的水锤升压值得到了有效的控制,但是离散点 34 以后的大多数点的水锤升压仍然很大,越靠近管道末端,水锤升压值越大,管线最大压头值超过稳态压头值的倍数越大,均超过了规定的 1.3~1.5 倍管路稳态压头值。

表 5-10 研究点的最高水锤值和最高压头值   单位：m

管线点	高程	稳态水头	最高水锤	稳态压头	最高压头	最高压头/稳态压头
1	25.70	61.35	61.35	35.65	35.65	1.00
2	33.60	61.04	61.04	27.44	27.44	1.00
4	34.60	60.40	60.40	25.80	25.80	1.00
7	36.30	59.45	59.45	23.15	23.15	1.00
11	37.60	58.17	58.17	20.57	20.57	1.00
16	40.10	56.58	56.58	16.48	16.48	1.00
19	39.80	55.63	55.63	15.83	15.83	1.00
22	39.50	54.68	54.67	15.18	15.17	1.00
25	39.20	53.72	54.52	14.52	15.32	1.06
34	36.90	50.86	66.63	13.96	29.73	2.13
38	34.80	49.59	69.10	14.79	34.30	2.32
43	33.30	48.00	70.08	14.70	36.78	2.50
47	31.98	46.72	70.82	14.74	38.84	2.64
52	30.00	45.13	72.32	15.13	42.32	2.80
57	27.95	43.54	72.74	15.59	44.79	2.87
62	25.90	41.95	73.40	16.05	47.50	2.96
66	24.50	40.68	73.88	16.18	49.38	3.05
71	19.30	39.09	74.75	19.79	55.45	2.80
75	25.00	37.82	75.29	12.82	50.29	3.92
80	28.00	36.23	75.82	8.23	47.82	5.81
84	27.60	34.95	76.32	7.35	48.72	6.63
87	27.20	34.00	76.70	6.80	49.50	7.28

说明目前所选的水锤防护措施只对部分管线有效，所以还需要综合分析选择对整条管线都有效的防护措施。

4. 各离散点断流空腔弥合水锤过程瞬态曲线

计算总时间为 400s，计算时间步长为 0.22s，如果每个计算时间步长保存一次数据，数据点太多，不容易处理，选择每隔 5 个计算时段保存一次各个离散点的瞬态数据。

图 5-32 为离散点 2,7,16,34,52 和 80 在整个断流空腔弥合水锤过程中的水锤瞬态曲线。

1）离散点 2 的断流空腔弥合水锤过程瞬态曲线

由管道纵断面图可知，离散点 2 位于泵站出口附近，离散点 2 的高程为 33.6m，当 $H_{离散点2} \leq 33.6$ 时，离散点 2 发生液柱分离，图中的水锤瞬态线与液柱分离临界值曲线重合，曲线重合水平段横坐标为离散点 2 发生液柱分离的持续时间。

由图 5-33 可知，事故停泵后，离散点 2 处的压力开始波动，2 点首先受减压波作用发生液柱分离，首次液柱分离时间约为 50s，这期间空气通过空气阀进入离散点 2 处截面，空腔内的压力维持为大气压，当反射回来的增压波作用在空气腔上时，空气阀关闭，空气腔不断被压缩，空腔内压力不断增大，最大水锤值为 61.04m，在管道安全承压范围内，且远远小于前面因空气腔溃灭引起的弥合水锤升压（204.45m），说明了空气腔对弥合水锤升压缓冲作用明显。

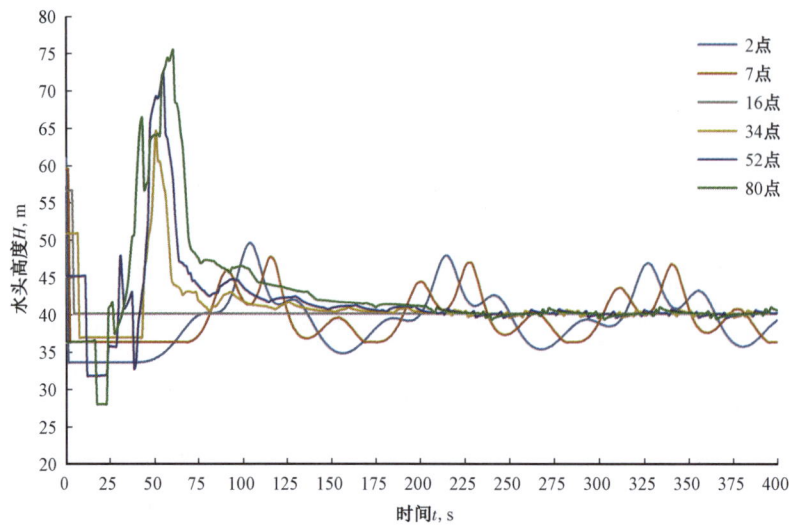

图 5-32　各个离散点的断流空腔弥合水锤过程瞬态曲线

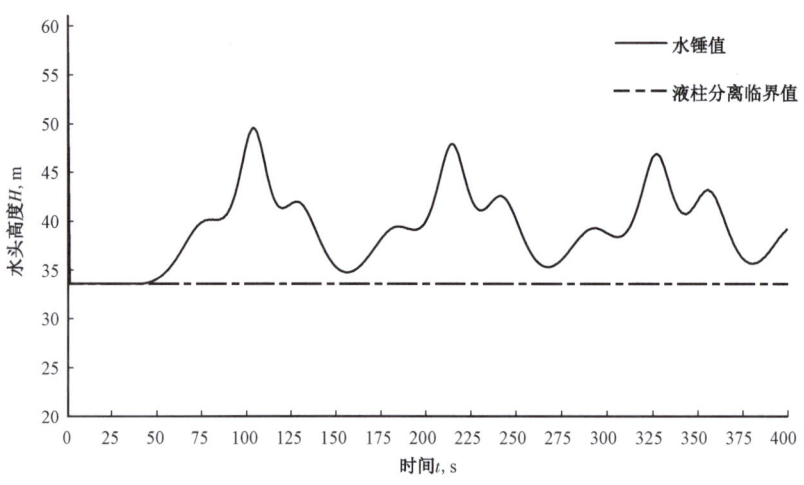

图 5-33　离散点 2 的断流空腔弥合水锤过程瞬态曲线

2) 离散点 7 的断流空腔弥合水锤过程瞬态曲线

由管道纵断面图可知,离散点 7 处于管线第一个驼峰的上坡段,离散点 7 的液柱高程为 36.3m,当 $H_{离散点7} \leqslant 36.3m$ 时,离散点 7 发生液柱分离,图中的水锤瞬态线与液柱分离临界值曲线重合,曲线重合水平段横坐标为离散点 7 发生液柱分离的持续时间。

断流弥合水锤压力波动过程没有离散点 2 剧烈,但是首次液柱分离持续时间仍然很长,首次液柱分离时间约为 75s,最大水锤值为 59.45m,最高压头值基本与稳态压头值相同,在管道安全承压范围内,且远远小于前面因空气腔溃灭引起的弥合水锤升压(198.50m),说明了空气腔对弥合水锤升压缓冲作用明显。

3) 离散点 16,34,52 和 80 的断流空腔弥合水锤过程瞬态曲线

离散点 16,34,52 和 80 的断流空腔弥合水锤过程瞬态曲线与无缓冲—完全断流型空气腔模型的波动情况基本一致。

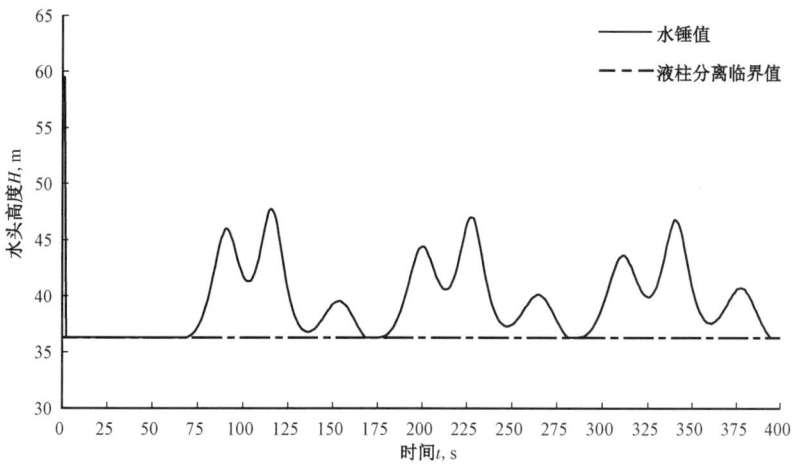

图 5-34　离散点 7 的断流空腔弥合水锤过程瞬态曲线

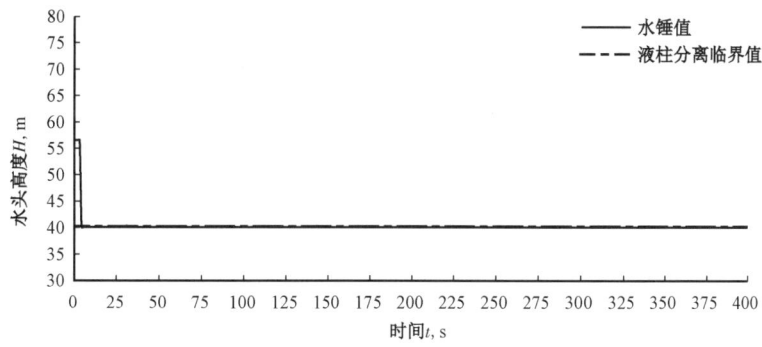

图 5-35　离散点 16 的断流空腔弥合水锤过程瞬态曲线

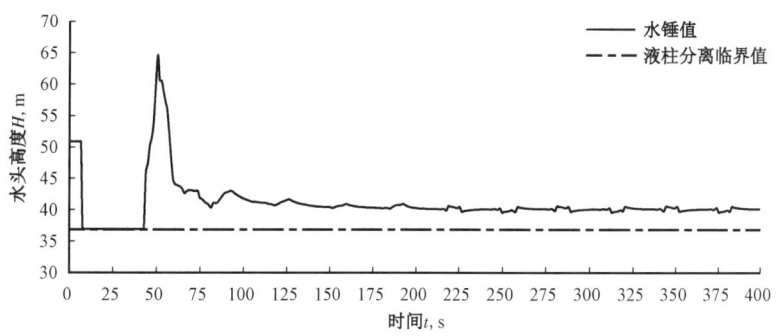

图 5-36　离散点 34 的断流空腔弥合水锤过程瞬态曲线

在事故停泵后,在原有的首末两端采用了两阶段缓闭蝶阀来控制水锤压力波动的防护措施基础上,在沿线可能发生液柱分离的截面安装空气阀,并将液柱分离和空腔溃灭交替发生频繁的离散点 2 和 7 动作设定为自由进气不排气,其余离散点设置不变,通过数值模拟结果可知:

(1) 管道沿线几乎不出现真空,这说明在管线高点安装空气阀对控制管线上各点的真空值有效,防止出现大口径薄壁钢管因失稳被压憋的情况;

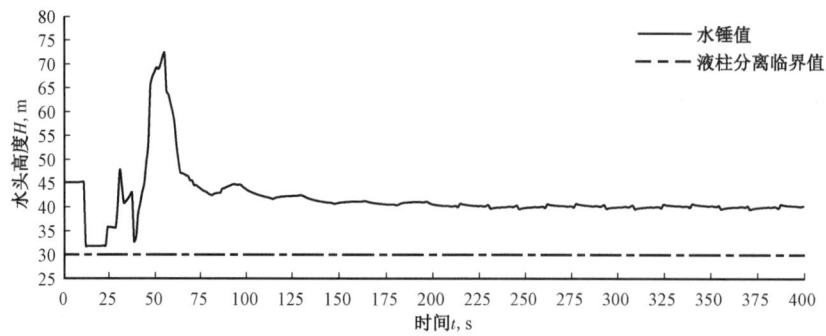

图 5-37 离散点 52 的断流空腔弥合水锤过程瞬态曲线

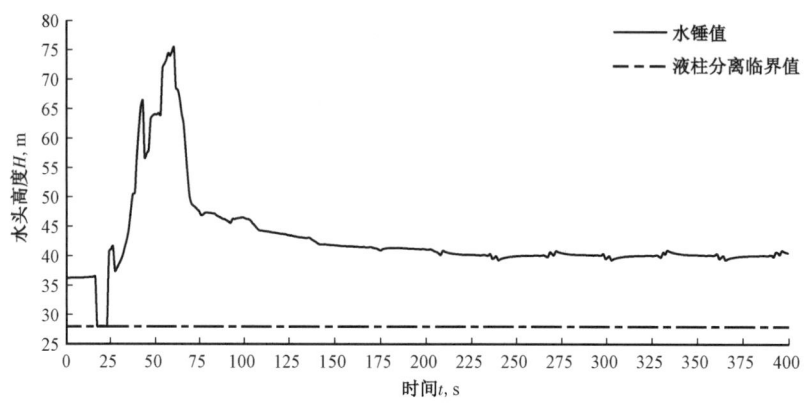

图 5-38 离散点 80 的断流空腔弥合水锤过程瞬态曲线

(2) 空气阀只进气不排气的动作设定对发生频繁交替的液柱分离和空腔溃灭的点的弥合水锤升压能够起到缓冲作用(研究离散点 25 以前的管段)，能够保证管线在事故停泵的情况下的水锤升压能够在规定的安全范围内；

(3) 离散点 34 以后的大多数点在停泵初期的水锤升压仍然很大，大多数点的最大压头值超过了规定的 1.3~1.5 倍管路稳态压头值，说明目前的防护措施只对部分管道有效，还需要综合分析选择对整条管道都有效的防护措施；

(4) 向管路中注入的空气不马上排出，使空气腔在液柱弥合过程中起缓冲作用的办法，虽然可以有效地防止真空出现和控制弥合水锤升压，但是只适用于液柱分离和空腔溃灭频繁交替发生的点，并且在水锤过后很难将遗留在管中的大量空气及时排尽，如果不能及时排出，会给重新启动泵机组带来很大的困难，故应该重新考虑更安全可靠、防护效果更全面的水锤综合防护措施。

七、3 种防护措施的对比分析

将前述防护措施分别简称为第一种、第二种和第三种防护措施。

1. 最低水头包络线

由图 5-39 中 3 种防护措施下的最低水头包络线的位置可知：

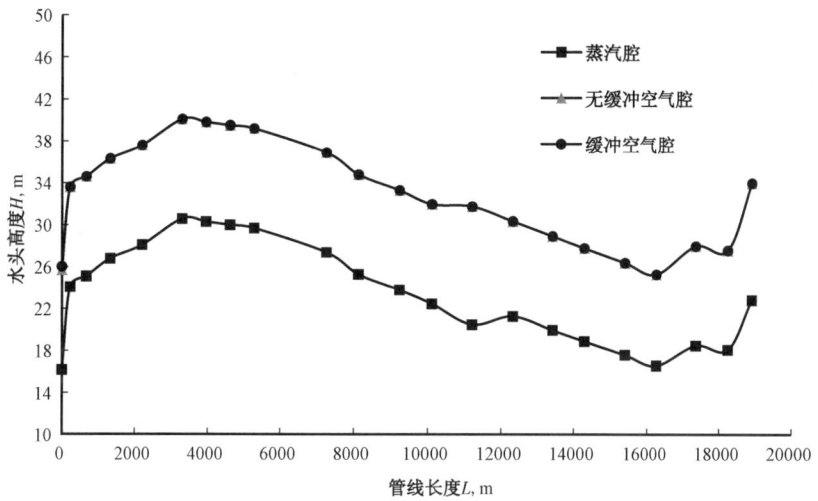

图 5-39　3 种防护措施的最低水头包络线比较

（1）3 种防护措施的最低水头包络线的趋势基本一致,第二种和第三种最低水头包络线重合,说明第二种和第三种防护措施下管道的液柱分离情况基本一致,控制管线低压的效果基本一样;

（2）由前面内容可知,虽然第一种、第二种和第三种防护措施下管线的两个驼峰附近都要发生液柱分离现象,但是第一种最低水头包络线低于第二种和第三种最低水头包络线,说明第二种和第三种防护措施下的液柱分离形成的空腔内的压力高于第一种,说明第二种和第三种防护措施在控制断流空腔弥合水锤过程中因减压波传播导致管线压力降低和防止真空的效果较好。

2. 最高水头包络线

由图 5-40 中 3 种防护措施下的最高水头包络线的位置可知:

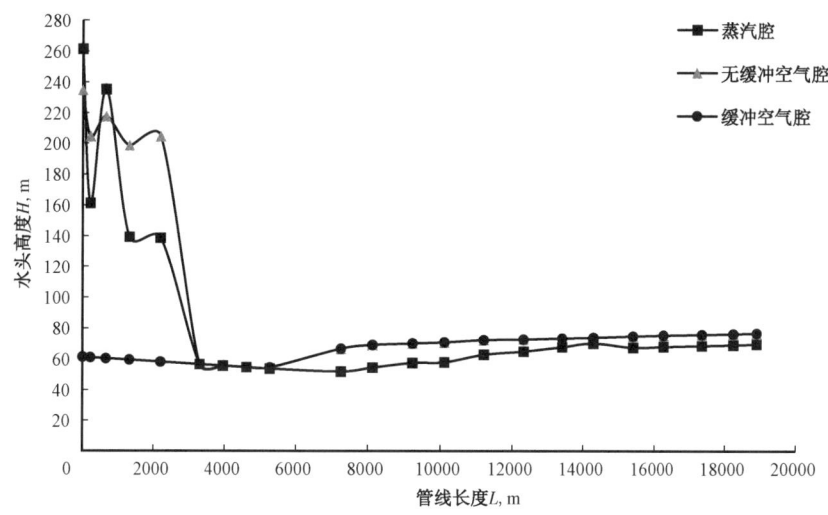

图 5-40　3 种防护措施的最高水头包络线比较

（1）在管线前端（第一个驼峰的上坡段），第一种和第二种防护措施下的最高水头包络线均大大高于第三种水锤防护措施下的最高水头包络线，这是因为第一种和第二种防护措施下管线发生液柱分离后形成的蒸汽腔和空气腔在受到反射回来的增压波作用时，空腔都快速地溃灭即液柱弥合，产生了升压很高的弥合水锤，而第三种防护措施下的空气腔可以对弥合水锤起到缓冲的作用，避免产生断流空腔弥合水锤；

（2）在管线的中后端，第一种最高水头包络线低于第二种和第三种且第二种和第三种的最高水头包络线基本重合，这是因为第二种和第三种防护措施在管线中后端都安装的能够自由进出气的空气阀，受到减压波作用液柱分离形成的空气腔长度大于蒸汽腔，故空气腔在受到增压波作用后空气直接排出管道造成的弥合水锤升压比蒸汽腔溃灭产生的升压更大。

3. 各离散点的水锤过程瞬态曲线

1）离散点 2 的水锤过程瞬态曲线

由图 5-41 和表 5-11 可知，第一种和第二种防护措施下离散点 2 发生频繁交替的液柱分离和空腔溃灭现象，断流空腔弥合水锤压力波动剧烈，第三种防护措施下离散点 2 的水锤压力波动明显没有第一种和第二种防护措施下的水锤压力波动剧烈，且只在停泵初期发生一次弥合水锤，后期为普通水锤压力波动，不再发生液柱分离现象。

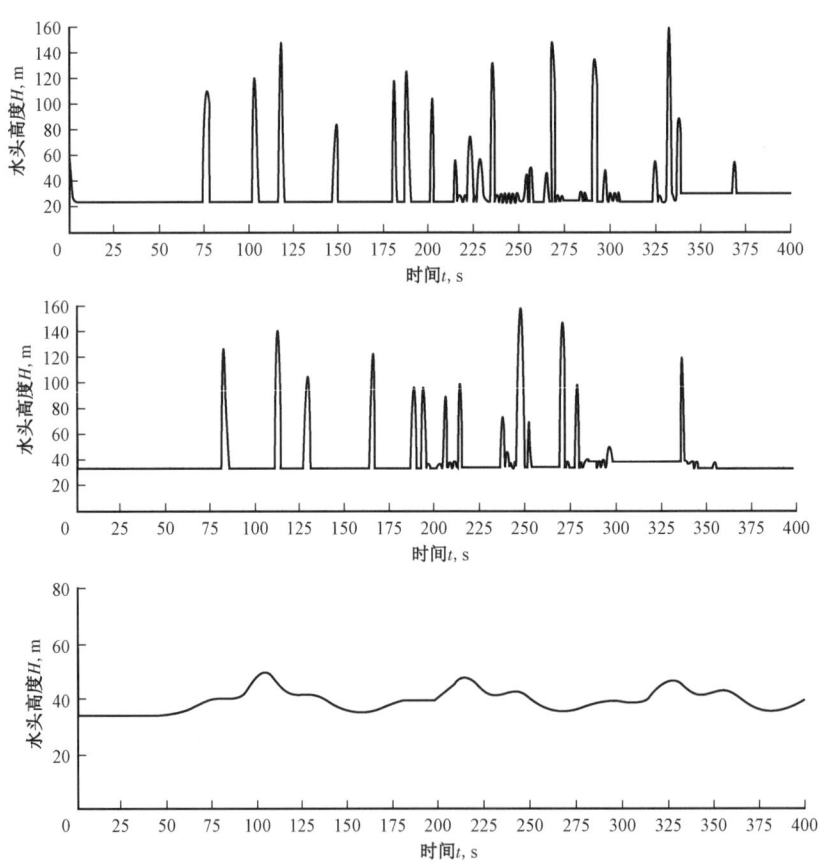

图 5-41　3 种防护措施下离散点 2 的水锤过程瞬态曲线比较

表 5–11　离散点 2 在 3 种防护措施下对比　　　　　　　　　　单位:m

水锤防护措施	液柱分离临界值	最低水锤	真空值	最高水锤	最高压头/稳态压头
一	16.20	16.20	9.50	161.24	4.65
二	33.60	33.60	0.00	204.45	6.23
三	33.60	33.60	0.00	61.04	1.00

整个断流空腔弥合水锤过程中,第一种和第二种防护措施下离散点 2 的最高压头值超出了管道承压的安全范围,第三种防护措施下离散点 2 的最高压头值在安全范围内,说明第三种防护措施能够有效地控制离散点 2 处的弥合水锤压力波动幅度。

2) 离散点 7 的水锤过程瞬态曲线

由图 5-42 和表 5-12 可知,第一种和第二种防护措施下离散点 7 发生频繁交替的液柱分离和空腔溃灭现象,断流空腔弥合水锤压力波动剧烈,第三种防护措施下离散点 7 的水锤压力波动明显没有第一种和第二种防护措施下的水锤压力波动剧烈,且只在停泵初期发生一次弥合水锤,后期为普通水锤压力波动,不再发生液柱分离现象。

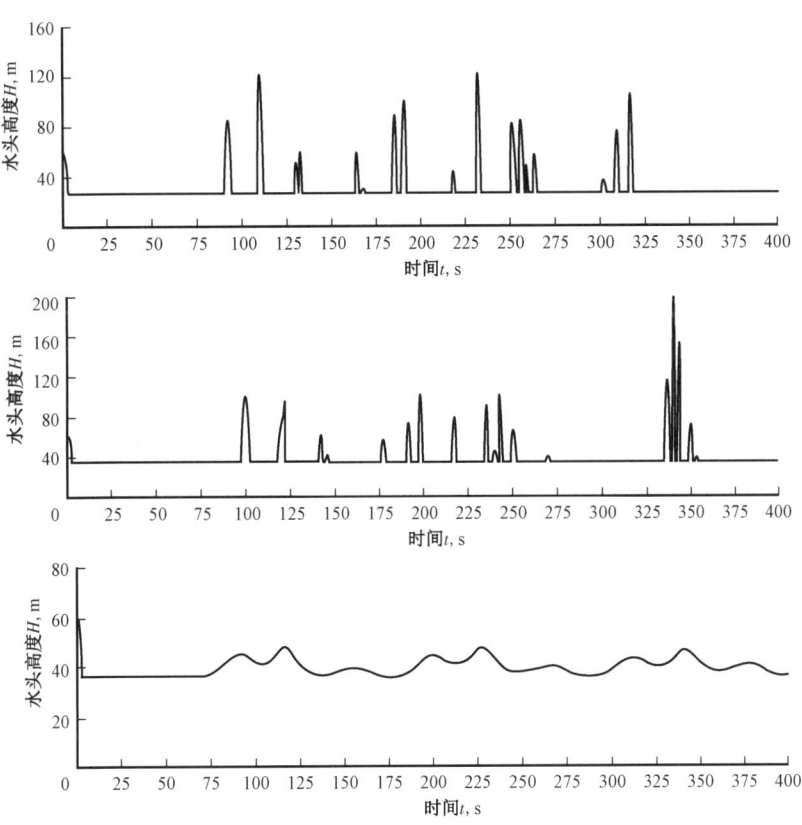

图 5-42　3 种防护措施下离散点 7 的水锤过程瞬态曲线比较

表 5-12 离散点 7 在 3 种防护措施下对比　　　　　　　　　　　单位：m

水锤防护措施	液柱分离临界值	最低水锤	真空值	最高水锤	最高压头/稳态压头
一	26.80	26.80	9.50	139.25	4.45
二	36.30	36.30	0.00	198.50	7.01
三	36.30	36.30	0.00	59.45	1.00

整个断流空腔弥合水锤过程中，第一种和第二种防护措施下离散点 7 的压头值超出了管道承压安全范围，第三种防护措施下离散点 7 的压头值在安全范围内，说明离散点 7 处的防护措施能够有效地控制水锤压力波动幅度。

3）离散点 16 的水锤过程瞬态曲线

由图 5-43 和表 5-13 可知，离散点 16 处于管线的第一个驼峰最大高程处附近，事故停泵后，当减压波传到 16 点时，迅速发生液柱分离现象并在整个断流空腔弥合水锤过程中一直处于液柱分离状态，第一种防护措施下蒸汽腔内压力一直保持为液柱分离临界水头，第二种和第三种防护措施下空气腔内压力一直保持为大气压。

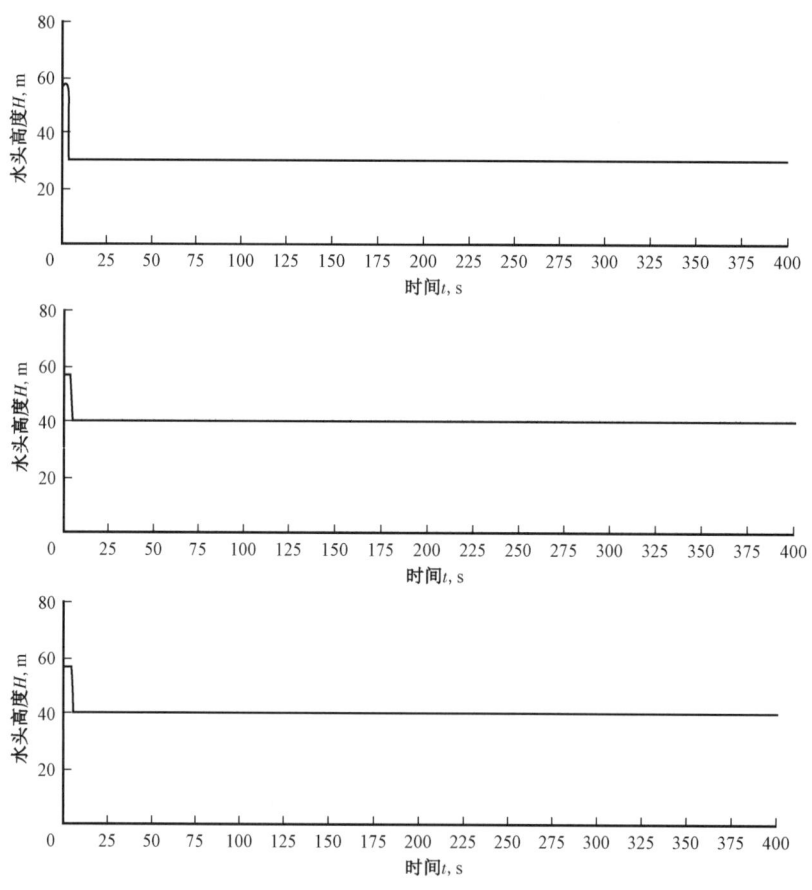

图 5-43 3 种防护措施下离散点 16 的水锤过程瞬态曲线比较

表 5-13　离散点 16 在 3 种防护措施下对比　　　　　　　　　单位：m

水锤防护措施	液柱分离临界值	最低水锤	真空值	最高水锤	最高压头/稳态压头
一	30.60	30.60	9.50	56.58	1.00
二	40.10	40.10	0.00	56.58	1.00
三	40.10	40.10	0.00	56.58	1.00

4）离散点 34 的水锤过程瞬态曲线

由图 5-44 和表 5-14 可知，离散点 34 的只在停泵初期发生液柱分离，随之而来的弥合水锤升压在整个水锤过程中达到最大，以后不再发生液柱分离现象但水锤值仍然不断波动，最大水锤值分别为 51.91m、66.63m 和 66.63m，第二种和第三种的水锤升压值超出了安全范围；第二种和第三种防护措施控制真空效果很好。

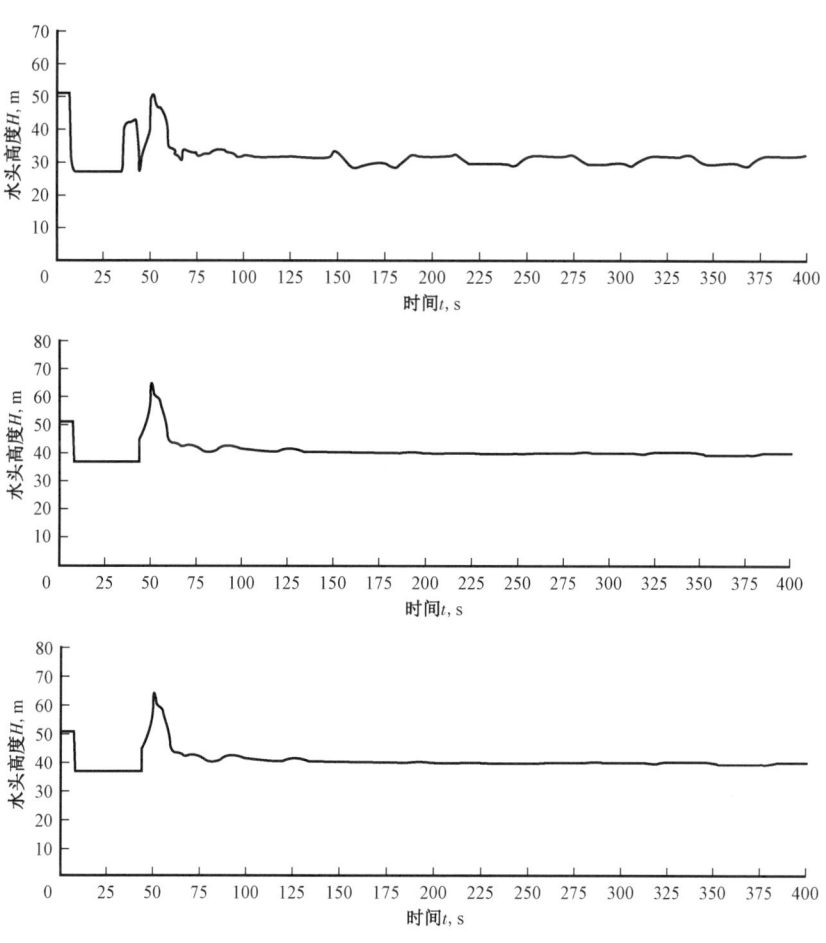

图 5-44　3 种防护措施下离散点 34 的水锤过程瞬态曲线比较

表 5-14　离散点 34 在 3 种防护措施下对比　　　　　　　　　　　单位:m

水锤防护措施	液柱分离临界值	最低水锤	真空值	最高水锤	最高压头/稳态压头
一	27.40	27.40	9.50	51.91	1.08
二	36.90	36.90	0.00	66.63	2.13
三	36.90	36.90	0.00	66.63	2.13

由图中曲线波动情况可知,停泵初期第一种防护措施下的水头值波动比起第二种和第三种防护措施下更剧烈;停泵后期,第二种和第三种防护措施下水头值波动较第一种防护措施下更加趋于平缓,波动幅度更小,说明第二种和第三种防护措施对断流空腔弥合水锤整个过程的压力波动有一定的控制作用。

5)离散点 52 的水锤过程瞬态曲线

由图 5-45 和表 5-15 可知,离散点 52 在整个水锤过程都不会发生液柱分离现象,停泵初期的水锤值波动剧烈且水锤升压在整个过程中达到最大,最大水锤值分别为 62.72m,72.32m 和 72.32m,均超出了安全范围,第二种和第三种防护措施控制真空效果很好。

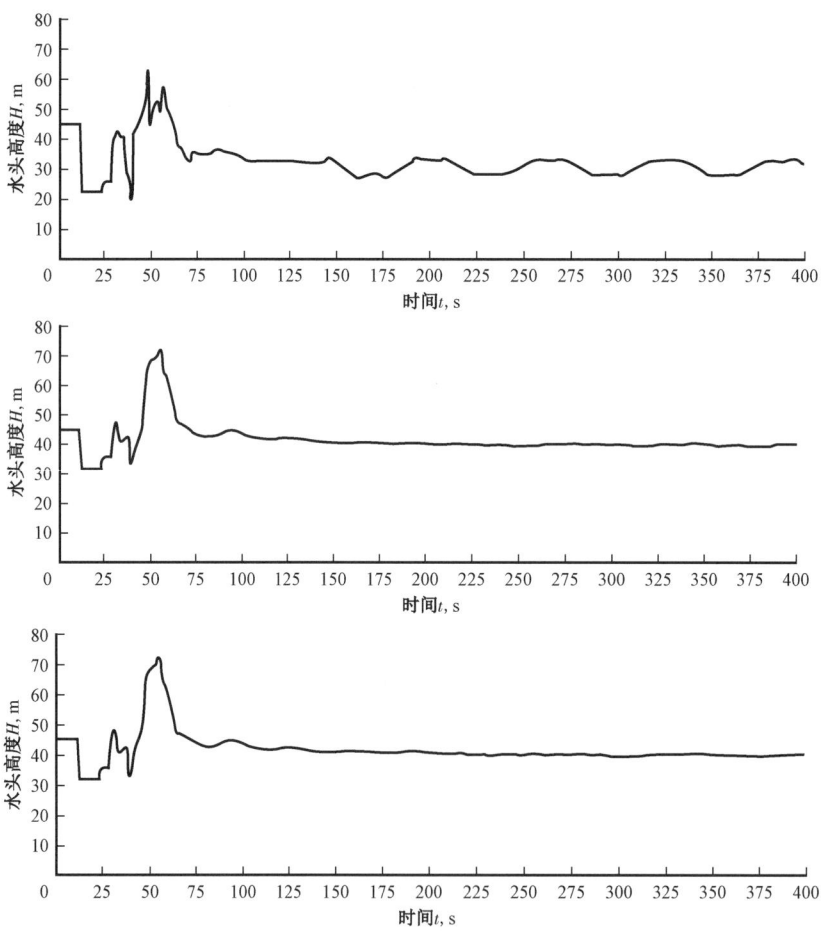

图 5-45　3 种防护措施下离散点 52 的水锤过程瞬态曲线比较

表 5-15 离散点 52 在 3 种防护措施下对比 单位:m

水锤防护措施	液柱分离临界值	最低水锤	真空值	最高水锤	最高压头/稳态压头
一	20.50	20.50	9.50	62.72	2.16
二	30.00	31.76	0.00	72.32	2.80
三	30.00	31.76	0.00	72.32	2.80

由图中曲线波动情况可知,停泵初期,第一种防护措施下的水锤值波动程度比起第二种和第三种防护措施下更加剧烈;停泵后期,第二种和第三种防护措施下水锤值波动程度较第一种防护措施下更加趋于平缓,波动幅度更小,说明第二种和第三种防护措施对断流空腔弥合水锤整个过程的水锤值波动程度有一定的控制作用。

6)离散点 80 的水锤过程瞬态曲线

由图 5-46 和表 5-16 可知,离散点 80 在整个水锤过程都几乎不会发生液柱分离现象,

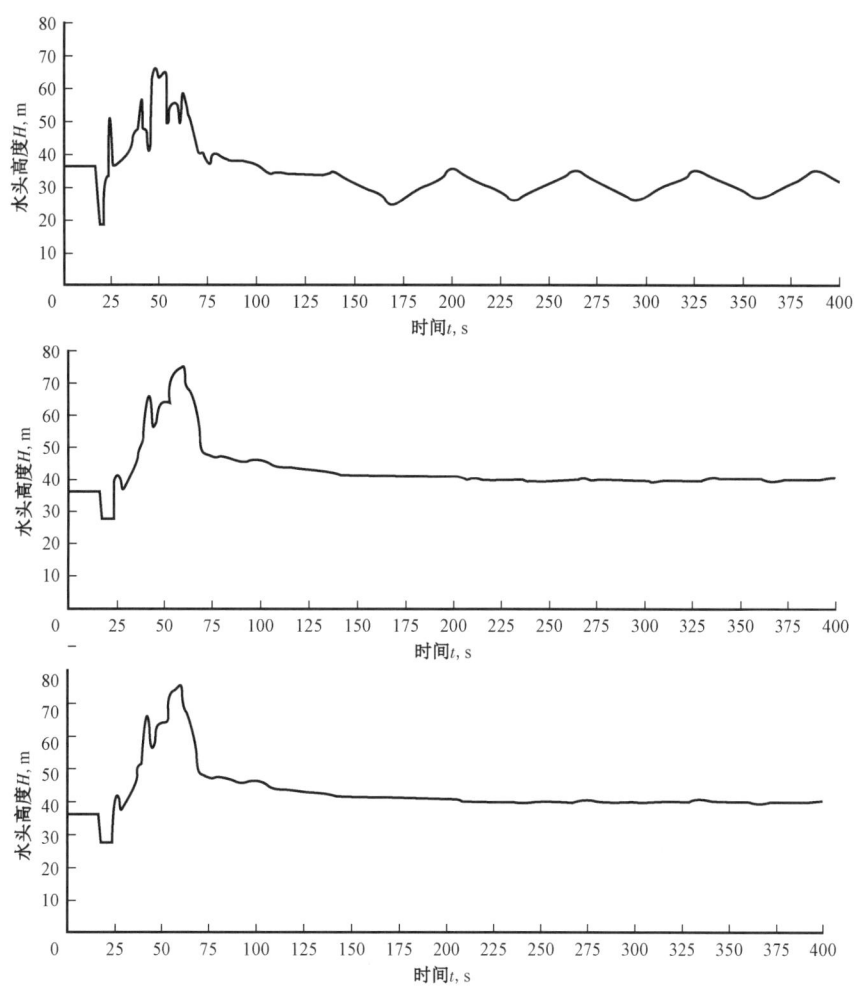

图 5-46 3 种防护措施下离散点 80 的水锤过程瞬态曲线比较

只在停泵初期发生持续时间较短的液柱分离现象,停泵初期水锤值波动剧烈且水锤升压很大,最大水锤值分别为 4.94m、5.81m、5.81m,均超出了安全范围,停泵后期水锤值仍然不断波动,第二种和第三种防护措施控制真空效果很好。

表 5-16　离散点 80 在 3 种防护措施下对比　　　　　　　　单位:m

水锤防护措施	液柱分离临界值	最低水锤	真空值	最高水锤	最高压头/稳态压头
一	18.50	18.50	9.50	68.63	4.94
二	28.00	28.00	0.00	75.82	5.81
三	28.00	28.00	0.00	75.82	5.81

停泵初期,第一种防护措施下的水锤值波动程度比起第二种和第三种防护措施下更加剧烈;停泵后期,第二种和第三种防护措施下水锤值波动程度较第一种防护措施下更加趋于平缓,波动幅度更小,说明第二种和第三种防护措施对断流空腔弥合水锤整个过程的水锤值波动程度有一定的控制作用。

八、断流空腔弥合水锤综合防护设计

1. 防护措施方案

由前面三种防护措施的防护效果对比可知,为了保证在断流空腔弥合水锤过程中整个输水干线的压力波动都在安全范围内,必须根据各种水锤防护措施在工程中的实际效果,采用水锤综合防护方案。

经过大量计算和综合分析对比,针对输水管道事故停泵后发生断流空腔弥合水锤的工程实例的水锤综合防护的推荐方案是:首末两端均采用两阶段缓闭蝶阀控制并结合单向注水的防护方案,简称"首末双阀—沿线单向调压塔"方案。

本方案的组成是:
(1)首末双阀控制。
在泵出口处和输水干线的末端(水池前)均选用两阶段缓闭蝶阀进行阀门控制,阀门动作设置与前面的阀门动作相同。
(2)利用多座单向调压塔进行多处注水。
在管线预计可能发生液柱分离处设置多座单向调压塔进行注水,既能避免管线高点因压力过低造成液柱分离现象,也不会存在采用空气阀使管道中存在大量空气的问题。
根据前面的数值模拟结果可知,点 2,7,16 和 34 四处最容易发生频繁的交替的液柱分离和空腔溃灭现象,所以选择在这 4 点处安装单向调压塔进行注水,通过前面的分析计算结果可知,水锤过程中,泵站出口处的最低水锤值比起其他大多数点都要低,故更容易出现真空,为了保证泵站的安全,经过多次数值模拟结果对比分析,最终将单向调压塔的注水临界水头设置为 $H(i)_{临界} = Z(i) + 4.7$。

2. 防护措施结果

根据选择的水锤综合防护方案,利用计算进行数值模拟,根据所得的结果绘制出停泵水锤的相关曲线。

由表 5-17 和图 5-47 至图 5-53 可得：

（1）泵站处最大压头为 35.66m，仅为工作压力的 1.05 倍，管线最高压力处（整条管线最低点）71 点的最高压头值为 55.09m，此点穿越河道，管材为钢管，最高压力比公称压力还低。

（2）由图 5-48 上的最低水头包络线和管线轴线的位置可知，整条管线不会出现真空，说明综合防护措施防真空效果好。由最低水头包络线和液柱分离临界值曲线的位置可知，停泵后的整个水锤过程中，整条管线只在 2，7，16 和 34 点发生液柱分离现象，其余各点不发生液柱分离现象，说明综合防护措施对控制管线发生液柱分离现象有效，只要保证 2，7，16 和 34 点处设置的单向调压塔的液箱容积满足整个水锤过程期间及时注入水量的需要，就能保证全管中其余点不发生液柱分离现象，也能保证水锤过后的顺利启泵。

（3）由数值模拟的结果可以得知：由 ν 值可知，泵站的倒流量很小，最高倒流流量仅为额定流量的 19.5%，倒流历时 13.2s；由 β 值可知，在整个停泵水锤过程中，β 一直为正数，说明泵的转速始终为正，没有出现倒转现象。

表 5-17　综合防护方案的数值模拟结果　　　　　　　　　　单位：m

管线点	高程	稳态水头	最低水锤模拟值	最高水锤模拟值	最低压头	最高压头
1	25.70	61.35	29.61	61.35	3.91	35.65
2	33.60	61.04	38.30	61.04	4.70	27.44
4	34.60	60.40	37.76	60.40	3.16	25.80
7	36.30	59.45	41.00	59.45	4.70	23.15
11	37.60	58.17	39.89	58.17	2.29	20.57
16	40.10	56.58	44.80	56.58	4.70	16.48
19	39.80	55.63	43.92	55.63	4.12	15.83
22	39.50	54.68	43.05	56.41	3.55	16.91
25	39.20	53.72	42.17	59.96	2.97	20.76
34	36.90	50.86	41.60	66.68	4.70	29.78
38	34.80	49.59	40.41	68.00	5.61	33.20
43	33.30	48.00	38.93	69.51	5.63	36.21
47	31.98	46.72	37.76	70.36	5.78	38.38
52	30.00	45.13	36.29	71.31	6.29	41.31
57	27.95	43.54	34.82	72.21	6.87	44.26
62	25.90	41.95	33.35	73.08	7.45	47.18
66	24.50	40.68	32.18	73.64	7.68	49.14
71	19.30	39.09	30.73	74.39	11.43	55.09
75	25.00	37.82	29.59	74.95	4.59	49.95
80	28.00	36.23	28.20	75.59	0.20	47.59
84	27.60	34.95	27.60	76.02	0.00	48.42
87	27.20	34.00	34.00	76.32	6.80	49.12

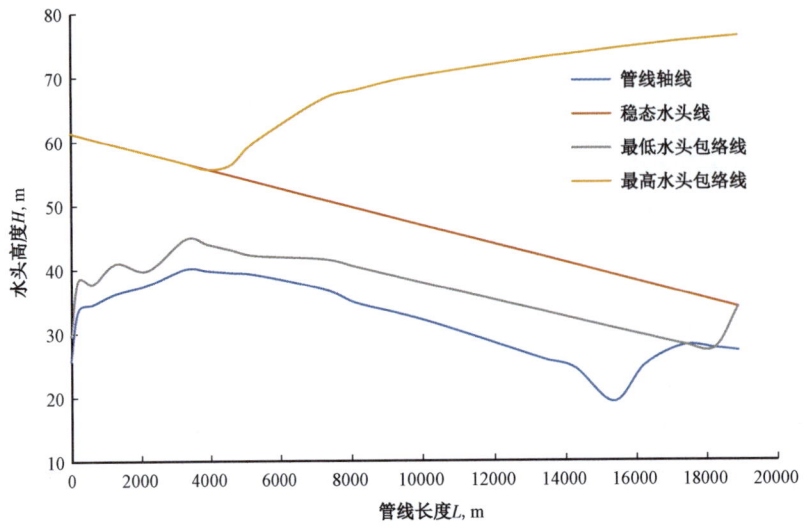

图 5-47 综合防护方案的最低和最高水头包络线

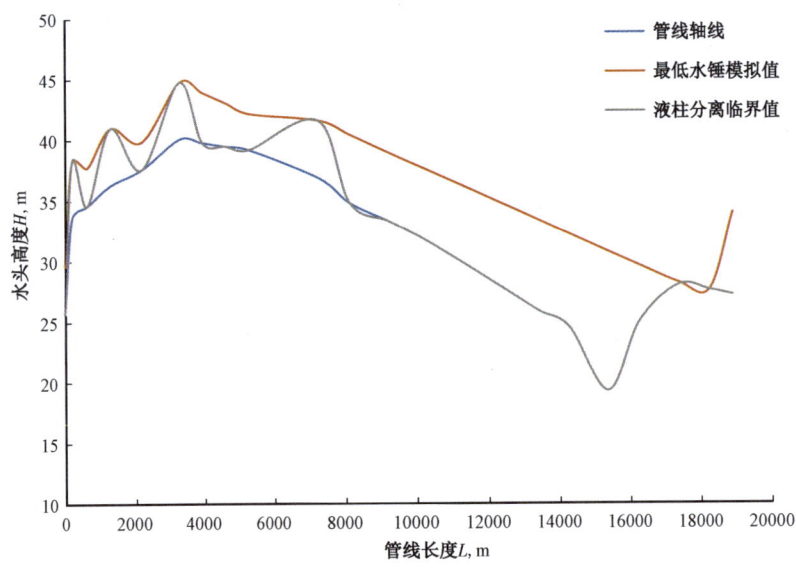

图 5-48 最低水锤模拟值以及管线轴线和液柱分离临界值比较

3. 小结

（1）在泵出口处设置两阶段缓闭蝶阀能够在发生断流空腔弥合水锤时有效控制泵出口处水锤升压过高、泵机组逆转速度等，但如果在管线发生断流空腔弥合水锤时只采用首末双阀控制管线中的压力波动，整个管路系统中仍然会出现很高的真空值和弥合水锤升压，沿线大多数点的真空值达 9.5m，泵站出口处的最大水锤值达 261.37m，最大压头值为稳态压头值的 6.61 倍，管道沿线大部分点的弥合水锤瞬时升压均超过了规定的 1.3~1.5 倍管路稳态压头值，远远超过了管路的安全承压范围。

第五章 断流空腔弥合水锤数学模型及数值解法

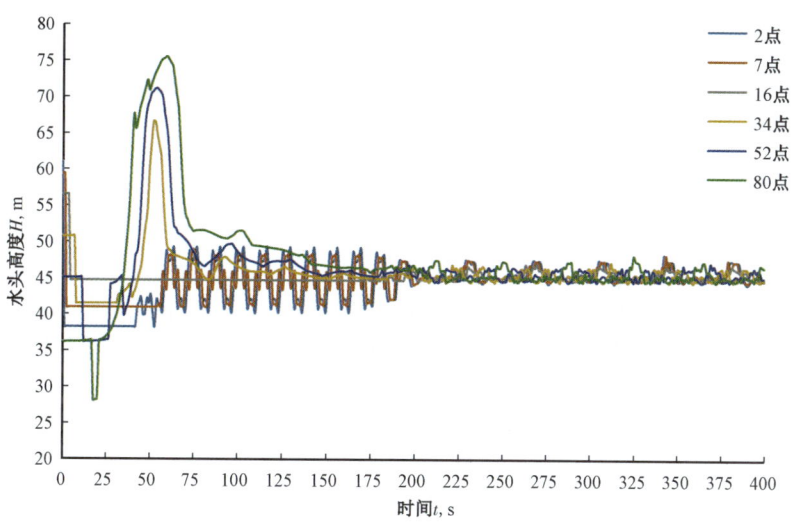

图 5-49 各点水锤过程瞬态曲线

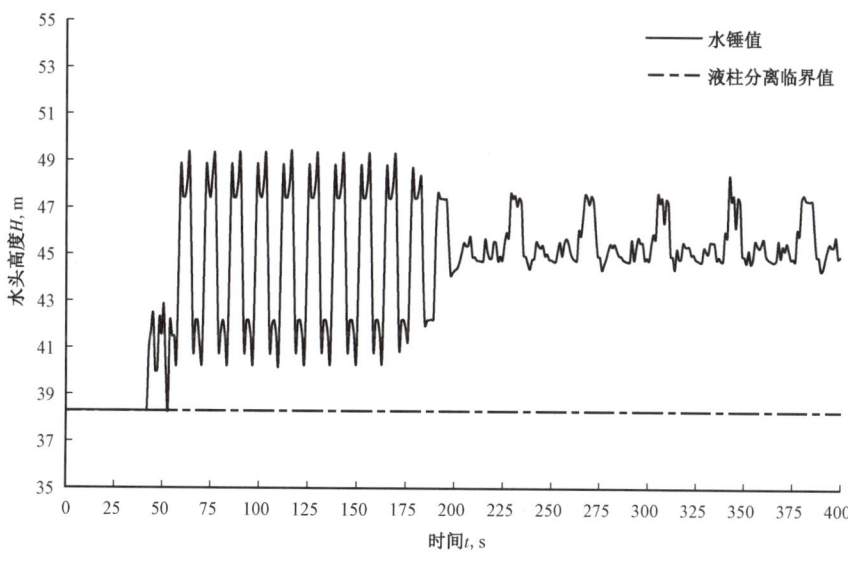

图 5-50 离散点 2 的水锤过程瞬态曲线

(2) 在首末双阀结合在管线特殊高点位置安装自由进出气—空气阀的水锤综合防护措施对防止真空很有效，最低水头包络线几乎不会低于管轴线标高，管道沿线几乎不出现真空，但大部分点仍然会发生液柱分离；但是，由于空气阀的自由进出气的动作方式使沿线的水锤升压比单一阀门防护措施更大，泵站出口处的最大水锤值达 234.70m，最大压头值为稳态压头值的 5.85 倍，管道沿线大部分点的瞬时弥合水锤升压均超出管道安全承压范围。

(3) 在首末双阀结合在管线特殊高点位置安装自由进出气—空气阀的水锤综合防护措施的基础上，将液柱分离和弥合水锤交替频繁发生的位置(离散点 2 和 7)的自由进出气—空气阀换成只进气—不排气空气阀，这种水锤综合防护措施同样对防止真空很有效，最低水头包络

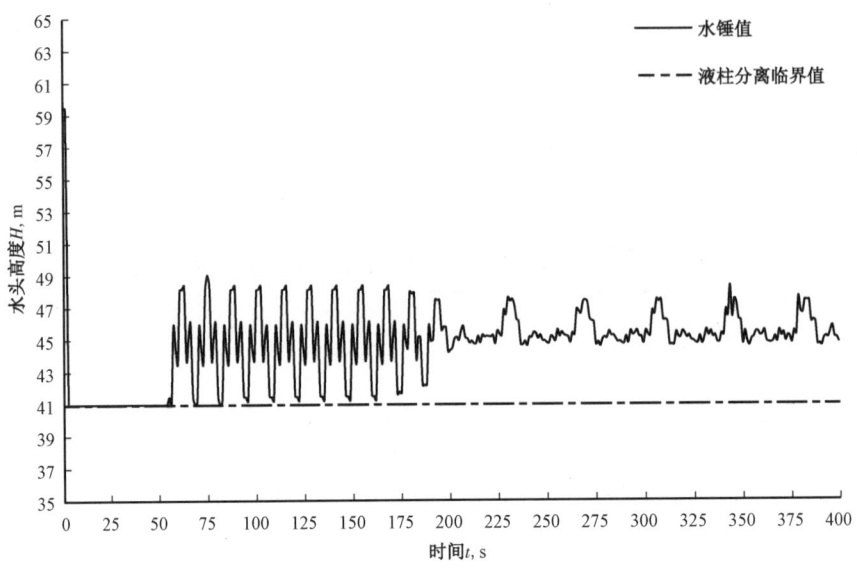

图 5-51　离散点 7 的水锤过程瞬态曲线

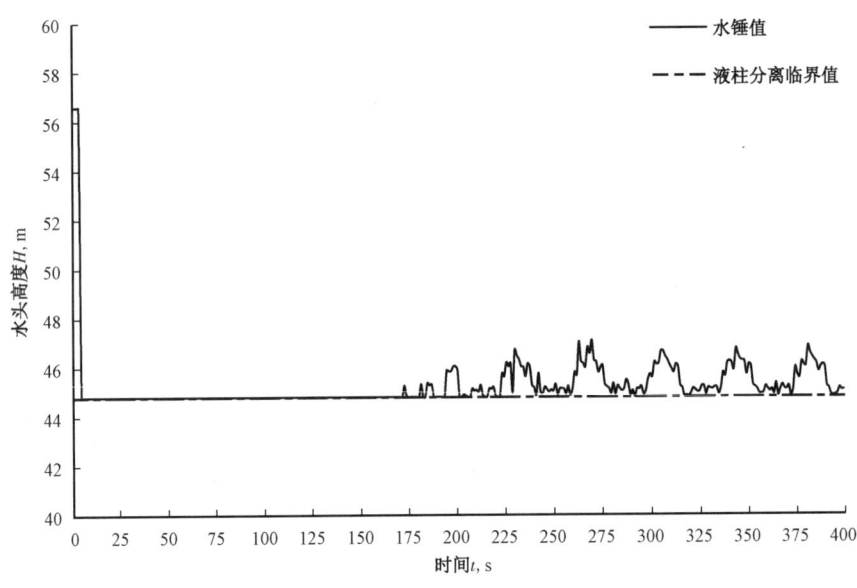

图 5-52　离散点 16 的水锤过程瞬态曲线

线几乎不会低于管轴线标高,管道沿线几乎不出现真空,但大部分点仍然会发生液柱分离;因为空气腔的对弥合水锤升压的缓冲作用使管道沿线的水锤升压得到了控制,只进气—不排气空气阀附近管线的水锤升压均在安全承压范围内,但离散点 34 以后的大多数点的水锤升压仍然超出安全范围,所以空气阀的安装位置和阀门动作的设置要具体情况具体分析,既要避免排气过快引起新的断流空腔弥合水锤,也要避免排气不畅造成气囊残存,给管道留下发生弥合水锤的隐患。

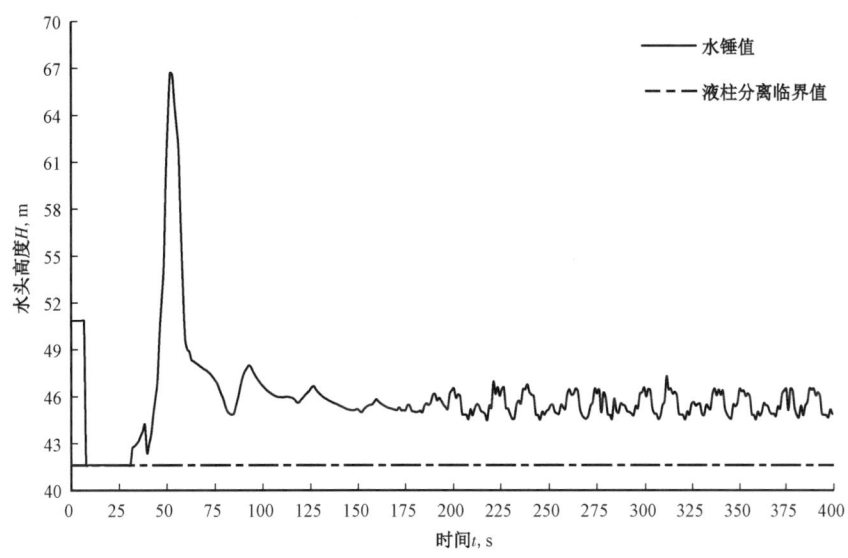

图 5-53　离散点 34 的水锤过程瞬态曲线

(4) 在首末安装两阶段缓闭蝶阀结合在管道特殊高点位置安装单向调压塔的水锤综合防护措施,其控制水锤低压和降低弥合水锤升压的效果都很好,沿线所有点除了安装处都不会发生液柱分离,所有点的水锤升压都在管道安全承压范围内,能够保证管道安全可靠的运行。

(5) 通过上述水锤综合防护措施的数值模拟计算结果可知,工况复杂的长输管线如果仅选用单一的水锤防护措施是无法对管线进行全面防护的,必须针对具体工况具体分析,采取多种水锤防护措施对管道进行综合防护,并通过数值模拟和水锤方案对比分析来确定最佳的水锤综合防护方案,对保证管道的安全可靠稳定运行具有重要意义。

第六章 管网系统分析

20世纪90年代,管网瞬态流的研究逐渐引起人们的重视,特别是在城市供水管网系统中,它包含了各节点的压头计算以及管道在输送过程中的流量计算。与水相比,油品的输送在黏度、摩阻系数、温度以及压力等级方面有所差异。随着管网的不断建设,管网系统的规模逐渐扩大,环状管网与枝状管网结合,管网布局越来越复杂,且管道沿线还设有能量供应设备以及阀门,如离心泵及节流阀等。为了便于分析复杂管网,必须采用计算机编程辅助求解。

通过收集管网供求数据,对管道系统进行稳态分析,可以确定管道系统在正常操作工况下的规律,辅助相关部门对日常供应方案进行规划。然而,当对管网进行调节或管网发生故障的工况下,管网中将产生瞬时的压力波动,该压力甚至能够到达正常工况下的几十倍,对管道的安全运行产生了极大的威胁。因此,对管网进行瞬态分析,掌握管道的瞬态流动规律,对保证管网系统在非正常工况下的安全具有重要的作用。

本章基于刚性理论,对管网系统的稳态分析方法进行介绍,并在稳态分析方程系统的基础上引入管道的运动微分方程,对管网进行瞬态分析。

第一节 管网的稳态流动分析

管网稳态流动分析是研究管网瞬态流的基础,它可以模拟管道正常工况下的流量及压力状况,并作为瞬态流的初始条件。随着管网建设的不断开展,无论是新建管网,还是对在役管网的扩建改造,都需要对管网系统的流量以及压力进行稳态的定量分析,实现有效监控。

一、基本概念

描述管网稳态流动的基本准则有:

(1)质量守恒原理,即连续性方程。在一段时间内,流入流量等于流出流量:

$$Q = \int_A v\mathrm{d}A = v_1 A_1 = v_2 A_2 \tag{6-1}$$

式中 Q——管道横截面的体积流量,m^3/s;

v——管道的平均流速,m/s;

A——管道的横截面积,m^2。

(2)能量守恒原理,即伯努利方程。对于稳态的一维液体管道,伯努利方程可以写为:

$$\frac{v_1^2}{2g} + \frac{P_1}{\gamma} + Z_1 = \frac{v_2^2}{2g} + \frac{P_2}{\gamma} + Z_2 + \sum h_{L_{1-2}} - h_m \tag{6-2}$$

式中 $\frac{v_1^2}{2g}$——速度水头,m;

$\dfrac{P}{\gamma}$——压强水头,m;

Z——高程,m;

$\sum h_{L_{1-2}}$——横截面 1 至横截面 2 间的摩阻损失,m;

h_m——能量设备所供应的机械能,m。

（3）能量耗散。Darcy - Weisbach 方程用来描述管道中的水头损失 h_f:

$$h_f = f\frac{L}{D}\frac{v^2}{2g} = f\frac{L}{D}\frac{Q^2}{2gA^2} \qquad (6-3)$$

式中　f——摩阻系数,它是雷诺数 $Re = vD\rho/\mu = VD/\nu$ 和相对粗糙度 e/D 的函数;

L——管道长度,m;

D——管道内径,m。

另外两个经验公式也广泛用于计算压头损失。其中一个为 Hazen - Williams 公式:

$$Q = 0.849 C_{HW} A R^{0.63} S^{0.54} \qquad (6-4)$$

式中　C_{HW}——Hazen - Williams 粗糙系数;

S——水力坡降,$S = h_f/L$;

R——水力半径,$R = A/P$,其中 A 为横截面积,P 为湿周长度。

另一个经验公式为 Manning 公式,它可以表示为:

$$Q = \frac{1}{n} A R^{2/3} S^{1/2} \qquad (6-5)$$

式中　n——manning 粗糙系数。

为了计算方便,水头损失计算公式可以统一写成以下形式:

$$h_f = KQ^n \qquad (6-6)$$

在 Hazen - Williams 公式中,$K = \dfrac{C_K L}{C_{HW}^{1.852} D^{4.87}}$ 和 $n = 1.852$,国际单位制中 $C_K = 10.67$；Manning 公式中,$K = \dfrac{C_K n^2 L}{D^{5.33}}$ 和 $n = 2$,国际单位制中 $C_K = 10.29$。

Darcy - Weisbach 公式中,f 可以表示为 $f = a/Q^b$。将其带入以上公式求解,K 可以写为 $K = \dfrac{aL}{2gDA^2}$,n 可以写成 $n = 2 - b$。

二、管网定义

在定义管网结构时,首先,要确定管道系统中管道的数量 N_P、节点数 N_J 以及回路数 N_L。在分析过程中,连续性方程用于描述节点的流量平衡,而能量方程用于描述管道内的能量平衡[75]。

如图 6 - 1 所示,对于枝状管网,系统中不存在闭合回路,因此,$N_L = 0$,而管道数总比节点数少 1,所以,$N_J = N_P + 1$。

如图 6-2 所示,对于环状管网,如果回路中输入点数为 1,则回路数量可以写为 $N_L = N_P - N_J$;如果回路中输入点数大于等于 2,则 $N_L = N_P - N_J + 1$。在输入点数大于 1 的管网系统中,通常存在伪回路,该回路连接两个输入点,因此,通常伪回路的数量等于输入点数减 1。

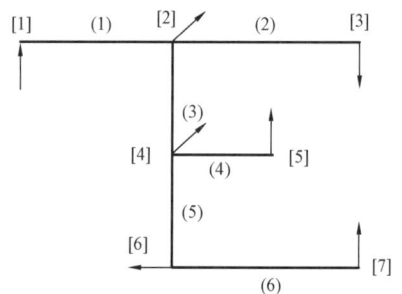
图 6-1 支状管网示意图(6 根管道,7 个节点)

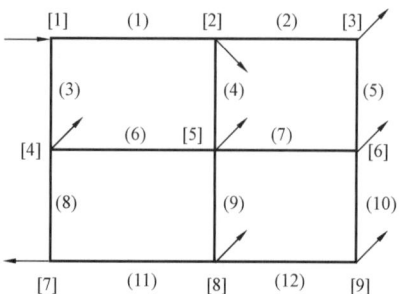
图 6-2 环状管网示意图(12 根管道,9 个节点)

在管网分析的过程中,时常涉及压力设备以及流量控制设备,因此设备的运行情况以及管道中压力情况是关注的一个重点。对于不当的管网操作,会造成如下情况:

(1)节点压力过低;
(2)节点压力过高(由于泵的作用,节点压力过大,不仅导致管道憋压严重,也造成了能量的浪费);
(3)流量不足或者压力等级过低可能无法达到管网紧急需求量;
(4)泵的工作点不在经济区间;
(5)缓冲罐的储量分布不均,导致部分罐满溢,而个别储罐几乎为空;
(6)背压阀或者减压阀无法正常运行,无法达到所需压力等级。

通过定义管网,可以初步了解系统的结构。针对所求未知量,选择适当的方程系统,并进行求解,然后,分析管网中可能存在的问题,提出可行性方案,并对解进行修正。

三、控制方程

为了分析稳态下的管网系统,需要列出相应的控制方程。根据需要求解的未知量,控制方程分为 3 种类型:Q 方程、H 方程和 ΔQ 方程[75]。如果管网各管段的流量为未知量,则需要运用 Q 方程对管网进行描述;如果节点的各压头为未知量,则需要运用 H 方程;如果要求解各管网流量初始值的修正量,则需要列出 ΔQ 方程,而该方程的数量取决于闭合回路的数量。

1. Q 方程

由上所述,当管道流量为未知量时,该方程可以表示管道各节点的连续性规律以及各回路的能量守恒。对于任意节点,流量的平衡可以表示为:

$$Q_{J_j} - \sum Q_i = 0 \qquad (6-7)$$

式中 Q_{J_j} ——节点 j 的流量;

$\sum Q_i$ ——与该节点相连的各管道流量总和。

对于一个回路系统,如果存在闭合回路,那么

$$\sum h_{f_i} = \sum K_i Q_i^n = 0 \qquad (6-8)$$

如果存在一个伪回路,那么

$$\sum h_{f_i} = \sum K_i Q_i^n = \Delta WS \qquad (6-9)$$

在特殊情况下,流体会在管道中逆向流动,为了表示流体在特殊工况下的规律,对管道内流量加以绝对值,表示如下:

$$\sum h_{f_i} = \sum K_i Q_i |Q_i|^{n-1} = 0 \qquad (6-10)$$

$$\sum h_{f_i} = \sum K_i Q_i |Q_i|^{n-1} = \Delta WS \qquad (6-11)$$

式中 h_{f_i}——管道 i 的水头损失,m;

Q_i——管道 i 的流量,m³/s;

K_i——管道 i 的摩擦因子;

ΔWS——伪回路的水头损失之和,m。

2. H 方程

当求解管网的压力分布时,将摩阻损失公式改写为:

$$Q_{ij} = (h_{f_{ij}}/K_{ij})^{1/n_{ij}} = [(H_i - H_j)/K_{ij}]^{1/n_{ij}} \qquad (6-12)$$

式中 H_i——上游总水头,m;

H_j——下游总水头,m;

K_{ij}——上下游之间管道的摩擦因子。

为了方便,将上下游节点之间的管道编号为 k,因此:

$$Q_{ij} = (h_{f_k}/K_k)^{1/n_k} = [(H_i - H_j)/K_k]^{1/n_k} \qquad (6-13)$$

将该方程带入连续性方程,得出:

$$Q_{J_j} - \sum \{[(H_i - H_j)/K_{ij}]^{1/n_{ij}}\}_{in} + \sum \{[(H_i - H_j)/K_{ij}]^{1/n_{ij}}\}_{out} = 0 \qquad (6-14)$$

3. ΔQ 公式

尽管 ΔQ 公式的数量通常少于以上两种公式,但是,这并不意味着求解过程简单,因为非线性方程的存在,求解过程反而更加复杂。该方程一般用于修正方程组中的初始流量,所以,是基于初始流量猜测值的修正值。在分析管网时,首先要获得满足连续性方程的解,并将此解作为迭代的初始值,因为通常连续性方程解为线性叠加,容易满足。然而,该初始值并不能满足能量方程,所以,需要通过 ΔQ 公式对该组初始解进行修正。而 ΔQ 公式的数量取决于闭合回路的数量,回路也包含伪回路。然后,求出每个回路的修正值,将修正值累加到相应管道的初始流量中:

$$Q_i = Q_{oi} + \sum \Delta Q_K \qquad (6-15)$$

式中 $\sum \Delta Q_K$——与该管道相关的回路修正值的总和。

四、方程组的求解

根据管网结构以及未知量,可以列出相应的 Q 方程、H 方程和 ΔQ 方程,对于复杂管网来说,这些方程构成了一个庞大的方程组,且其中可能包含非线性方程,因此,需要通过有效的求解方法求解出所有的未知量。基于假定的初始值,可以采用牛顿法求解方程组的所有未知量,它具有较快的收敛性,并且能够通过雅各比矩阵同时求解所有的未知量。该方法基于假定的初始值,找到相应的收敛方向以及步长:

$$x^{(m+1)} = x^{(m)} - D^{-1} F^{(m)} \tag{6-16}$$

式中　$x^{(m)}$——第 m 次迭代的未知量矩阵;

$F^{(m)}$——方程矩阵;

D^{-1}——雅各比矩阵 D 的逆矩阵。

其中,雅各比矩阵可以表示为:

$$D = \begin{bmatrix} \dfrac{\partial F_1}{\partial x_1} & \dfrac{\partial F_1}{\partial x_2} & \cdots & \dfrac{\partial F_1}{\partial x_n} \\ \dfrac{\partial F_2}{\partial x_1} & \dfrac{\partial F_2}{\partial x_2} & \cdots & \dfrac{\partial F_2}{\partial x_n} \\ \vdots & \vdots & \cdots & \vdots \\ \dfrac{\partial F_n}{\partial x_1} & \dfrac{\partial F_n}{\partial x_2} & \cdots & \dfrac{\partial F_n}{\partial x_n} \end{bmatrix} \tag{6-17}$$

而 $x^{(m)}$ 为未知量的向量,$F^{(m)}$ 为方程组向量,分别表示为:

$$x = \begin{Bmatrix} x_1 \\ x_2 \\ \vdots \\ x_n \end{Bmatrix} \text{和} \; F = \begin{Bmatrix} F_1 \\ F_2 \\ \vdots \\ F_n \end{Bmatrix} \tag{6-18}$$

对每个方程 F_i 分别进行泰勒展开,分析相邻两次叠加的关系:

$$F_1^{(m+1)} = F_1^{(m)} + \frac{\partial F_1}{\partial x_1}\Delta x_1 + \frac{\partial F_1}{\partial x_2}\Delta x_2 + \cdots + \frac{\partial F_1}{\partial x_n}\Delta x_n + O(\Delta x^2) = 0 \tag{6-19}$$

$$F_2^{(m+1)} = F_2^{(m)} + \frac{\partial F_2}{\partial x_1}\Delta x_1 + \frac{\partial F_2}{\partial x_2}\Delta x_2 + \cdots + \frac{\partial F_2}{\partial x_n}\Delta x_n + O(\Delta x^2) = 0 \tag{6-20}$$

$$F_n^{(m+1)} = F_n^{(m)} + \frac{\partial F_n}{\partial x_1}\Delta x_1 + \frac{\partial F_n}{\partial x_2}\Delta x_2 + \cdots + \frac{\partial F_n}{\partial x_n}\Delta x_n + O(\Delta x^2) = 0 \tag{6-21}$$

将以上方程带入矩阵,可以写成:

$$\begin{Bmatrix} F_1 \\ F_2 \\ \vdots \\ F_n \end{Bmatrix}^{(m)} + \begin{bmatrix} \frac{\partial F_1}{\partial x_1} & \frac{\partial F_1}{\partial x_2} & \cdots & \frac{\partial F_1}{\partial x_n} \\ \frac{\partial F_2}{\partial x_1} & \frac{\partial F_2}{\partial x_2} & \cdots & \frac{\partial F_2}{\partial x_n} \\ \vdots & \vdots & \cdots & \vdots \\ \frac{\partial F_n}{\partial x_1} & \frac{\partial F_n}{\partial x_2} & \cdots & \frac{\partial F_n}{\partial x_n} \end{bmatrix} \begin{Bmatrix} \Delta x_1 \\ \Delta x_2 \\ \vdots \\ \Delta x_n \end{Bmatrix} = 0 \qquad (6-22)$$

其中

$$\Delta x_i = x_i^{(m+1)} - x_i^{(m)}$$

五、简单管网的稳态流动分析

下面通过求解图6-3所示简单输水管网系统在稳态下的流量和压力,研究3种方程系统的求解过程。首先,假设各管道的流量为主要未知量,列出 Q 方程并通过牛顿法求解;再假设各节点的压头为主要未知量,将摩阻损失的经验公式进行整理,并将其代入连续性方程,运用 H 方程求解未知量;最后,基于 Q 方程中流量的初始值,对各回路的流量进行修正。

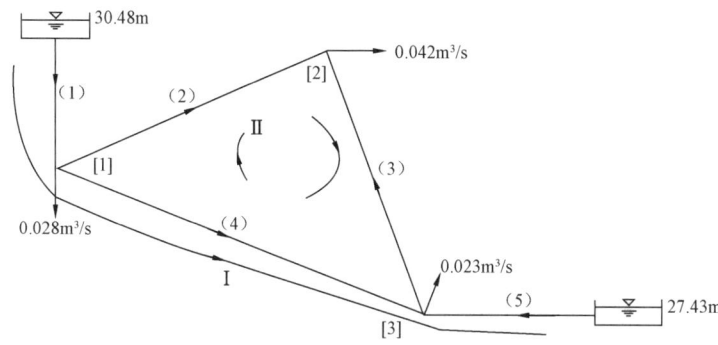

图6-3 简单输水管网系统的稳态流示意图

各管道的摩擦因子 K 和指数 n 已知,见表6-1。

表6-1 简单输水管网系统各管道基本参数

管道	K	n
1	2349	1.936
2	2628	1.901
3	12391	1.882
4	6733	1.768
5	5084	1.935

在该管网系统中,包含2个输入点、5根管道和3个输出点。通过分析,得出该管网系统具有两个回路,其中一个闭合回路和一个连接两个输入点的伪回路。伪回路的数量也可以通过输入点数量减1计算得出,一般要求伪回路的路径必须连接供应源。在该案例当中,伪回路的路径为输入点1—管道1—管道4—管道5—输入点2,而闭合回路的路径为管道2—管道3—管道4,取顺时针方向为正方向。然后,再对该管网进行水力计算。

1. Q 方程

首先,需要写出3个节点的连续性方程,假设流入流量为正:

$$F_1 = Q_1 - Q_2 - Q_4 - 0.028 = 0 \quad (6-23)$$

$$F_2 = Q_2 + Q_3 - 0.042 = 0 \quad (6-24)$$

$$F_3 = Q_4 - Q_3 + Q_5 - 0.023 = 0 \quad (6-25)$$

然后,假设顺时针方向为正,写出两个回路的能量方程:

$$F_4 = K_1 Q_1^{n_1} + K_4 Q_4^{n_4} - K_5 Q_5^{n_5} - 30.48 + 27.43 = 0 \quad (6-26)$$

$$F_5 = K_2 Q_2^{n_2} - K_3 Q_3^{n_3} - K_4 Q_4^{n_4} = 0 \quad (6-27)$$

该系统中有5个未知量,因此,需要联立5个方程进行求解。取各方程中的未知量系数,写出该方程系统的雅各比矩阵:

$$\boldsymbol{D} = \begin{bmatrix} 1 & -1 & 0 & -1 & 0 \\ 0 & 1 & 1 & 0 & 0 \\ 0 & 0 & -1 & 1 & 1 \\ K_1 n_1 Q_1^{n_1-1} & 0 & 0 & K_4 n_4 Q_4^{n_4-1} & -K_5 n_5 Q_5^{n_5-1} \\ 0 & K_2 n_2 Q_2^{n_2-1} & -K_3 n_3 Q_3^{n_3-1} & -K_4 n_4 Q_4^{n_4-1} & 0 \end{bmatrix}$$

然后,将摩擦因子 K 和指数 n 代入矩阵,得到:

$$\boldsymbol{D} = \begin{bmatrix} 1 & -1 & 0 & -1 & 0 \\ 0 & 1 & 1 & 0 & 0 \\ 0 & 0 & -1 & 1 & 1 \\ 4544.27 Q_1^{0.936} & 0 & 0 & 11904.53 Q_4^{0.768} & -9838.50 Q_5^{0.935} \\ 0 & 4995.46 Q_2^{0.901} & -23319.51 Q_3^{0.882} & -11904.53 Q_4^{0.768} & 0 \end{bmatrix}$$

在进行迭代前,首先,对各管道的流量赋初始值,该组初始值可以随机选取,也可以首先满足连续性方程,减少迭代过程中的计算量。假设初始流量为:

$\boldsymbol{Q}^{\mathrm{T}(0)} = \{0.028 \quad 0.056 \quad 0.042 \quad 0 \quad 0.0644\}^{\mathrm{T}(0)}$,然后求出雅各比矩阵的逆矩阵并乘以相应方程的初始值,确定收敛方向以及步长。得到收敛方向以及步长后,代入初始值,对流量进

行修正。重复以上步骤,直到满足精度要求为止。图 6-4 为计算过程,可见通过 5 次迭代后方程组的解收敛,可以看出牛顿法具有快速的收敛性。

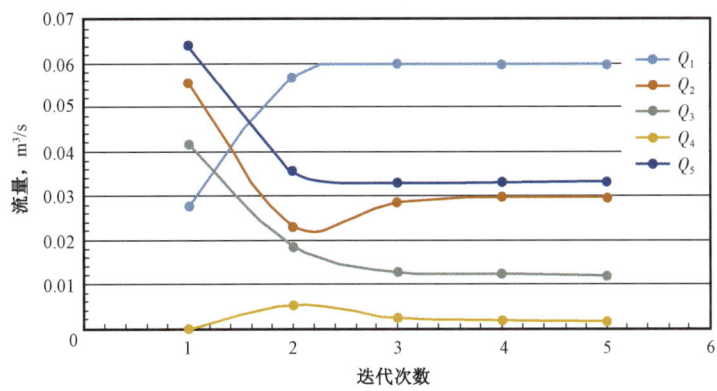

图 6-4　基于牛顿法求解管道的流量

图 6-5 给出了迭代过程中的步长因子以及基于初始流量各个管道流量的收敛方向。

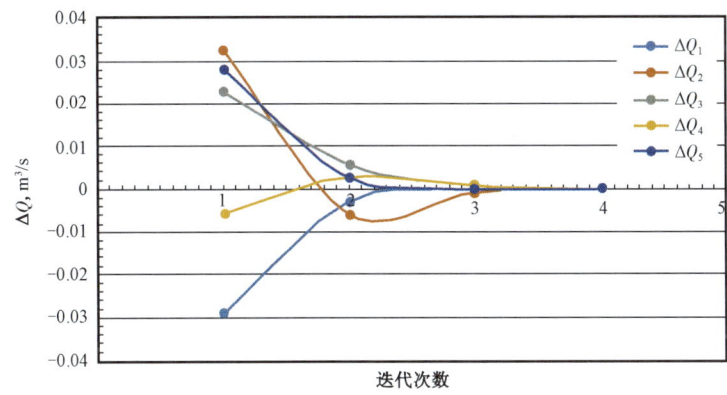

图 6-5　牛顿法迭代过程中的方向向量

2. H 方程

如果各节点压头为需要求解的未知量,需要列出 H 方程并建立雅各比矩阵。在本案例中,有 3 个未知节点的压力需要求解。将各管道的流量用压头表示,然后代入连续性方程中。修改后的方程可以写为:

$$F_1 = \left(\frac{30.48 - H_1}{K_1}\right)^{1/n_1} - \left(\frac{H_1 - H_2}{K_2}\right)^{1/n_2} - \left(\frac{H_1 - H_3}{K_4}\right)^{1/n_4} - 0.028 = 0 \quad (6-28)$$

$$F_2 = \left(\frac{H_1 - H_2}{K_2}\right)^{1/n_2} + \left(\frac{H_3 - H_2}{K_3}\right)^{1/n_3} - 0.042 = 0 \quad (6-29)$$

$$F_3 = \left(\frac{H_1 - H_3}{K_4}\right)^{1/n_4} - \left(\frac{H_3 - H_2}{K_3}\right)^{1/n_3} + \left(\frac{27.43 - H_3}{K_5}\right)^{1/n_5} - 0.023 = 0 \quad (6-30)$$

建立雅各比矩阵：

$$D = \begin{bmatrix} \dfrac{\partial F_1}{\partial H_1} & \dfrac{\partial F_1}{\partial H_2} & \dfrac{\partial F_1}{\partial H_3} \\ \dfrac{\partial F_2}{\partial H_1} & \dfrac{\partial F_2}{\partial H_2} & \dfrac{\partial F_2}{\partial H_3} \\ \dfrac{\partial F_3}{\partial H_1} & \dfrac{\partial F_3}{\partial H_2} & \dfrac{\partial F_3}{\partial H_3} \end{bmatrix}$$

考虑管内流速反向的情况，可以加入绝对值符号表示。在迭代过程中，初始值可以取为 $H_1 > H_3 > H_2$。

从图 6-6 可以看出，通过 4 次迭代，得到方程组的收敛解。当然取不同的初始值，迭代计算中的方向向量会不同，即收敛方向会根据初始值变化，如图 6-7 所示。

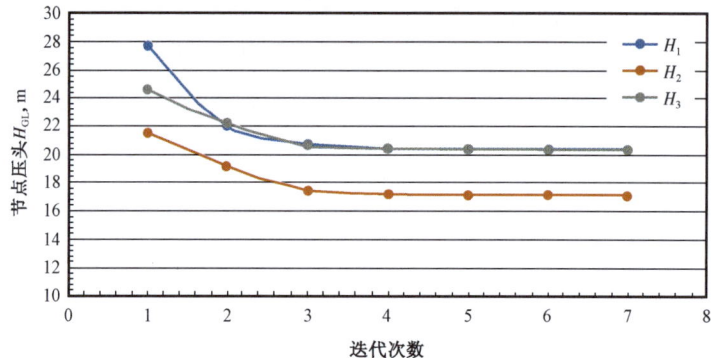

图 6-6 基于牛顿法求解的各节点压头

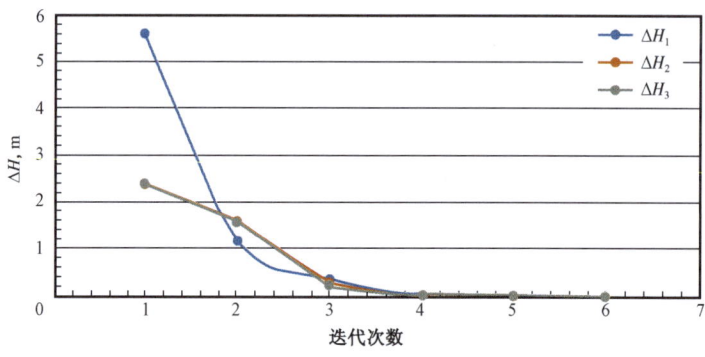

图 6-7 牛顿法迭代过程中压头的方向向量

3. ΔQ 方程

ΔQ 方程是基于管网回路的修正方程，用于修正流量的初始值。通常情况下，首先使初始流量满足连续性方程，然后，再通过该方程系统写出回路的修正方程并求解，对初始值进行修正。因此，回路的数量（包括伪回路）决定了方程的数量。不得不提的是，尽管该修正方程的数量少于以上两种方程系统，但求解过程中的非线性方程会增加方程的求解难度。在该案例下，ΔQ 方程可以写为：

$$F_1 = K_1(Q_{o1} + \Delta Q_1)^{n_1} + K_4(Q_{o4} - \Delta Q_2 + \Delta Q_1)^{n_4} - K_5(Q_{o5} - \Delta Q_1)^{n_5} - 30.84 + 27.43 = 0$$
(6-31)

$$F_2 = K_2(Q_{o2} + \Delta Q_2)^{n_2} - K_3(Q_{o3} - \Delta Q_2)^{n_3} - K_4(Q_{o4} - \Delta Q_2 + \Delta Q_1)^{n_4} = 0$$
(6-32)

雅各比矩阵为：

$$\boldsymbol{D} = \begin{bmatrix} \dfrac{\partial F_1}{\partial \Delta Q_1} & \dfrac{\partial F_1}{\partial \Delta Q_2} \\ \dfrac{\partial F_2}{\partial \Delta Q_1} & \dfrac{\partial F_2}{\partial \Delta Q_2} \end{bmatrix}$$

其中

$$\frac{\partial F_1}{\partial \Delta Q_1} = K_1 n_1 (Q_{o1} + \Delta Q_1)^{n_1-1} + K_4 n_4 (Q_{o4} - \Delta Q_2 + \Delta Q_1)^{n_4-1} + K_5 n_5 (Q_{o5} - \Delta Q_1)^{n_5-1}$$

$$\frac{\partial F_1}{\partial \Delta Q_2} = -K_4 n_4 (Q_{o4} - \Delta Q_2 + \Delta Q_1)^{n_4-1}$$

$$\frac{\partial F_2}{\partial \Delta Q_1} = -K_4 n_4 (Q_{o4} - \Delta Q_2 + \Delta Q_1)^{n_4-1}$$

$$\frac{\partial F_2}{\partial \Delta Q_2} = K_2 n_2 (Q_{o2} + \Delta Q_2)^{n_2-1} + K_3 n_3 (Q_{o3} - \Delta Q_2)^{n_3-1} + K_4 n_4 (Q_{o4} - \Delta Q_2 + \Delta Q_1^{n_4-1})$$

假设初始流量为 $\boldsymbol{Q}^{T(0)} = \{0.028 \quad 0.056 \quad 0.042 \quad 0 \quad 0.0644\}^{T(0)}$，然后，回路的修正流量从零开始迭代。图 6-8 说明了基于牛顿法的修正流量的迭代变化，最终，两个回路流量的修正值收敛于 $\Delta \boldsymbol{Q}^T = \{0.0313 \quad 0.0296\}^T$。因此，将各管道的初始流量进行修正，得到各管道最终的流量为 $\boldsymbol{Q}^T = \{0.0593 \quad 0.0296 \quad 0.0124 \quad 0.0017 \quad 0.0330\}^T$。

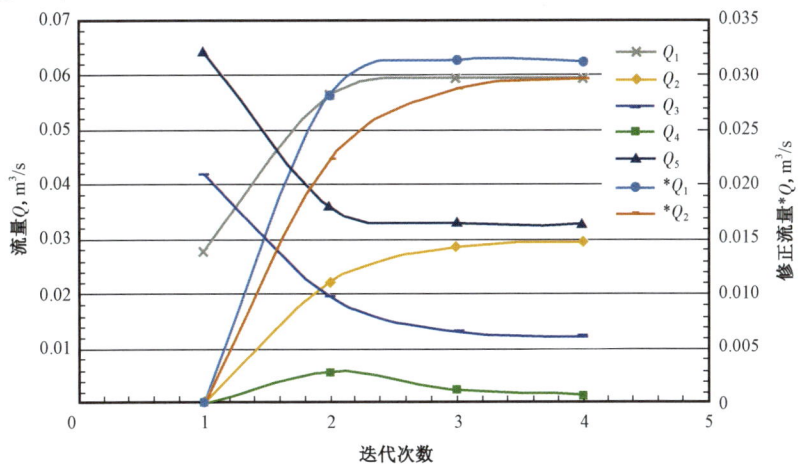

图 6-8　各管道的流量以及回路的修正流量示意图

六、复杂管网稳态流动分析

在上一节中,介绍了简单管网的稳态流动分析。但是,在实际管网系统中,存在各种设备,如能量供给设备泵、流量控制设备阀门等。

由定义可知,减压阀是维持管道下游压力等级的阀门,而背压阀是用于维持管道上游压力等级的阀门。当上游压力等级小于设定值时,减压阀将不发挥作用,而只产生阀门内的压力损失;而背压阀将处于关闭状态,使管内压力升高。当管道下游压力大于上游时,管内流体将反向,这时,减压阀作用如同节流阀,阻止流体的反向流动;而背压阀将处于全开状态,并在阀门内造成压力损失。

例如,减压阀用于维持管道下游的压力等级,所以,在计算时可以作为输入点看待。在这种情况下,可以先写出管网的连续性方程,忽略阀门的位置。然后,再将阀门作为输入点,确定该位置的水头,接着,判断管网的回路数量,写出能量方程。

对于典型的环状管网而言,如图6-9所示,管道的数量小于节点数,在管道6的中点处安装有减压阀,管道1起点处安装有泵。管道参数、节点的总水头及泵的特性参数见表6-2至表6-4。

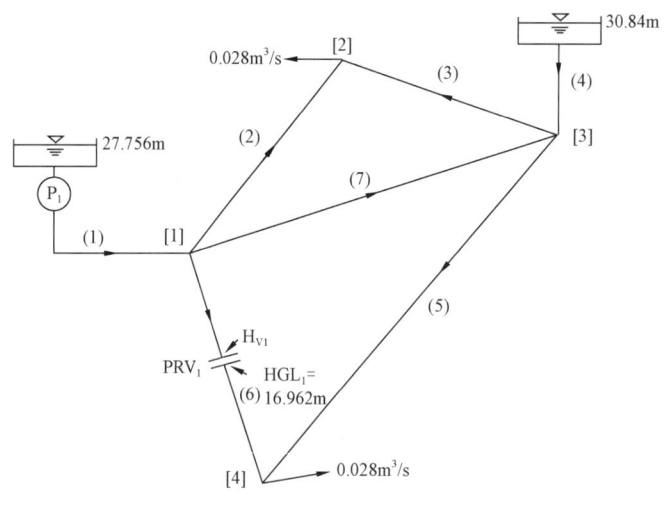

图6-9 环状管网系统示意图

表6-2 管道参数

管道	D, m	L, m	n	K
1	0.15	308.40	1.852	3159.318
2	0.15	308.40	1.852	3159.318
3	0.15	246.72	1.852	2527.454
4	0.15	61.68	1.852	631.864
5	0.15	616.80	1.852	6318.636
6	0.15	308.40	1.852	3159.318
7	0.025	462.60	1.852	29193165.800

表 6-3 节点的总水头

节点	高程,m	节点	高程,m
1	15.42	3	15.42
2	15.42	4	6.168

表 6-4 泵的特性参数

流量,m³/s	扬程,m	流量,m³/s	扬程,m
0.028	18.50	0.056	14.80
0.042	16.96		

为了分析各节点压头以及管道流量,首先,忽略减压阀位置,对各节点列出连续性方程。由图 6-9 可知该系统中有 4 个节点,因此,可以列出 4 个节点连续性方程:

$$F_1 = -Q_1 + Q_2 + Q_6 + Q_7 = 0 \tag{6-33}$$

$$F_2 = 0.028 - Q_2 - Q_3 = 0 \tag{6-34}$$

$$F_3 = Q_3 - Q_4 + Q_5 - Q_7 = 0 \tag{6-35}$$

$$F_4 = 0.028 - Q_5 - Q_6 = 0 \tag{6-36}$$

接着,将减压阀所在位置用虚拟注入点代替,其压头与减压阀所需要维持的压力等级相同,因此,水头为 16.96m,如图 6-10 所示。在对减压阀调整之前,该管网系统有 2 个闭合回路和 1 个伪回路,调整后该系统则只存在一个闭合回路(管道 1、管道 7 以及管道 4)和两个伪回路(其中一个由管道 2、管道 3 和管道 7 组成,另一个则起到连接注入点的作用,由管道 4、管道 5 和管道 6 组成)。在新的管网系统中,管道 6 只有一部分包含在伪回路当中,因此,其系数 K 可以写为:

$$K'_6 = K_6(L_d/L) \tag{6-37}$$

式中 L_d——管道 6 下游段的长度。

将顺时针方向取为正方向,能量方程可以写为:

$$F_5 = K_2 Q_2^{n_2} - K_3 Q_3^{n_3} - K_7 Q_7^{n_7} = 0 \tag{6-38}$$

$$F_6 = h_{p_1} + 27.756 - K_1 Q_1^{n_1} - K_7 Q_7^{n_7} + K_4 Q_4^{n_4} - 30.84 = 0 \tag{6-39}$$

$$F_7 = K_4 Q_4^{n_4} + K_5 Q_5^{n_5} - K'_6 Q_6^{n_6} + 16.962 - 30.84 = 0 \tag{6-40}$$

采用二阶曲线拟合后泵的特性曲线为:

$$h_{p_1} = -1573.5 Q_1^2 + 19.738 \tag{6-41}$$

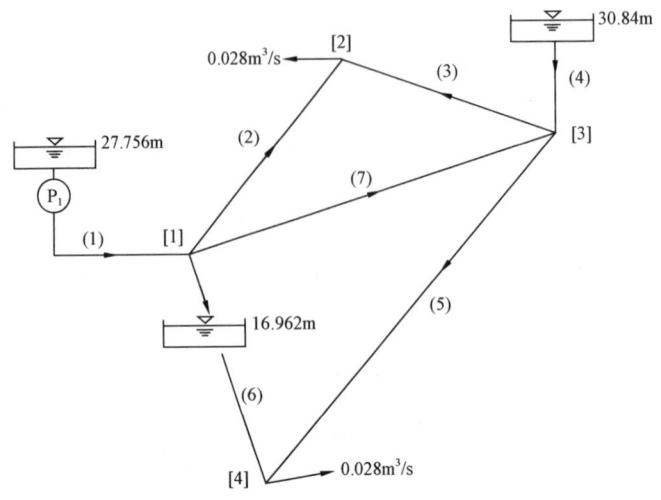

图6-10 调整后的管网系统示意图

因此,方程组的雅各比矩阵为:

$$D = \begin{bmatrix} -1 & 1 & 0 & 0 & 0 & 1 & 1 \\ 0 & -1 & -1 & 0 & 0 & 0 & 0 \\ 0 & 0 & 1 & -1 & 1 & 0 & -1 \\ 0 & 0 & 0 & 0 & -1 & -1 & 0 \\ 0 & n_2 K_2 Q_2^{n_2-1} & -n_3 K_3 Q_3^{n_3-1} & 0 & 0 & 0 & -n_7 K_7 Q_7^{n_7-1} \\ 2AQ_1 + B - n_1 K_1 Q_1^{n_1-1} & 0 & 0 & n_4 K_4 Q_4^{n_4-1} & 0 & 0 & -n_7 K_7 Q_7^{n_7-1} \\ 0 & 0 & 0 & n_4 K_4 Q_4^{n_4-1} & n_5 K_5 Q_5^{n_5-1} & -n_6 K'_6 Q_6^{n_6-1} & 0 \end{bmatrix}$$

根据 Hazen-Williams 公式,每个管段中 $n = 1.852$ 和 $K = \dfrac{C_K L}{C_{HW}^{1.852} D^{4.87}}$,而其中 $C_K = 10.67$,$C_{HW} = 150$。通过计算,每个管道的 K 值见表6-5。

表6-5 各个管道的参数

管道编号	L, m	D, m	K	n
1	308.4	0.15	3159.32	1.852
2	308.4	0.15	3159.32	1.852
3	246.72	0.15	2527.45	1.852
4	61.68	0.15	631.86	1.852
5	616.8	0.15	6318.64	1.852
6	308.4	0.15	3159.32	1.852
7	462.6	0.025	29193165.8	1.852

将 n 和 K 值带入矩阵 D,该矩阵可以写为:

$$D = \begin{bmatrix} -1 & 1 & 0 & 0 & 0 & 1 & 1 \\ 0 & -1 & -1 & 0 & 0 & 0 & 0 \\ 0 & 0 & 1 & -1 & 1 & 0 & -1 \\ 0 & 0 & 0 & 0 & -1 & -1 & 0 \\ 0 & 23.9Q_2^{0.852} & -19.1Q_3^{0.852} & 0 & 0 & 0 & -221085.5Q_7^{0.852} \\ -8Q_1 & -23.9Q_1^{0.852} & 0 & 0 & 4.8Q_4^{0.852} & 0 & 0 & -221085.5Q_7^{0.852} \\ 0 & 0 & 0 & 4.8Q_4^{0.852} & 47.85Q_5^{0.852} & -5.98Q_6^{0.852} & 0 \end{bmatrix}$$

取初始值满足连续性方程,然后进行迭代计算得出结果。如图 6-11 所示,管道 3 和管道 6 的流量反向,解为负值。

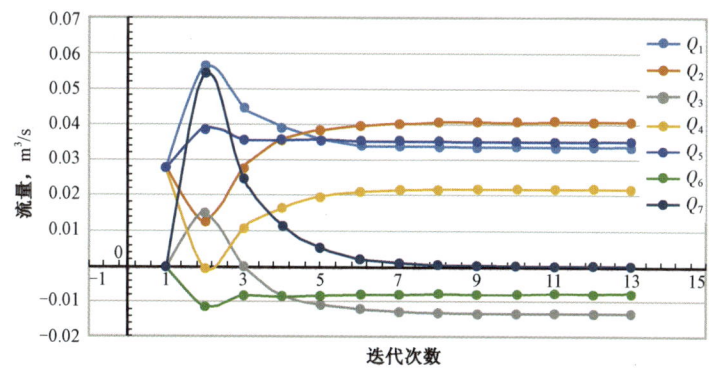

图 6-11 迭代过程中各管道的流量示意图

基于初始值,通过牛顿法寻找各迭代过程中的步长因子,如图 6-12 所示,直到各步长因子收敛,即找到各个管道流量。

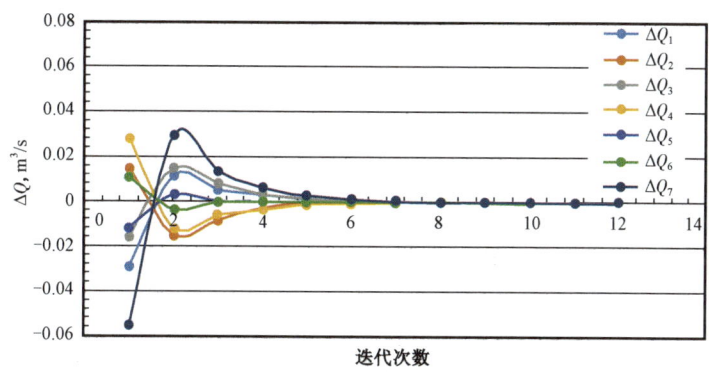

图 6-12 迭代过程中各管道流量的步长因子示意图

根据表 6-6,管道 3 和管道 6 的流量均反向(-0.013m³/s 和 -0.007m³/s)。因此,与节点 3 相比,节点 2 的总压头增加。

表 6-6　虚拟注入点替代下各管道的流量

管道	上节点	下节点	管径,m	流量,m³/s	速度,m/s	压头损失,m
1	0	1	0.150	0.034	1.923	6.015
2	1	2	0.150	0.041	2.325	8.543
3	2	3	0.150	-0.013	-0.739	-0.819
4	0	3	0.150	0.022	1.247	0.539
5	3	4	0.150	0.035	2.004	12.981
6	1	4	0.150	-0.007	-0.419	-0.357
7	1	3	0.025	0.000	0.635	9.362

值得注意的是,在管道 6 处安装有背压阀,其总水头为 16.96m。根据计算结果,管道 6 处的流速反向,这意味着下游压力高于上游。此时,背压阀不能维持上游压力,背压阀将作为节流阀处理,管网矩阵需要进行修正。修正后,忽略管道 6 的流量,连续性方程可以写为:

$$F_1 = -Q_1 + Q_2 + Q_7 = 0 \tag{6-42}$$

$$F_2 = 0.028 - Q_2 - Q_3 = 0 \tag{6-43}$$

$$F_3 = Q_3 - Q_4 + Q_5 - Q_7 = 0 \tag{6-44}$$

$$F_4 = 0.028 - Q_5 = 0 \tag{6-45}$$

能量方程可以写为:

$$F_5 = K_2 Q_2^{n_2} - K_3 Q_3^{n_3} - K_7 Q_7^{n_7} = 0 \tag{6-46}$$

$$F_6 = h_{p_1} + 27.756 - K_1 Q_1^{n_1} - K_7 Q_7^{n_7} + K_4 Q_4^{n_4} - 30.84 = 0 \tag{6-47}$$

采用牛顿法对新的矩阵进行迭代求解,如图 6-13 所示,各管道的流量收敛,其中,管道 3 流量反向收敛于 -0.01m³/s,而管道 5 中的流量保持不变。

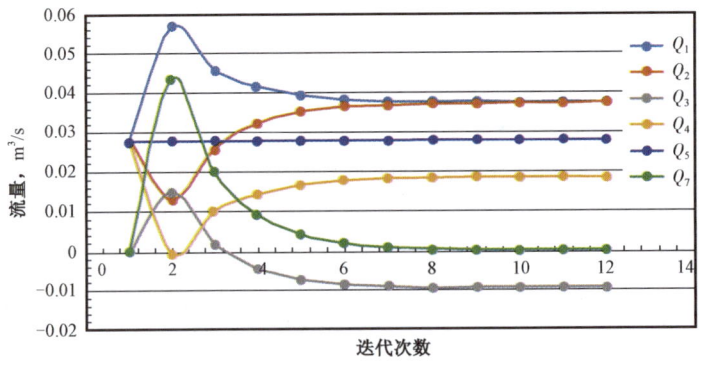

图 6-13　修正后各管道流量的收敛过程示意图

迭代过程中的流量修正值与初始值相关,即为运用牛顿法找出的方向向量。最终,各修正流量将无限趋近于零,此时,各管道的流量已经收敛,如图6-14和表6-7所示。

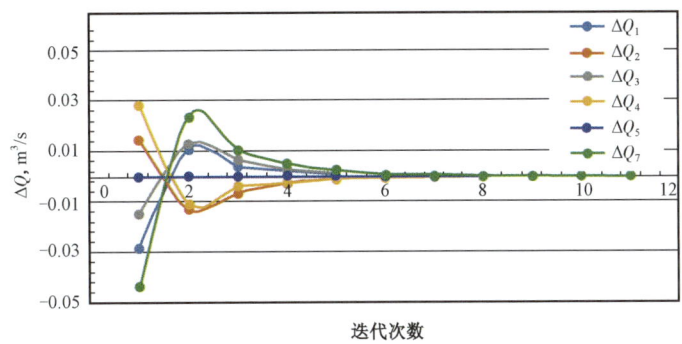

图6-14 迭代过程中的流量修正值示意图

表6-7 修正管道流量(除管道6以外)

管道	上节点	下节点	管径,m	流量,m³/s	速度,m/s	压头损失,m
1	0	1	0.15	0.038	2.126	7.243
2	1	2	0.15	0.037	2.111	7.144
3	2	3	0.15	-0.009	-0.525	-0.435
4	0	3	0.15	0.018	1.044	0.388
5	3	4	0.15	0.028	1.585	8.409
7	1	3	0.025	0	0.567	0.001

表6-8不仅计算了管道流量,流速,并运用经验公式计算了稳态下的压头损失。

表6-8 修正后的各节点总水头

节点	输出量,m³/s	高程,m	压头,m	总水头,m
1	0.000	15.42	22.611	38.031
2	0.028	15.42	15.467	30.887
3	0.000	15.42	15.032	30.452
4	0.028	6.618	15.425	22.043

第二节 管网的瞬态流动分析

一、三管问题

通过图6-15所示简单输水管网来分析管网系统的瞬态流动规律。

假设节点1处的水头保持恒定为30.48m,而节点3处的输出流量随时间变化。表6-9为各个管道、节点的参数。

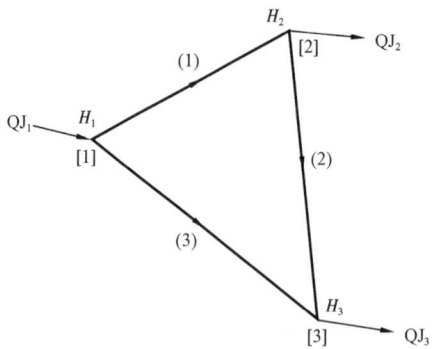

图 6-15 简单环状管网结构示意图

表 6-9 简单环状管网各管道参数

管道	D,m	L,m	e,m	节点	Q_J,m³/s
1	0.2	616.8	0.000125	1	-0.084
2	0.2	740.16	0.000125	2	0.042
3	0.2	925.2	0.000125	3	0.042

取时间步长为 2s,节点 3 的流量随时间的变化规律见表 6-10。

表 6-10 节点 3 流量随时间的变化规律

时间,s	0	2	4	6	8
Q_{J3},m³/s	0.042	0.056	0.07	0.084	0.098

根据 Hazen-Williams 公式,K 和 n 的值见表 6-11。

表 6-11 Hazen-Williams 公式求解 K 和 n 值

管道	1	2	3
长度,m	616.8	740.16	925.2
直径,m	0.2	0.2	0.2
n	1.852	1.852	1.852
K	1556.58089	1867.89707	2334.87133

在进行瞬态分析之前,首先需要求解稳态下管网的流量及压力。通过节点 2 和节点 3 写出连续性方程:

$$F_1 = Q_1 - Q_2 - Q_{J2} = 0 \tag{6-48}$$

$$F_2 = Q_2 + Q_3 - Q_{J3} = 0 \tag{6-49}$$

由于该管网系统只有一个闭合回路,因此:

$$F_3 = K_1 Q_1^{n_1} + K_2 Q_2^{n_2} - K_3 Q_3^{n_3} \tag{6-50}$$

将 $t=0\text{s}$ 时的 n, K, Q_{J2} 和 Q_{J3} 代入以上方程组并进行求解,结果见表 6-12。

表 6-12 稳态下各管道参数

管道	1	2	3
流量, m³/s	0.046	0.004	0.038
压头损失, m	5.281	0.081	5.362
节点	1	2	3
总水头, m	30.840	25.559	25.478

接着,基于刚性理论写出管网各管道的瞬态运动方程以及节点的连续性方程,并在每一个时间步长进行求解。

$$F_1 = Q_1 - Q_2 - Q_{J2} = 0 \qquad (6-51)$$

$$F_2 = Q_2 + Q_3 - Q_{J3} = 0 \qquad (6-52)$$

$$\frac{dQ_1}{dt} = gA_1 \frac{H_1 - H_2}{L_1} - \frac{f_1 Q_1 |Q_1|}{2D_1 A_1} \qquad (6-53)$$

$$\frac{dQ_2}{dt} = gA_2 \frac{H_2 - H_3}{L_2} - \frac{f_2 Q_2 |Q_2|}{2D_2 A_2} \qquad (6-54)$$

$$\frac{dQ_3}{dt} = gA_3 \frac{H_1 - H_3}{L_3} - \frac{f_3 Q_3 |Q_3|}{2D_3 A_3} \qquad (6-55)$$

上述方程组中有 5 个未知量,因此需要对 5 个方程进行求解。然而,与稳态相比,每个瞬态方程需要满足各个时间间隔的关系公式,即每一个时间间隔都要对以上方程组进行牛顿法求解。其中,问题的关键在于如何求解微分方程,为了求解微分方程组,需要构造 3 个流量等式:

$$F_3 = Q_1 - Q_{\text{ODE}1} = 0 \qquad (6-56)$$

$$F_4 = Q_2 - Q_{\text{ODE}2} = 0 \qquad (6-57)$$

$$F_5 = Q_3 - Q_{\text{ODE}3} = 0 \qquad (6-58)$$

其中,Q_{ODE} 是各对应微分方程的解。在单位时间间隔内,当 $Q_{\text{ODE}i} = Q_i$ 并满足连续性方程时,可以认为找到对应时间节点管道流量的解。解的初始值来自于稳态方程组的解,而下一个时间点的初始值来自于上一时间间隔所求出的节点流量值。

通过求解这 5 个方程构成的方程组,可以分析管网在一段时间内的参数变化,为管理人员提供参考,表 6-13 为管网在 0~8s 内的节点、管道参数变化情况,可见节点 3 的流量变化导致了整个管网其他部位流量、压力的剧烈波动。

表 6–13 瞬态求解结果

时间步长	时间, s	Q_{J3}, m³/s	Q_1, m³/s	Q_2, m³/s	Q_3, m³/s	H_2, m	H_3, m
0	0	0.047	0.004	0.038	2.263	24.354	24.265
1	2	0.053	0.010	0.046	1.660	17.870	10.851
2	4	0.059	0.016	0.054	1.472	15.844	7.952
3	6	0.065	0.023	0.062	1.262	13.585	4.511
4	8	0.072	0.029	0.070	1.033	11.122	0.524

二、复杂管网

1. 基本方法

三管管网瞬态问题的求解方法也可以应用于复杂管网,假设该管网有两个以上的输入点,有 N_P 个管道, N_J 个节点。对于这个管网,我们可以列出 N_J 个节点流量方程和 N_P 个管道运动微分方程。

N_J 个节点流量方程:

$$\sum Q_k - Q_{Ji} = 0 \tag{6-59}$$

N_P 个运动微分方程:

$$\frac{dQ_k}{dt} = gA_k \frac{H_i - H_j}{L_k} - \frac{f_k Q_k |Q_k|}{2D_k A_k} \tag{6-60}$$

这个方程组可以求解 $N_P + N_J$ 个未知数,可以是 N_P 个管道内的流量和 N_J 个节点的压头或流量。值得注意的是在节点处,压头和流量必须是一个已知、一个未知。

以上方程组中连续性方程是线性的,可用于求解稳态管网。而各管道的运动方程在每个时间步长必须近似求解,可以采用牛顿迭代法求解该方程组。

当应用牛顿法求解时,需要构造一个方程:

$$F_k = Q_k - Q_{ODEk} = 0 \tag{6-61}$$

Q_k 为管道 k 当前的流量, Q_{ODEk} 为通过该管道运动方程求解得到的当前时间步长的流量,每一个时间步长都必须求解该方程。

综上,求解管网瞬态问题的步骤如下:

(1) 确定时间步长,将希望求解的瞬变流时段划分为 N_T 段;

(2) 赋初值。管道流量、节点压头、节点流量赋初值,将管网进行稳态仿真,将稳态解作为瞬态问题 0 时刻的值(在瞬态求解过程中,将上一时间步长的解作为求解下一时间步长的初值);

(3) 给定边界条件,包括所有输入、输出点的流量或压头随时间变化的曲线;

(4) 在每一时间步长定义和评估方程(确保方程组的求解,并将当前解代入方程组中代数方程,或利用当前解求解方程组中的微分方程),并将方程的导数构造为雅各比矩阵;

(5) 求解线性方程组,然后从未知变量中减去所求到的解,以适应牛顿迭代法;

(6)重复步骤(4)和步骤(5),直到满足给定的收敛准则;

(7)输出该时间步长管道的流量、节点压头等参数,重复步骤(3)至步骤(7)求解下一时间步长的解,直到所有时间步长的解被求出。

2. 实例分析

图 6-16 为一个由 19 个管段和 12 节点构成的管网图,所有用户的需求量为 0.292m³/s,其由两个输入点提供。在对管网进行稳态求解之前,需要对系统回路进行分析判断。由于在该系统中存在 2 个输入点,19 根管道以及 12 个节点,该系统共有 7 个回路,其中,闭合回路 6 个、伪回路 1 个。所以,根据节点个数和回路个数,可以列出相应的连续性方程以及能量方程。

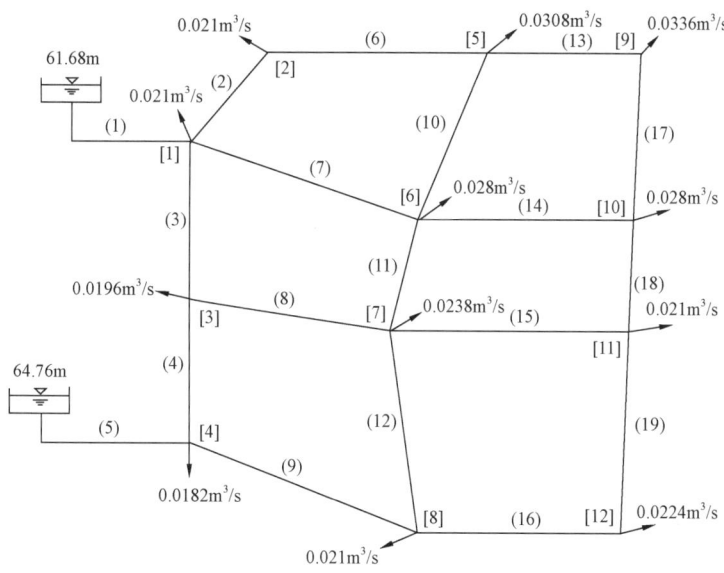

图 6-16 管网图

对管网结构进行判断之后,需要对管网进行稳态分析,获取瞬态流的初始状态。根据节点数,可以列出 12 个连续性方程以及 7 个能量方程,如下:

$$F_1 = Q_1 - Q_2 - Q_3 - Q_7 - 0.021 = 0$$

$$F_2 = Q_2 - Q_6 - 0.021 = 0$$

$$F_3 = Q_3 + Q_4 - Q_8 - 0.0196 = 0$$

$$F_4 = -Q_4 + Q_5 - Q_9 - 0.0182 = 0$$

$$F_5 = Q_6 + Q_{10} - Q_{13} - 0.0308 = 0$$

$$F_6 = Q_7 - Q_{10} + Q_{11} - Q_{14} - 0.028 = 0$$

$$F_7 = Q_8 - Q_{11} + Q_{12} - Q_{15} - 0.0238 = 0$$

$$F_8 = Q_9 - Q_{12} - Q_{16} - 0.021 = 0$$

$$F_9 = Q_{13} + Q_{17} - 0.0336 = 0$$

$$F_{10} = Q_{14} - Q_{17} + Q_{18} - 0.028 = 0$$

$$F_{11} = Q_{15} - Q_{18} + Q_{19} - 0.021 = 0$$

$$F_{12} = Q_{16} - Q_{19} - 0.0224 = 0$$

能量方程中必须包含一个连接两输入点的能量方程,该方程来自于系统伪回路,假设顺时针方向为正方向。

$$F_{13} = K_2 Q_2^{n_2} + K_6 Q_6^{n_6} - K_{10} Q_{10}^{n_{10}} - K_7 Q_7^{n_7} = 0$$

$$F_{14} = -K_3 Q_3^{n_3} + K_7 Q_7^{n_7} - K_{11} Q_{11}^{n_{11}} - K_8 Q_8^{n_8} = 0$$

$$F_{15} = K_4 Q_4^{n_4} + K_8 Q_8^{n_8} - K_{12} Q_{12}^{n_{12}} - K_9 Q_9^{n_9} = 0$$

$$F_{16} = K_{10} Q_{10}^{n_{10}} + K_{13} Q_{13}^{n_{13}} - K_{17} Q_{17}^{n_{17}} - K_{14} Q_{14}^{n_{14}} = 0$$

$$F_{17} = K_{11} Q_{11}^{n_{11}} + K_{14} Q_{14}^{n_{14}} - K_{18} Q_{18}^{n_{18}} - K_{15} Q_{15}^{n_{15}} = 0$$

$$F_{18} = K_{12} Q_{12}^{n_{12}} + K_{15} Q_{15}^{n_{15}} - K_{19} Q_{19}^{n_{19}} - K_{16} Q_{16}^{n_{16}} = 0$$

$$F_{19} = -61.68 + K_1 Q_1^{n_1} + K_3 Q_3^{n_3} - K_4 Q_4^{n_4} - K_5 Q_5^{n_5} + 64.76 = 0$$

由上述连续性方程和能量方程,可以建立 19×19 的雅各比矩阵,采用牛顿迭代法对各个未知量进行同时求解。随机选取迭代初值,并确定收敛方向以及步长,即求解方程组获得稳态解。其中,各个管道流量的收敛过程,如图 6-17 和图 6-18 所示。

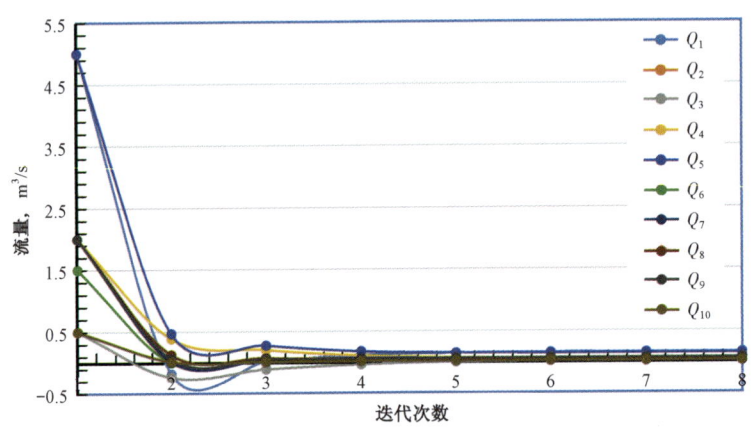

图 6-17 管道 1 至管道 10 流量收敛过程

而根据初始值的设置,每次迭代过程中的方向向量及步长也会做出相应的修正,如图 6-19 和图 6-20 所示。

通过求解得到管网系统的稳态流动解,表 6-14 为管道基本参数及稳态时的流量、速度、水头损失的解,表 6-15 为各节点的参数的稳态解。

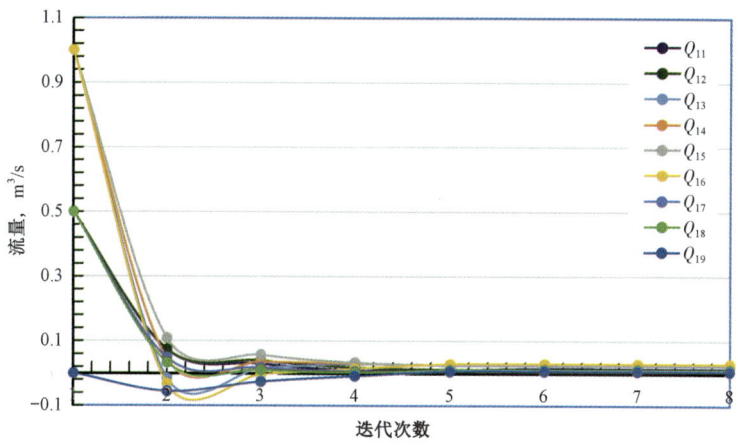

图 6-18　管道 11 至管道 19 流量收敛过程

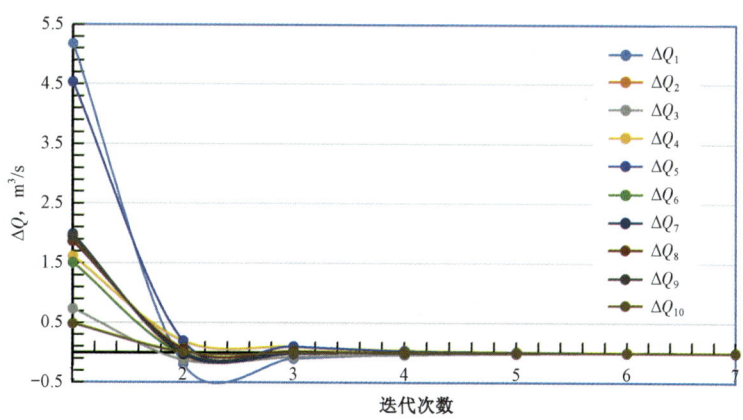

图 6-19　管道 1 至管道 10 流量收敛过程的修正量

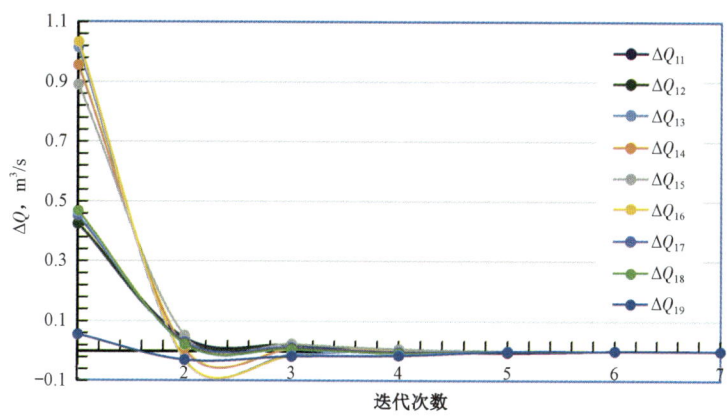

图 6-20　管道 11 至管道 19 流量收敛过程的修正量

表 6-14 稳态解——管道参数

管道号	上节点	下节点	管长,m	管径,mm	粗糙度,mm	流量,m³/s	速度,m/s	水头损失,m
1	0	1	610	304.8	0.127	0.15	2.06	7.39
2	1	2	610	254	0.127	0.06	1.21	3.34
3	1	3	762	254	0.127	0.01	0.23	0.18
4	4	3	762	254	0.127	0.06	1.19	4.02
5	0	4	610	304.8	0.127	0.14	1.94	6.61
6	2	5	1158	254	0.127	0.04	0.80	2.83
7	1	6	1067	254	0.127	0.06	1.10	4.86
8	3	7	975	254	0.127	0.05	1.02	3.87
9	4	8	1219	254	0.127	0.06	1.24	6.98
10	6	5	1067	203.2	0.127	0.02	0.48	1.31
11	7	6	762	203.2	0.127	0.01	0.44	0.81
12	8	7	1158	203.2	0.127	0.01	0.37	0.91
13	5	9	762	203.2	0.127	0.02	0.76	2.24
14	6	10	914	203.2	0.127	0.03	0.81	3.07
15	7	11	1067	203.2	0.127	0.03	0.80	3.44
16	8	12	975	203.2	0.127	0.03	0.91	4.06
17	10	9	975	203.2	0.127	0.01	0.29	0.48
18	11	10	610	203.2	0.127	0.01	0.35	0.43
19	12	11	1067	203.2	0.127	0.01	0.21	0.30

表 6-15 稳态解——节点参数

节点号	输出量,m³/s	高程,m	压头,m
1	0.02	0	53.57
2	0.02	0	50.22
3	0.02	0	53.38
4	0.02	0	57.40
5	0.03	0	47.39
6	0.03	0	48.70
7	0.02	0	49.51
8	0.02	0	50.43
9	0.03	0	45.16
10	0.03	0	45.64
11	0.02	0	46.07
12	0.02	0	46.36

对管网系统进行瞬态分析时共有 31 个方程,包括 12 个节点流量方程以及对每根管道引入的瞬态方程,共有 19 个:

$$F_i = Q_k - Q_{ODEk} = 0$$

$$\frac{dQ_k}{dt} = gA_k \frac{H_i - H_j}{L_k} - \frac{f_k gA_k Q_k |Q_k|}{L_k}$$

式中　F_i——管道 1 至管道 19 的流量与运动方程解的关系方程;
　　　Q_k——管道 k 中的流量;
　　　A_k——管道 k 的横截面积;
　　　H_i——管道 k 上游节点 i 的总水头;
　　　H_j——管道 k 下游节点 j 的总水头;
　　　f_k——管道 k 的摩阻系数;
　　　L_k——管道 k 的总长度。

因此,新建立方程组既包含了连续性方程也包含了各管道的运动微分方程。与稳态下的系统矩阵相比,可以同时迭代出每个时间节点的管道流量和各节点的总水头值。

下面以节点 9 流量随时间变化为例来说明瞬态问题,节点 9 的流量在 20s 内从 0.034m³/s 变化为 0.071m³/s,见表 6-16。

表 6-16　节点 9 输出量随时间变化

时间,s	0	5	10	15	20
输出量,m³/s	0.034	0.042	0.050	0.057	0.071

采用前述方法求解方程组,可得到瞬态问题的解,见表 6-17 至表 6-20,表 6-17 和表 6-18 列出了每隔 5s 各管道流量变化情况,并比较了瞬态解和稳态解的差别,可以看出稳态解和瞬态解存在一定的偏差,最大差值发生在 20s 时,绝对误差达到了 0.0011m³/s。表 6-19 和表 6-20 列出了各节点压头,各时步的稳态解和瞬态解最大偏差达到了 7.15m,很明显采用瞬态方法求解管道很有必要。

表 6-17　每隔 5s 各管道流量(一)　　　　　　　　　　单位:m³/s

管道号	$t=5s$			$t=10s$		
	瞬态解	稳态解	偏差	瞬态解	稳态解	偏差
1	0.1555	0.1552	0.0003	0.1600	0.1594	0.0006
2	0.0646	0.0640	0.0006	0.0668	0.0663	0.0005
3	0.0116	0.0119	-0.0003	0.0116	0.0119	-0.0003
4	0.0617	0.0617	0.0000	0.0631	0.0631	0.0000
5	0.1447	0.1450	-0.0003	0.1472	0.1478	-0.0006
6	0.0433	0.0428	0.0006	0.0456	0.0450	0.0006
7	0.0583	0.0580	0.0003	0.0603	0.0600	0.0003
8	0.0535	0.0538	-0.0003	0.0549	0.0552	-0.0003

续表

管道号	t = 5s			t = 10s		
	瞬态解	稳态解	偏差	瞬态解	稳态解	偏差
9	0.0643	0.0648	-0.0006	0.0657	0.0663	-0.0006
10	0.0173	0.0167	0.0006	0.0184	0.0181	0.0003
11	0.0153	0.0153	0.0000	0.0161	0.0161	0.0000
12	0.0127	0.0127	0.0000	0.0133	0.0133	0.0000
13	0.0292	0.0286	0.0006	0.0328	0.0320	0.0008
14	0.0280	0.0283	-0.0003	0.0297	0.0297	0.0000
15	0.0269	0.0272	-0.0003	0.0280	0.0283	-0.0003
16	0.0303	0.0309	-0.0006	0.0311	0.0317	-0.0006
17	0.0133	0.0139	-0.0006	0.0167	0.0176	-0.0009
18	0.0133	0.0142	-0.0009	0.0153	0.0161	-0.0008
19	0.0076	0.0082	-0.0006	0.0085	0.0091	-0.0006

表6-18 每隔5s各管道流量(二)   单位:m^3/s

管道号	t = 15s			t = 20s		
	瞬态解	稳态解	偏差	瞬态解	稳态解	偏差
1	0.1642	0.1637	0.0005	0.1733	0.1724	0.0009
2	0.0691	0.0685	0.0006	0.0739	0.0728	0.0011
3	0.0116	0.0122	-0.0006	0.0119	0.0125	-0.0006
4	0.0646	0.0646	0.0000	0.0671	0.0671	0.0000
5	0.1501	0.1506	-0.0005	0.1552	0.1560	-0.0008
6	0.0479	0.0473	0.0006	0.0527	0.0515	0.0012
7	0.0623	0.0620	0.0003	0.0663	0.0657	0.0006
8	0.0564	0.0569	-0.0005	0.0592	0.0597	-0.0005
9	0.0671	0.0677	-0.0006	0.0697	0.0705	-0.0008
10	0.0195	0.0193	0.0002	0.0224	0.0218	0.0006
11	0.0170	0.0170	0.0000	0.0187	0.0190	-0.0003
12	0.0136	0.0136	0.0000	0.0147	0.0147	0.0000
13	0.0362	0.0354	0.0008	0.0436	0.0425	0.0011
14	0.0311	0.0314	-0.0003	0.0343	0.0345	-0.0002
15	0.0289	0.0294	-0.0005	0.0311	0.0314	-0.0003
16	0.0323	0.0328	-0.0005	0.0340	0.0345	-0.0005
17	0.0201	0.0212	-0.0011	0.0272	0.0283	-0.0011
18	0.0173	0.0181	-0.0008	0.0210	0.0221	-0.0011
19	0.0096	0.0102	-0.0006	0.0113	0.0119	-0.0006

第六章 管网系统分析

表 6-19 节点压头（一） 单位：m

节点号	$t=5s$			$t=10s$		
	瞬态解	稳态解	偏差	瞬态解	稳态解	偏差
1	52.33	53.07	-0.73	52.03	52.64	-0.60
2	48.09	49.45	-1.37	47.66	48.79	-1.13
3	52.17	52.87	-0.70	51.83	52.44	-0.61
4	56.75	57.10	-0.35	56.54	56.83	-0.29
5	43.64	46.27	-2.64	43.14	45.29	-2.15
6	46.15	47.82	-1.67	45.70	47.05	-1.35
7	47.52	48.73	-1.21	47.07	48.08	-1.00
8	48.87	49.73	-0.85	48.44	49.14	-0.69
9	38.75	43.31	-4.56	37.87	41.62	-3.75
10	41.83	44.31	-2.47	41.13	43.16	-2.03
11	43.15	44.94	-1.79	42.51	43.98	-1.47
12	44.12	45.34	-1.22	43.50	44.47	-0.98

表 6-20 节点压头（二） 单位：m

节点号	$t=15s$			$t=20s$		
	瞬态解	稳态解	偏差	瞬态解	稳态解	偏差
1	51.60	52.20	-0.60	50.10	51.28	-1.18
2	46.98	48.10	-1.12	44.46	46.65	-2.20
3	51.38	52.00	-0.61	49.87	51.08	-1.20
4	56.28	56.57	-0.29	55.45	56.02	-0.57
5	42.14	44.27	-2.14	37.91	42.11	-4.20
6	44.92	46.27	-1.34	41.99	44.63	-2.65
7	46.40	47.40	-1.00	44.03	46.01	-1.98
8	47.85	48.54	-0.69	45.93	47.32	-1.39
9	36.10	39.80	-3.70	28.60	35.76	-7.15
10	39.96	41.99	-2.03	35.51	39.52	-4.01
11	41.54	43.00	-1.47	38.07	41.00	-2.93
12	42.64	43.60	-0.96	39.84	41.82	-1.98

图 6-21 对比了管道 1 至管道 10 中流量随时间的变化趋势，除管道 3 的流量保持不变外，其余管道流量随时间增加，且当 $t=15\sim 20s$ 时，管道内流量变化趋势较快。而管道 1 与管道 5 的流量最大，且该管道均为连接输入点的主管道。

图 6-22 对比了管道 11 至管道 19 的流量随时间变化趋势，均随时间增加而增加。其中，管道 13 与管道 17 的流量变化趋势较快，而其余管道流量改变相对平缓。

图 6-23 对比了管道 1 至管道 10 中计算流量与实际流量的误差。通过牛顿法求解复杂矩阵所得结果保持了较高的精确度，其误差大小在 3% 以内，其中最大误差出现在管道 3 处，在 $t=20s$ 时，其计算误差达到最大，为 2.83%。

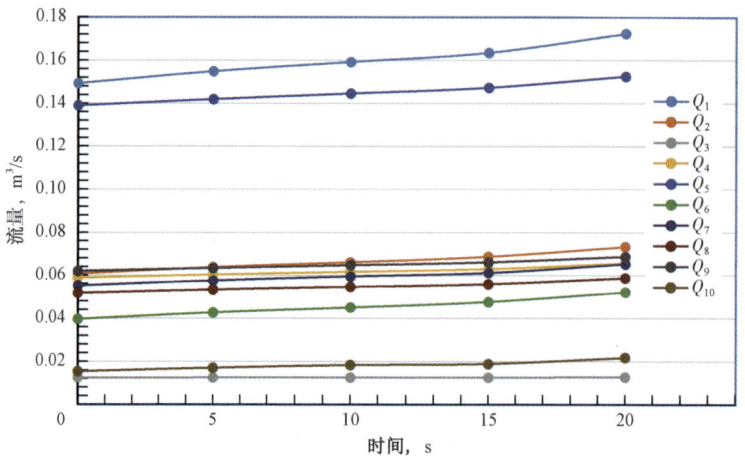

图 6-21　管道 1 至管道 10 瞬态流量变化趋势

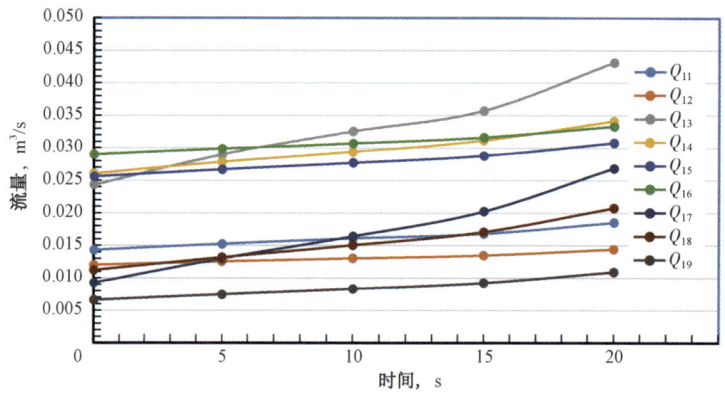

图 6-22　管道 11 至管道 19 瞬态流量变化趋势

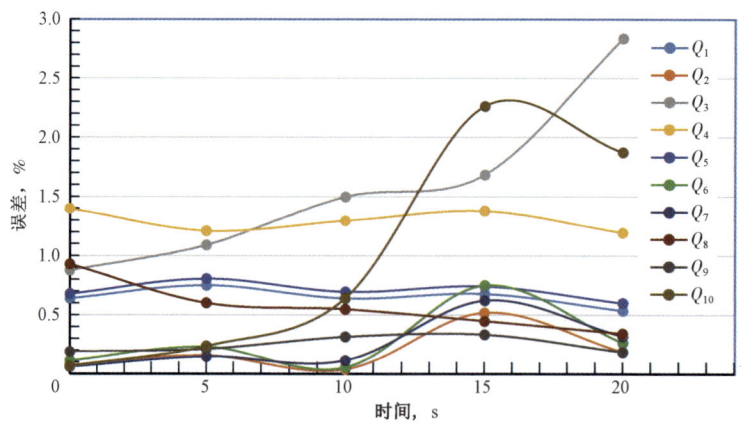

图 6-23　管道 1 至管道 10 流量与实际流量的误差

图 6-24 对比了管道 11 至管道 19 中计算流量与实际流量的误差。通过牛顿法求解复杂矩阵所得结果保持了较高的精确度,其误差大小在 3% 以内,其中最大误差出现在管道 19 处,在 $t=16s$ 时,其计算误差达到最大,约为 2.8%。

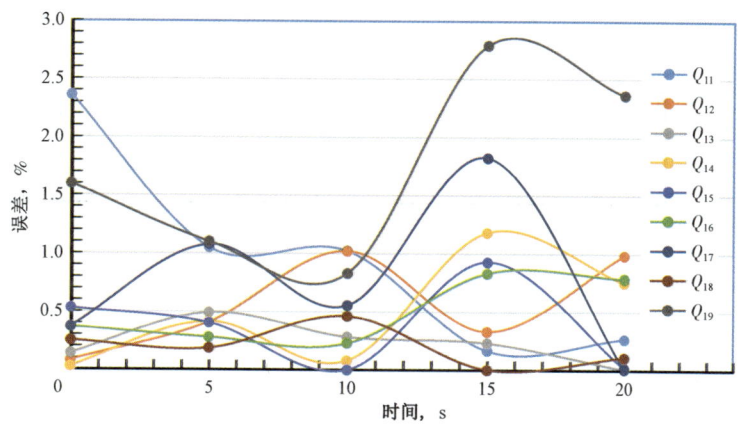

图 6-24　管道 11 至管道 19 流量与实际流量的误差

图 6-25 为节点 1 至节点 6 总水头随时间的变化趋势,可以看出,总水头随时间的增加而减小。也可以说明,随着节点 9 需求量的增加,管道的各节点总水头均受到影响,且逐渐降低。其中当 $t=5\sim15s$ 时,总水头下降平缓,而当 $t=15\sim20s$ 时,总水头降低较快。

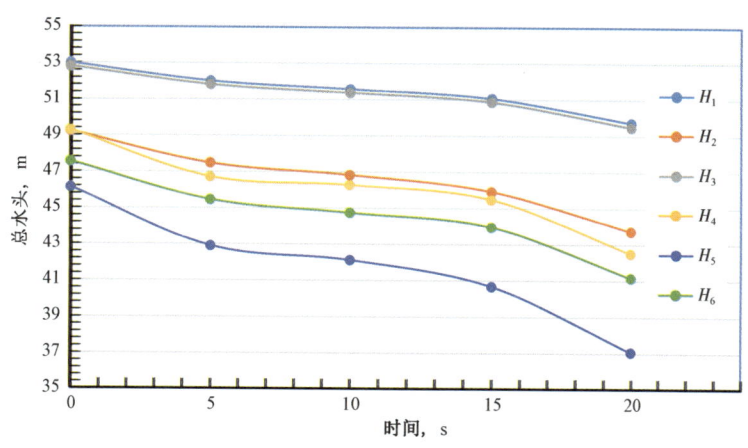

图 6-25　节点 1 至节点 6 的总水头随时间变化趋势

图 6-26 为节点 7 至节点 12 总水头随时间的变化趋势。可以看出,随着节点需求量的增加,各个节点总水头均随时间降低,其中,节点 9 总水头降低最为明显,即节点 9 的需求量变化对节点 9 的总水头影响最大。

从图 6-27 中可知,各节点总水头的误差大小均在 5.5% 以内,其中,节点 9 的总水头计算误差最大,约为 5.25%。因此,节点 9 需求量随时间的变化,对管道 9 的计算误差影响最大,而对节点 4 的影响最小。

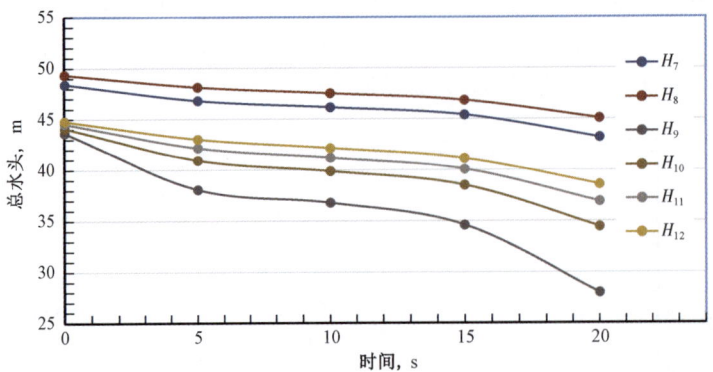

图6-26 节点7至节点12的总水头随时间变化趋势

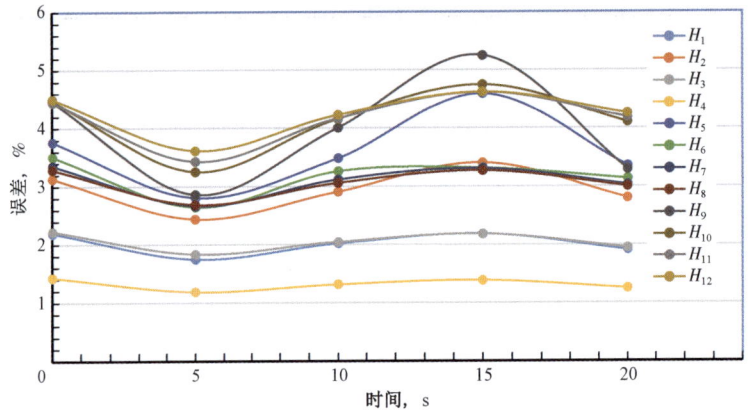

图6-27 各节点总水头模拟值与实际值的误差

第七章　瞬变流在管道堵塞检测中的应用

管道在运行过程中,可能由于各种原因形成堵塞。对于陆上管道来说,含蜡的或水分含量较高的输油管道,在高寒地区,尤其是在冬季,容易发生冻堵;天然气管道在过流面积变化的区域容易出现水合物,造成堵塞。同时,输油管道运行时管道内的蜡沉积、沥青质沉积、积砂等会造成过流面积的降低,形成部分堵塞段。这些因素导致流动性降低,造成管道部分堵塞的沉积物最终会给管道带来风险。唐古拉山区的格拉成品油管线投运以来已发生过3次严重冰堵事故,冰堵地点均在海拔4700~5300m。第一次管线冰堵,发生在1978年3月至6月的100天中,排堵工作历时3个多月,开挖25个探坑。第二次管线冰堵发生在1982年11月至1983年4月的151天中。在这151天的排堵工作中,挖探坑86个,开挖土方1795m³,割换管线10处,合34.2m,钻孔77个,直接参加排堵工作达150多人次[76]。第三次管线冰堵,发生在2000年3月的7天中。找到冰堵段后,直接铺设并联管线150m绕过冻堵段。高寒地区更容易发生冰堵事故,而恶劣的自然环境为排堵工作造成了很大的难度。

对于海底管道来说,同样可能发生类似的堵塞。而这些管道铺设于海底,有的管道位于水下100~200m。海底作业环境复杂,海底作业成本较陆上管道高出很多。一旦海底管道发生堵塞,迅速准确地对堵塞点进行定位,将极大地节约作业成本。2014年,文昌13-6A平台至文昌14-3A平台之间新建10in管线在清管过程中发生清管球卡堵。进行了9次排堵工作,时间跨度达到了22天,采取了加压、正向推送、反向推送、拍片等措施,调用了平台的消防泵、钻井泵、固井泵。该管线由于清管球堵塞延迟了其投产时间,且排堵工作耗费了大量的人力物力。

探寻一种可靠、实用的手段对管道内堵塞状况进行检测,对堵塞位置进行定位,可以及时发现堵塞位置,为管理者制定排堵计划提供参考,及时排除管道堵塞、恢复正常输送,减小经济损失。

为了快速确定管道的堵塞位置,我们提出了一种基于正压波或负压波的管道堵塞检测方法。该方法通过在管道内产生瞬态正压波或负压波,然后在特定位置对管道系统的响应进行检测,通过对检测得到的响应压力信号进行分析,提取响应信号特征,就可以对管道的堵塞情况进行诊断。

第一节　基于瞬态压力信号分析的堵塞检测

根据管道堵塞的特点,可以将管道堵塞分为两类:完全堵塞(blockage)和部分堵塞(partial blockage),如图7-1所示。完全堵塞的堵塞段过流面积为0,部分堵塞的堵塞段过流面积不为0。而部分堵塞按堵塞段长度相对于总管长的比值可以分为两类:连续性堵塞(extended blockage)和非连续性堵塞(discrete blockage)[77]。

一、堵塞检测原理

方法1:依据管道堵塞前后管道两端压差的剧烈变化,我们就可以判定管道发生了堵塞。如图7-2所示,当管道处于正常运行状态时,管道全线的水力坡降曲线为曲线1,当距离管道起点 x_0 处发生堵塞后,堵塞点前由于管线憋压,压力上升,流速变缓,而堵塞点后的管段由于失去部分能量供给压力下降,其水力坡降曲线为曲线2,当管道完全堵塞时,管内流体停止流动,其水力坡降曲线为曲线3。可以看到,当管道正常运行时,管道两端的压差为 Δp_1,而当管道发生堵塞时,管线两端一头憋压,一头失压,压差骤增为 Δp_2,当 $\Delta p_2 - \Delta p_1 > \varepsilon$ 时判断管道发生了堵塞,ε 为给定的检测门限值。众多的管道堵塞事故表明,该方法切实可行。

方法2:如图7-3所示,利用管道首端所采集的参数对管道实施从首端到末端的逐步仿真,从而模拟出管道末端的水力坡降线(如曲线1),或者利用管道末端所采集的参数对管道实施从末端到首端的逐步仿真,从而模拟出管道首端的水力坡降线(如曲线2),将模拟值与实际测量值进行比较,当 Δp_1 或 Δp_2 大于给定的门限值 ε 时,判断管道发生堵塞[78]。

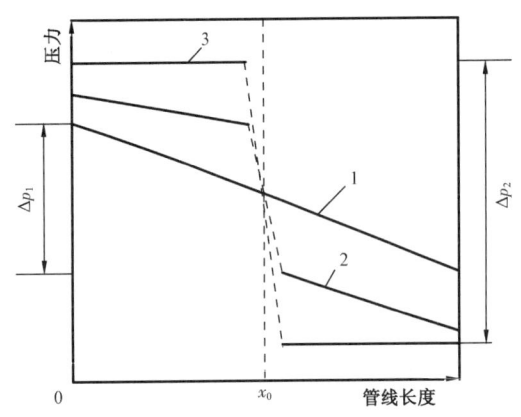

图7-2 管道水力坡降曲线图

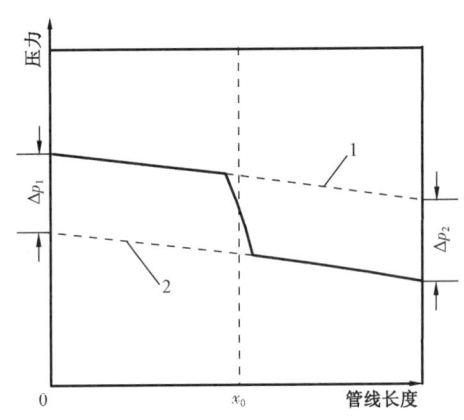

图7-3 管道水力坡降曲线图

二、堵塞点定位原理

当管道发生完全堵塞时,在堵塞点前流体的流动受到阻碍,压力上升,堵塞点前管道形成一个压力容器,达到一定程度后,此时在管道起点进行泄压,在压差作用下,形成一个从管道起点向堵塞点以一定速度传播的减压波,当然也可以在管道起点制造一个水锤增压波,利用水锤波的传递、反射带回堵塞信息,实际应用表明,这种水锤波在管道中能够传播数十千米,因此,它非常适用于对长输管线的堵塞检测。在管道起点安装压力传感器对压力进行监测,通过对压力信号的分析,捕捉到压力信号变化的特征时间,就可以实现管道堵塞段的定位。

压力信号分析法(Pressure Signal Analysis,简称PSA)是一种时域方法,该方法能够迅速可靠地预测堵塞段特征。压力信号分析法通过对管道响应的特征时间和堵塞段的压力波进行分析,实现堵塞段位置和堵塞情况的检测。图 7-4 为堵塞段为完全堵塞时,管道对压力信号的响应示意图。

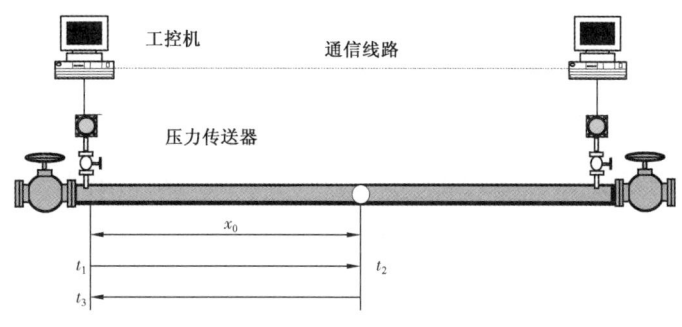

图 7-4　完全堵塞时管道对压力信号响应示意图

图 7-4 中,在管道的起点注入一个压力波信号,可以为增压波也可以为减压波,该压力波沿管道向堵塞点方向传播,在这个过程中管道起点的压力监测点获得压力波的第一个压力响应信号。该压力波抵达堵塞点后,产生反射,沿着管道向起点传播,抵达管道起点的压力监测点时,获得第二个压力波的响应信号。通过监测得到的二个压力响应信号的时间差 Δt,结合压力波在管道中的传播速度 a,即可得到在二次压力响应信号的时间间隔中压力波传播的距离,而该距离的二分之一即为压力监测点与堵塞点之间的距离 x_0。其计算公式为:

$$\Delta t = \frac{2x_0}{a} \qquad (7-1)$$

因此

$$x_0 = \frac{a\Delta t}{2} \qquad (7-2)$$

压力波的传播速度 a 可以根据压力波在管道中的传播速度公式得到,也可以通过现场测量得到。Δt 可以通过对管道首端监测的压力数据进行分析得到。这样就可以求得堵塞点与管道首端的距离 x_0。

由以上分析可以看出,管道中产生瞬态压力信号后,需要对管道内的压力进行监测,而压力信号总是伴随着噪声,首先需要对原始信号进行消噪的预处理。对信号进行预处理后,需要选择合适的信号处理方法,将所需要的特定信息从原始信号中突显出来。在我们需要的特定信息在经过信号处理凸显出来后,选择一种适当的方法对特定信息进行识别。识别出特征时间后结合计算得到的波速即可得到堵塞位置。

三、堵塞检测的关键技术

压力波波速和压力信号响应时间差是计算堵塞位置的关键参数。而压力信号响应时间差是通过对压力信号进行分析而得到,因此对信号进行分析的方法和对特征时间捕捉的技术是基于瞬态的压力信号分析法堵塞检测技术的关键技术:

(1)准确确定压力波在管道中的传播速度。

在原油管道中,压力波的传播速度一般为 1000~1200m/s,以 1min,即 60s 的压力响应时间时间差 Δt 为例。若传播速度为 1000m/s,则压力波传播的距离为 60×10^3m,即 60km;若传播速度为 1200m/s,则压力波传播的距离为 72×10^3m,即 72km,相差了 12km,可见准确确定压力波在管道中传播速度的重要性。

(2)选择合适的信号分析方法。

原始信号中有一些信息是很难获取的,为了获得更多的信息,就需要对原始信号进行数学变换。可用的变换有很多种,如傅里叶变换、希尔伯特变换、短时傅里叶变换、魏格纳分布和雷登变换、小波变换等。每一种变换都有自己的应用领域,也都各有优缺点。针对待分析信号的特点和需要通过分析获取的信息,选用合适的分析方法,能够快速准确地获得理想的结果。对于管道堵塞检测技术来说,其需要的是在时域对信号进行分析,即在时间线上对信号提取特征,这是小波变换尤为擅长的。在小波变换里,不同的小波基函数,不同的分解层数,都会对呈现出来的特征信息产生影响,合适的使用小波变换能帮助特征信息的提取。

(3)实现对管道响应特征时间的精确捕捉。

在使用特定的数学变换后,将信号里隐藏的特征信息呈现出来后,需要对特征信息呈现的规律有所把握,在了解特征信息规律的基础上采用有针对性的算法才能正确地根据特征信息分析出对应的结果。

第二节 基于小波变换的信号分析方法

傅里叶变换是最流行的数学变换,傅里叶变换是一种可逆变换,即它允许原始信号和变换过的信号之间互相转换。不过,在任意时刻只有一种信息是可用的,也就是说,在傅里叶变换后的频域中不包含时间信息,逆变换后的时域中不包含频率信息。也即在传统的傅里叶分析中,信号完全是在频域展开的,不包含任何时频的信息,这对于某些应用来说是很恰当的,因为信号的频率信息在某些应用上是非常重要的。但在傅里叶分析提取频域信息时,丢弃的时域信息可能在某些分析领域里同样重要,所以人们对傅里叶分析进行了推广,提出了很多能表征时域和频域信息的信号分析方法,如短时傅里叶变换、Gabor 变换、时频分析、小波变换等。

小波分析克服了短时傅里叶变换在单分辨率上的缺陷,具有多分辨率分析的特点,无论是时域还是频域都能够表征信号的局部信息,小波变换的时间窗和频率窗都可以根据信号的具体形态特征进行动态调整。一般来说,在低频部分可以使用较低的时间分辨率,此时具有较高的频率分辨率,在高频部分可以使用较低的频率分辨率,而此时能获得更为精确的时间定位。

多分辨率分析具有这样的特性,在处理高频信号时,在较低的频率分辨率时获得一个较好的时间分辨率,在具有较高的频率分辨率时时间分辨率较低。这个方法在处理高频信号持续时间较短,低频信号持续时间较长时特别有用,而实际中遇到的大多数信号都满足这一特征。如图 7-5 所示信号为一电压信号,在整个信号周期内,低频分量一直存在,高频信号只在中间很短的一段时间和末端一段时间内出现了。

具有如上所述的这些特征,小波分析可以用来探测信号中的瞬态特征,并展示其频率成分,因此被称为数学显微镜,广泛应用于各个时频分析领域。

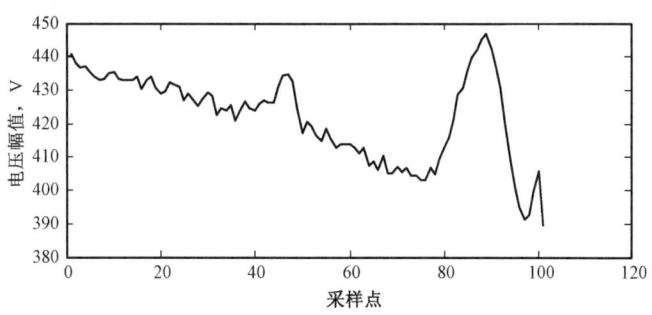

图 7-5 信号示例

图 7-6 为信号在不同的观察尺度下的小波分析示意图。在尺度较低的尺度 j 下,观测范围不大,可见许多信号细节,具有较高的时间分辨率;在较高的尺度 $j+1$ 下,可见信号整体轮廓,时间分辨率降低,但频率分辨率提高。

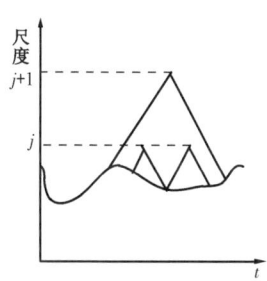

图 7-6 小波分析示意图

对于管道堵塞检测技术来说,其需要的是在时域对信号进行分析,即在时间线上对信号提取特征,这是小波变换尤为擅长的。在小波变换里,不同的小波基函数,不同的分解层数,都会对呈现出来的特征信息产生影响,合适的使用小波变换能帮助特征信息的提取。

小波变换可以分为连续小波变换和离散小波变换,下面将对连续小波变换和离散小波变换进行分析,探讨其应用在信号分析上的特点。

一、连续小波变换

如果函数 $\psi(x)$ 满足以下容许性条件:

$$C_\psi = \int \frac{\psi(\hat{\omega})}{\omega} d\omega < \infty \tag{7-3}$$

则称 $\psi(x)$ 为一容许性小波,并定义如下的积分变换:

$$(W_\psi)(a,b) = |a|^{-\frac{1}{2}} \int f(x) \overline{\psi(\frac{x-b}{a})} dx \quad f(x) \in L^2(R) \tag{7-4}$$

为 $f(x)$ 以 $\psi(x)$ 为基的积分连续小波变换(CWT),a 为尺度因子,表示与频率相关的伸缩,b 为时间平移因子。

如果 $\psi(\hat{\omega})$ 是连续的,容易得到:

$$\psi(\hat{0}) = 0 \Leftrightarrow \int_{-\infty}^{+\infty} \psi(t) dt = 0 \tag{7-5}$$

$\psi(t)$ 又称为母小波,因为其伸缩、平移可构成 $L^2(R)$ 的一个标准正交基。

由连续小波变换(CWT)的定义可以知道,小波变换同傅里叶变换一样,都是一种积分变换。由于小波基不同于傅里叶基,小波变换与傅里叶变换有许多不同之处,其中最重要的是,小波基具有尺度因子 a 和平移因子 b 两个参数,将函数在小波基下展开,就意味着将一个时间函数投影到二维的时间——尺度相平面上。从频率域的角度来看,小波变换已经没有像傅里叶变换那样的频率点的概念,取而代之的是本质意义上的频带概念;从时间域来看,小波变换所反映的也不再是某个准确的时间点处的变化,而是体现了原信号在某个时间段内的变化情况。

显然,并非所有的函数都能保证式(7-5)中表示的变换对于所有 $f \in L^2(R)$ 均有意义;另外,在实际应用尤其是信号处理及图像处理的应用中,变换只是一种简化问题、处理问题的有效手段,最终目的需要回到原问题的求解,因此还要保证连续小波变换存在逆变换。同时,作为窗口函数,为了保证时间窗口与频率窗口具有快速衰减特性,经常要求函数 $\psi(x)$ 具有如下特性:

$$|\psi(x)| \leqslant C(1+|x|)^{-1-\varepsilon}, |\hat{\psi}(\varpi)| \leqslant C(1+|\omega|)^{-1-\varepsilon} \qquad (7-6)$$

其中,C 为与 x 和 ϖ 无关的常数,$\varepsilon > 0$。

CWT 系数具有很大的冗余量,从占用计算资源的角度来说,这是它的一个缺点,但是从另一方面来说,这些系数的冗余性可以帮助消噪和恢复数据,同时能利用这些冗余性帮助进行奇异性识别,因此 CWT 系数的冗余性又成为 CWT 的优势。本文在对信号进行小波分析时,采用的即是连续小波变换。

二、离散小波变换

冗余度这一概念通常被用来判断函数族是否构成正交性。如果某信号损失部分后仍能传递同样的信息量,则称此信号有冗余,冗余的大小程度称为冗余度。连续小波变换的尺度因子 a 和移位因子 b 都是连续变化的,冗余度很大,为了减小冗余度,可以将尺度因子 a 和移位因子 b 离散化。由连续小波变换的时频分析得知,小波的品质因数不变,因此可以通过对尺度因子 a 按二进的方式离散化,得到二进小波和二进小波变换,之后再将时间中心参数 b 按二进整数倍的方式离散化,从而得到正交小波和函数的小波级数表达式,真正实现小波变换的连续形式和离散形式在普通函数形式上的完全统一。

通过

$$(W_\psi f)(a,b) = \langle f(t), \psi_{a,b}(t) \rangle \qquad (7-7)$$

将 a 和 b 离散化,令 $a = 2^{-j}, b = 2^{-j}k (j,k \in Z)$,可得到离散小波变换:

$$(DW_\psi f)(j,k) = \langle f(t), \psi_{j,k}(t) \rangle \qquad (7-8)$$

其中

$$\psi_{j,k}(t) = 2^{\frac{j}{2}}\psi(2^j t - k) \qquad (j,k \in Z)$$

对于连续小波变换和离散小波变换的区别,举个例子,一个信号最大尺度 32 的连续小波变换和最大阶次为 5 的离散小波变换的结果是相对应的,1~5 阶 DWT 对应尺度 2,4,8,16 和 32 的 CWT,但由于 DWT 通常使用二进制离散方法,CWT 的尺度 2,4,8,16 和 32 上的系数个数比 DWT 后 1~5 阶的系数多很多,而且 CWT 的尺度是连续的,尺度可以是 0 到 32 的任何实数。所以 DWT 和 CWT 中离散和连续指的是对尺度和平移参数的离散化的方法。因此,离散小波变换方法提供了信号分析和重构所需的足够信息的同时,其计算量也大为减少。

三、利用小波变换对信号消噪

使用压力信号分析法进行管道堵塞点的关键是及时有效地检测到压力波的突变点,因此压力信号的变化越是剧烈越有利于突变点的检测。在工程应用中,采集到的信号往往包含着大量的噪声,这些噪声可能由于信号采集装置的缺陷以及现场恶劣的环境引起,难以从根本上杜绝。因此,首先要对采集到的原始压力信号进行消噪。

信号消噪是信号处理领域的一个重要问题。传统的消噪方法主要包括线性滤波方法和非线性滤波方法,如中值滤波和 Wiener 滤波等。传统消噪方法的缺点是,信号变换后的熵增高、无法展示信号的非平稳特性并且信号的相关性无法获得。为了克服上述缺点,人们开始使用小波变换解决信号消噪问题。

1. 小波变换在信号消噪领域的优点

小波变换在噪声去除应用中具有下列良好特性:
(1)低熵性。小波系数的稀疏分布,使经过变换后的信号熵降低。
(2)多分辨率特性。可以非常好地提取出信号的非平稳特性,如边缘、尖峰、断点等。
(3)去相关性。可提取出信号的相关性,且噪声在小波变换后有白化趋势,所以比时域更有利于消噪。
(4)选基灵活性。由于小波变换可以根据需要选择不同的基函数,因此可以根据信号特点和消噪要求选择合适的小波基函数,获得更好的效果。

2. 阈值函数

阈值消噪是实现较为简单、效果较好的小波消噪方法。阈值消噪方法的思想是对小波分解后的各层系数中模大于和小于设定阈值的系数分别进行处理,然后对处理完的小波系数再进行反变换,重构出经过消噪后的信号。

常用的阈值函数分为硬阈值函数(图7-7)和软阈值函数(图7-8)。

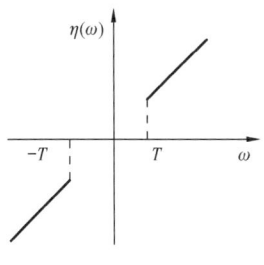

图7-7 硬阈值函数

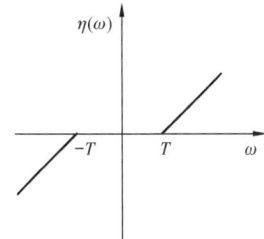

图7-8 软阈值函数

一般来说,硬阈值方法可以较好地保留信号的边缘等局部特征,软阈值处理相对要平滑,但会造成边缘模糊等失真现象。

3. 阈值估计

Donoho 在 1994 年提出了 VisuShrink 方法(或称统一阈值消噪方法)。该方法是针对多维独立正态变量联合分布,在维数趋向无穷时得出的结论,在最小最大估计的限制下得出的最优阈值。阈值的选择满足:

$$T = \sigma_n \sqrt{2\ln N} \qquad (7-9)$$

其中,σ_n 是噪声标准方差,N 是信号的长度。Donoho 的统一阈值方法在实际应用中效果并不理想,会产生过扼杀现象,1997 年 Janse 提出了基于无偏估计的阈值计算方法。

风险函数定义为:

$$R(t) = \frac{1}{N} \| \hat{f} - f \|^2 \qquad (7-10)$$

由于小波变换的正交性,风险函数可以同样在小波域中写成形式

$$R(t) = \frac{1}{N} \| \eta_t(Y) - X \|^2 \qquad (7-11)$$

设 $T(t) = \frac{1}{N} \| \eta_t(Y) - Y \|^2$,则:

$$ET(t) = \frac{1}{N} E \| \eta_t(Y) - Y \|^2 = ER(t) + \sigma_n^2 - \frac{2}{N} E \langle V, \eta_t(Y) \rangle$$

$$= \frac{1}{N} E \left[\| \eta_t(Y) - X \|^2 + \| X - Y \|^2 + 2 \langle \eta_t(Y) - X, X - Y \rangle \right]$$

最后可以得到风险函数的表达式:

$$ER(t) = ET(t) - \sigma_n^2 + \frac{2\sigma_n^2}{N} \sum I(|Y_i| > t)$$

$$= \frac{1}{N} \sum_{i=1}^{N} (|Y_i| \hat{} t)^2 + \sigma_n^2 - \frac{2\sigma_n^2}{N} \sum I(|Y_i| < t)$$

其中,^是示性函数,I 为两数取小。于是,最佳的阈值选择可以通过最小化风险函数得到,即:

$$t^* = \arg_{t>0} \min ER(t) \qquad (7-12)$$

主要使用的信号阈值选取规则有以下 4 种:

(1) Stein 无偏风险估计(rigsure 规则)。该方法为一种基于 Stein 的无偏似然估计(二次方程)原理的自适应阈值选择。对一个给定的阈值 t,得到它的似然估计,再将非似然 t 最小化,就得到了所选的阈值,这是一种软件阈值估计器。

(2) 通用门限法阈值(sqtwolog 规则)。该方法采取的是固定阈值形式,产生的阈值大小是 $\sigma \sqrt{2\ln(n)}$。

(3) 试探法的 Stein 无偏风险估计(heursure 规则)。该方法为启发式阈值选择,是最优预测变量阈值选择。如果信噪比很小,SURE 估计有很大的噪声,在这种情况下,就采用这种阈值估计。

(4) 极大极小法阈值估计(minimax 规则)。该方法采用的最大最小原理选择阈值,它产生一个最小均方误差的极值,而不是无误差的。在统计学上,这是一种极值原理设计估计器。

在选定阈值估计方法和确定采用的软硬阈值函数后,就能对信号进行去噪。选择合适的阈值估计方法和阈值函数对压力波信号进行处理,滤去环境等因素的影响,将有利于堵塞点检测,排除其他因素的干扰。

四、信号的小波分析

在对原信号进行消噪后,开始对原信号进行小波分析。堵塞检测中信号的小波分析,主要需要通过多尺度的小波变换放大信号中奇异点的特征,使得奇异点在整个压力—时间曲线中凸显出来,而在小波变换中,小波基、分解层次、消失矩都会对小波分析的结果产生影响,下面我们将对这 3 个影响因素进行研究。

1. 小波基的选择

随着小波理论及各种数值计算方法的发展,人们对一些基本小波进行了研究,构造了适应不同需求的小波。与标准傅里叶变换相比,小波分析中的小波函数具有多样性,不同的小波基对同一个问题进行分析时可能产生不同的结果。然而,目前没有一个统一的标准来衡量小波基在不同实际情况下的最优性。在对小波基进行选择时,主要是通过实验的方式,用小波分析方法处理信号的结果与实际情况相互验证或与理论结果的误差比较来判定小波基的好坏,并由此选定小波基。

常用的小波基有以下几种:Morlet 小波、高斯小波、墨西哥帽小波、Meyer 小波、Haar 小波、紧支撑正交小波(db$N$)、近似对称的紧支撑双正交小波(sym$N$)、Coifmant 小波、双正交样条小波(biorNr. Nd)。

下面对其中几种小波进行介绍。

1) Haar 小波

Haar 函数是小波分析中最早用到的一个具有紧支撑的正交小波函数,也是最简单的一个小波函数。Haar 小波在时域上不是连续的,多用于理论研究。实际上 Haar 小波是 $N=1$ 时的 Daubechies 小波。

Haar 函数的定义为:

$$\psi_H = \begin{cases} 1 & 0 \leq x \leq \frac{1}{2} \\ -1 & \frac{1}{2} \leq x \leq 1 \\ 0 & \text{其他} \end{cases} \quad (7-13)$$

图 7-9 为 Haar 小波函数的时域波形。

2) 高斯(Gauss)小波

高斯小波是高斯函数的一阶导数。高斯小波是由一基本高斯函数对时间求导得到的,其为指数级衰减,非紧支撑且非正交的小波函数;具有非常好的时间频率局部化特性,关于 y 轴反对称。高斯小波在信号与图像的边缘提取中有着广泛的应用。

高斯小波的定义为:

$$\psi_a(t) = \frac{-t}{a^2 \sqrt{2\pi}} e^{\frac{t^2}{2a^2}} \quad (7-14)$$

图 7-10 为高斯小波函数的时域波形。

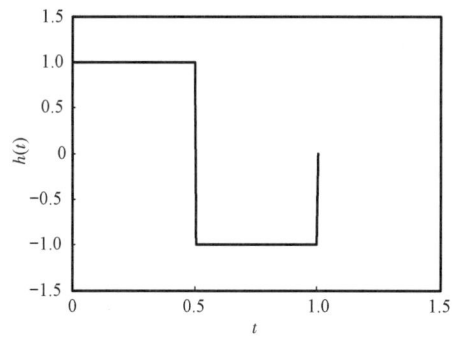

图 7-9　Haar 小波函数的时域波形　　　　图 7-10　高斯小波函数的时域波形

3) 墨西哥帽(Mexican Hat)小波

墨西哥帽函数是高斯函数的二阶导数,因为它的形状像墨西哥帽的截面,所以被称为墨西哥帽函数。墨西哥帽在时域与频域都有很好的局部化特性。

墨西哥帽函数的定义为:

$$\psi(t) = \frac{2}{\sqrt{3}} \pi^{-\frac{1}{4}} (1-t^2) e^{-\frac{t^2}{2}} \quad (7-15)$$

图 7-11 为墨西哥帽小波函数的时域波形。

4) Daubechies(db$N$)小波

Daubechies 小波是由世界著名的小波分析学者 Ingrid Daubechies 构造的小波函数,简写成 db$N$,N 为小波的阶数。db$N$ 小波具有较好的正则性,信号重构过程比较光滑。db$N$ 小波的特点是随着阶次(序列 N)的增大消失矩阶数越大,其中消失矩越高光滑性就越好,频域的局部化能力就越强,频带的划分效果越好,但是会使时域紧支撑性减弱,同时计算量大大增加,实时性变差。另外,除 $N=1$ 外,db$N$ 小波不具有对称性(即非线性相位),即在对信号进行分析和重构时会产生一定的相位失真。db$N$ 没有明确的表达式(除了 $N=1$ 外,$N=1$ 时即为 Haar 小波)。

图 7-12 为 db2 小波函数的波形。

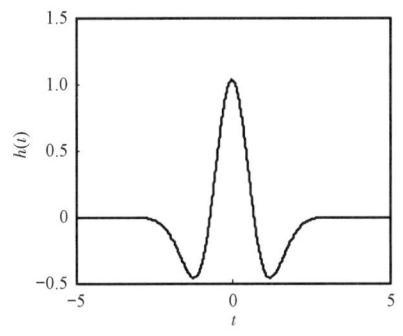
图 7-11 墨西哥帽小波函数的时域波形

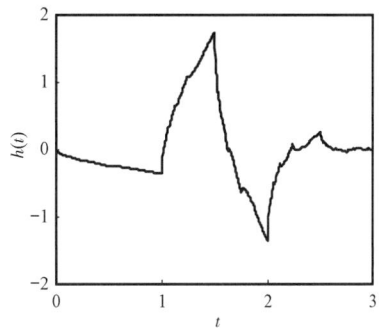
图 7-12 db2 小波函数的时域波形

2. 高斯小波与墨西哥帽小波的奇异点识别性能分析

高斯函数的导数在信号的奇异性检测中有较为优秀的表现[79-84]，对高斯函数的一阶导数——高斯小波和高斯函数的二阶导数——墨西哥帽小波在奇异性检测上的性能进行以下实验对比。

图 7-13 为某带有突变点的信号，分别用墨西哥帽小波和高斯小波对其进行 10 阶连续小波变换。

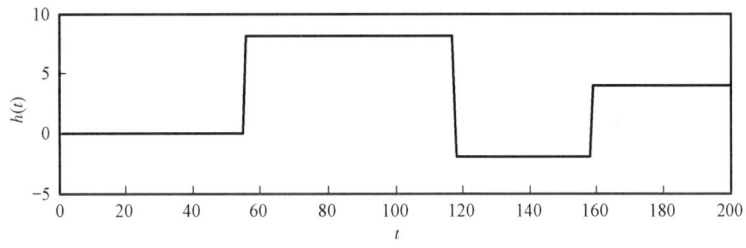
图 7-13 实验信号

图 7-14 为利用墨西哥帽小波对原始信号进行 10 阶变换的曲线图，图中 10 条曲线分别为 10 个不同阶次小波变换后的系数，越靠后的曲线小波变换阶数越高。从该图可以较为明显地看出小波变换的波动范围随小波变换阶次增大的情况。

图 7-15 为利用墨西哥帽小波 10 阶变换绘制带等高线的曲面图，横坐标为信号采样点，纵坐标为小波变换阶次，竖直方向为其幅值。由图 7-15 中的三维部分可以看出，墨西哥帽小波变换凸出了原信号的突变点。在较低变换阶次，奇异点处的幅值较小，但定位精度较好，随着小波变换阶次的增大，奇异点附近幅值增大，更加容易识别，但其定位精度下降。从图 7-15 底部的等高线可以清楚地看出，随着变换阶次的降低，变换的波动范围收窄，指向奇异点。

图 7-16 为利用墨西哥帽小波 10 阶变换的曲面图俯视视角，冷色调表示该处幅值越小，暖色点表示该处幅值越大，可以看出墨西哥帽小波对应每个奇异点都有一个极大值和极小值，在较大小波变换阶次幅值较大，更容易识别，在较小变换阶次幅值较小，但指向性更明显。

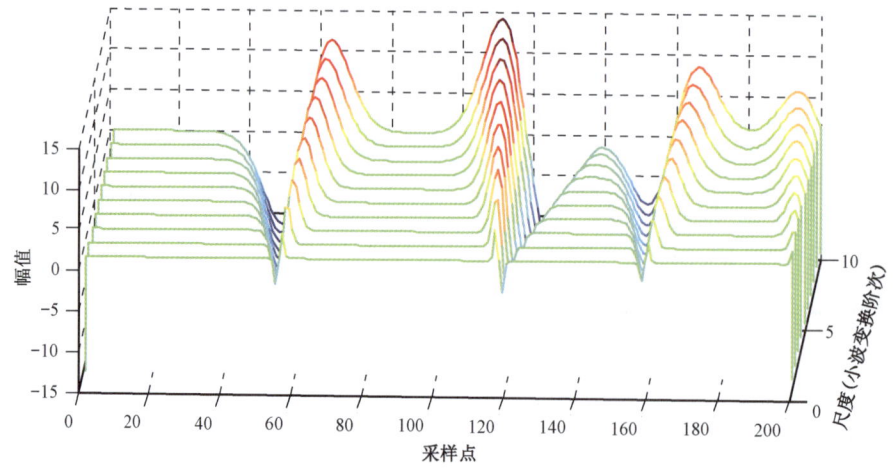

图 7-14 利用墨西哥帽小波 10 阶变换的曲线图

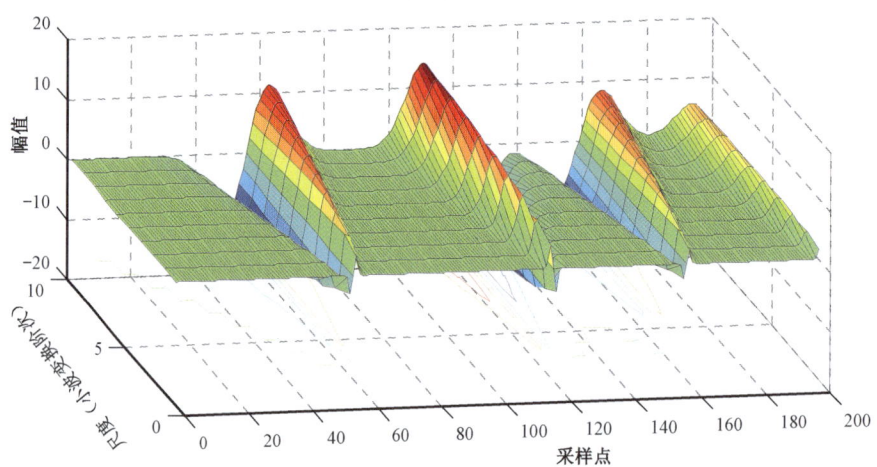

图 7-15 利用墨西哥帽小波 10 阶变换绘制带等高线的曲面图

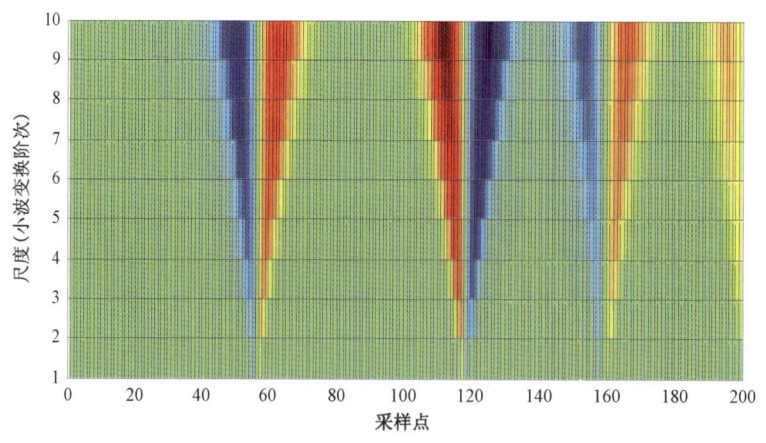

图 7-16 利用墨西哥帽小波 10 阶变换的曲面图俯视视角

图 7-17 为利用高斯小波对信号进行 10 阶变换的曲线图,每一个波峰和波谷都对应了原信号的突变处,且波谷对应原信号突然增大处,波峰对应原信号突然减小处。从该图可以较为明显地看出奇异点附近波动范围随着小波变换阶次减小而收窄,最终指向奇异点的特性。

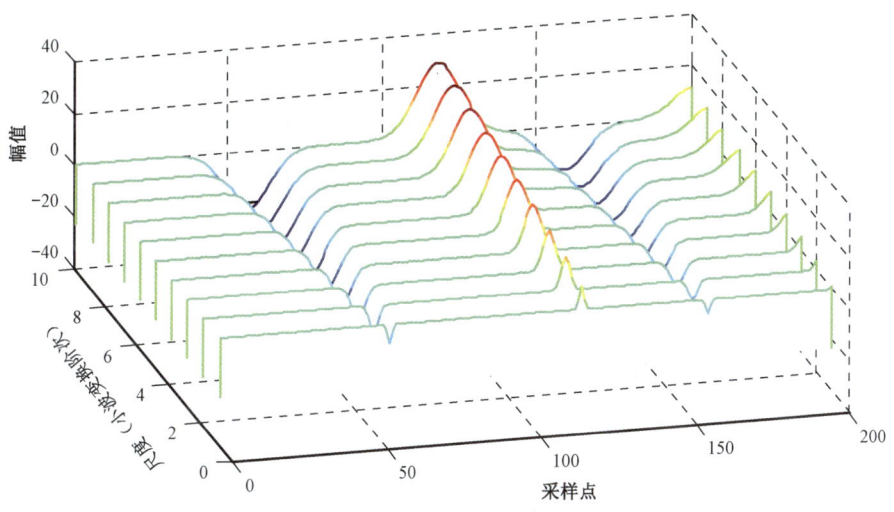

图 7-17 利用高斯小波 10 阶变换的曲线图

图 7-18 为利用高斯小波 10 阶变换绘制带等高线的曲面图,横坐标为信号采样点,纵坐标为小波变换阶次,竖直方向为其幅值。由图 7-18 中的三维部分可以看出,高斯小波变换在原信号的突然增大处对应了一个负的极大值,在原信号的突然减小处对应了一个正的极大值,且随着小波变换阶次的增大奇异点附近的幅值增大,且波动范围增大。由三维图底部可以看出,随着小波变换阶次的降低,波动范围收窄,指向奇异点处。

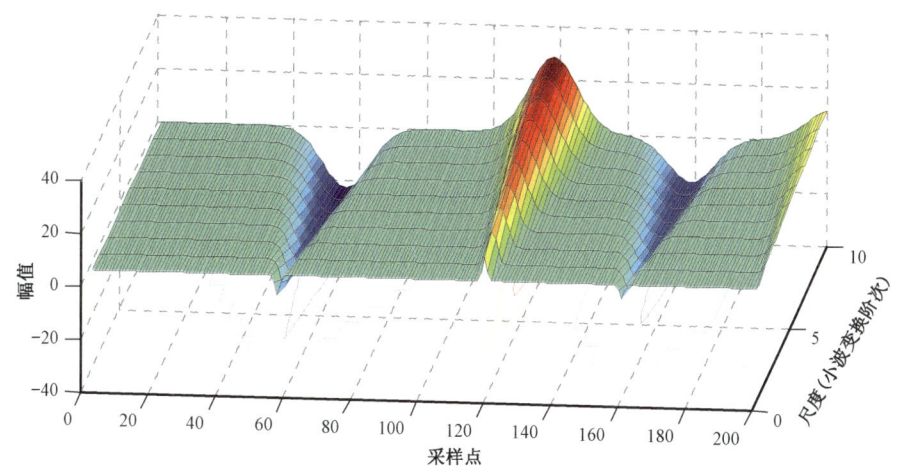

图 7-18 利用高斯小波 10 阶变换绘制带等高线的曲面图

图 7-19 为利用高斯小波 10 阶变换的曲面图俯视视角,从该图可以较为明显地看出随着小波变换阶次的增大,奇异点附近的幅值增大,且波动范围增大。

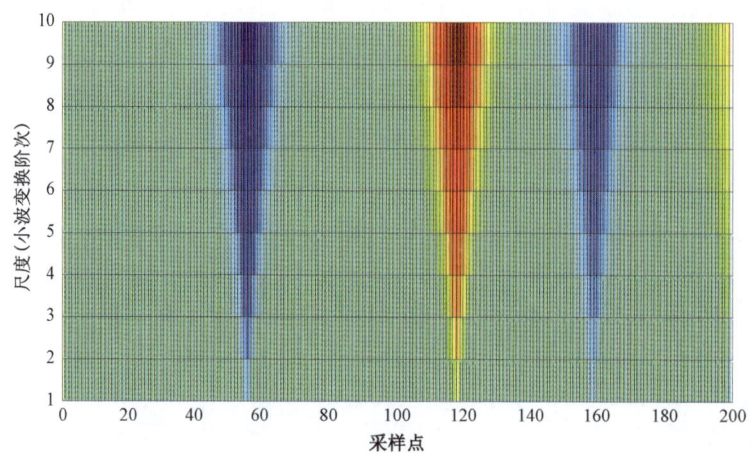

图 7-19 利用高斯小波 10 阶变换的曲面图俯视视角

从以上的分析可以看出,使用高斯函数的一阶导数(高斯小波)和二阶导数(墨西哥帽小波)进行小波变换均能对原信号奇异性特征进行放大,且能在变换的低阶次判别出信号奇异点,但从其变换过程中的特性来看,墨西哥帽小波对应每一个突变点,在其附近小波系数都有极小值和极大值,增加了运算的复杂性,在处理实际数据时,会加大奇异点的判定难度,数据的增多会影响奇异点识别。而高斯小波对应每一个信号奇异点只存在一个波峰或者波谷,更有利于对奇异点进行识别。

第三节 基于小波变换的堵塞点识别技术

基于瞬态压力信号分析的堵塞检测技术,依赖于管道内流体的瞬态压力波响应,通过压力监测点采集到的压力波动曲线来识别出堵塞点的位置。选取适合的小波基函数对所采集到的压力信号进行多尺度分析,提取压力波动曲线的奇异点,这些奇异点对应了时间信息,结合压力波的传播速度,便可求解堵塞点的位置,完成堵塞点位置的识别工作。

信号中的突变部分反映了对应该信号的参数在该时刻发生了状态的改变。通常情况下,信号奇异性分为两种情况:一种是信号在某一时刻,其幅值发生突变,引起信号的非连续,幅值的突变处是第一种类型的间断点,由于堵塞形成的压力波曲线变换即为该种情况;另一种是信号外观上很光滑,幅值没有突变,但是,信号的一阶微分有突变产生,且一阶微分是不连续的,这是第二类型的间断点。

一、Lipschitz 指数

对于一个信号,经过消噪和小波变换后,其特征信号得以在图形上突出,我们需要一个指标对其奇异性进行描述,进而识别出图形上的某点是否是奇异的。Lipschitz 指数(李氏指数)可以用来描述某信号(或函数)在某区间的奇异性。

粗略地说,若信号在某一点或某一区域内是可微的,则该信号在该点或该区间内是规则的;反之,则是奇异的。数学上称无限次可导的函数是光滑的或是没有奇异性,若函数在某处有间断或某阶导数不连续,则称函数在此处具有奇异性,该点称为信号的奇异点,并可用 Lipschitz 指数描述奇异点的奇异性。

设函数 $x(t)$ 在 t_0 处的泰勒级数展开式为:

$$x(t) = P_n(t) + O(t-t_0)^{n+1} = x(t_0) + a_1(t-t_0) + $$
$$a_2(t-t_0)^2 + \cdots + a_n(t-t_0)^n + O(t-t_0)^{n+1} \qquad (7-16)$$

若 $x(t)$ 在 t_0 处有满足:

$$|x(t_0-\delta) - P(t_0-\delta)| \leq A|\delta|^\alpha \qquad (n < \alpha < n+1) \qquad (7-17)$$

则称 $x(t)$ 在 t_0 处的 Lipschitz 指数为 α。其中 $P_n(t)$ 是过 $x(t_0)$ 在 t_0 点的 n 次多项式,δ 是一个充分小的值。如果 $x(t)$ 为 n 次可微,但 n 阶导数不连续,所以 $n+1$ 次不可微,则 $n<\alpha<n+1$;如果 $x(t)$ 的 Lipschitz 指数为 α,则 $\int x(t)dt$ 的 Lipschitz 指数必为 $\alpha+1$。每积分一次,Lipschitz 指数增加 1。

Lipschitz 指数与信号 $x(t)$ 在某点或者某区间上的可微性相关。若 $x(t)$ 在某点的导数阶次越高,相应的 Lipschitz 指数就越大。若 $x(t)$ 在某点的 Lipschitz 指数小于 1,则信号在该点是不可微的,或是奇异的。因此,Lipschitz 指数可以用来度量信号在某一点或某一区间的规则性(或奇异性)。

二、小波变换模极大值

小波变换可以选取不同的尺度来观察信号的变化情况,因而可以很好地描述信号的局部特性。小波变换模极大值方法可以对信号突变信息进行提取,是对信号进行局部奇异性分析的有力工具。

小波变换的定义可以用卷积的方式来给出。

$$WT_x(a,t) = x(t)\varphi_a(t) = \frac{1}{\sqrt{a}}\int_R x(b)\varphi(\frac{t-b}{a})db \qquad (7-18)$$

其中,t 为时间变量,b 为积分变量。卷积计算是求两个函数相似度的运算,这种意义上的小波变换 $WT_x(a,t)$ 可以看成是信号 $x(t)$ 通过冲激响应为 $\varphi_a(t)$ 的系统后的输出。

设 $\phi(t)$ 是一低通函数,并假设它具有一阶导数 $\phi^{(1)}(t) = d\phi(t)/dt$ 和二阶导数 $\phi^{(2)}(t) = d^2\phi(t)/dt^2$。显然,$\phi^{(1)}(t)$ 和 $\phi^{(2)}(t)$ 为带通函数,可用作小波母函数。

分别用 $\phi^{(1)}(t)$ 和 $\phi^{(2)}(t)$ 对信号 $x(t)$ 进行小波变换并记作 $WT_x^{(1)}(a,t)$ 和 $WT_x^{(2)}(a,t)$:

$$WT_x(a,t) = x(t)\phi_a^{(1)}(t) = x(t)(a\frac{d\phi_a(t)}{dt}) = a\frac{d}{dt}(x(t)\phi_a(t)) = a\frac{d}{dt}(WT_x(a,t))$$

$$WT_x^{(2)}(a,t) = x(t)\phi_a^{(2)}(t) = x(t)(a^2\frac{d\phi_a(t)}{dt}) = a^2\frac{d}{dt}(x(t)\phi_a(t)) = a^2\frac{d}{dt}(WT_x(a,t))$$

由上面两式可知,小波变换 $WT_x^{(1)}(a,t)$ 和 $WT_x^{(2)}(a,t)$ 等效为信号 $x(t)$ 在尺度 a 下由 $\varphi(t)$ 平滑后再取一阶和二阶导数。从数学的角度来讲,函数一阶导数为零的点对应其极值点,二阶导数为零的点对应其转折点。因此,当用低通函数的一阶或二阶导数作为小波基函数对信号进行连续小波变换,其结果将体现出该信号的奇异点(即极值点或转折点)[85]。

小波变换模极大值的定义:如果$\partial WT_x(a_0,t)/\partial t|_{t=t_0}=0$,那么$(a_0,t_0)$为$WT_x(a,t)$的局部极值点,当$t$处在$t_0$的左邻域或者右邻域,且都满足$|WT_x(a_0,t)|<|WT_x(a_0,t_0)|$,则$(a_0,t_0)$为$WT_x(a,t)$的模极大值点,$|WT_x(a_0,t_0)|$是相应的模极大值点。其中,$|WT_x(a,t)|$被称为信号$x(t)$的小波变换的模(Modulus),在尺度—时间平面上的所有模极大值点(a_0,t_0)的连线称为模极大值线。

根据 Witkin 的尺度跟踪理论,大尺度上的模极大值在小尺度上有代表同一信号特征的对应的模极大值,如果尺度空间是连续的,那么同一特征的模极大值可以沿着连续曲线跟踪[86]。因此,可以通过沿着模极大值线一直延伸到尺度接近零处来定位信号的奇异点。

图 7-20 为 δ 函数的奇异性检测情况。采用墨西哥帽小波对其进行连续小波变换并做出模极大值线。图 7-20(a) 为 δ 函数信号。图 7-20(b) 是对信号进行连续小波变换$WT_x(a,t)$,图中最亮处代表正的极大,最暗处表示负的极大。由图 7-20(b) 可以看出,对应信号奇异点的地方,相应小波变换产生"突起"。将这些"突起"沿尺度连接起来,就构成了模极大值线,如图 7-20(c) 所示。图 7-20(c) 的纵坐标是尺度以 2 为底的对数,即 $\text{lb}a$,横坐标是位移 t。

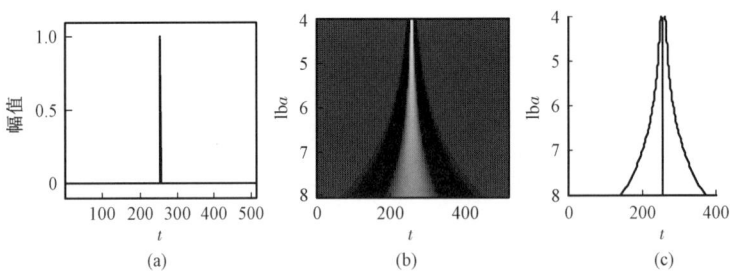

图 7-20 δ 函数的时域波形、连续小波变换和模极大值曲线

从图 7-20(b) 和图 7-20(c) 可以看到,小波变换的模极大值线沿着尺度减小的方向在一个锥形区域内渐渐收敛到信号的奇异点的位置。因此,由模极大值线可以检测到这些奇异点。

三、Lipschitz 指数的求解

信号的奇异性可以通过 Lipschitz 指数来度量,不同类型的奇异点,其 Lipschitz 指数不同,但根据定义来计算 Lipschitz 指数比较复杂[87]。小波变换可以根据其特有的时频局部放大特性来定位信号中的奇异点,我们需要一种利用小波变换过程中的量来计算 Lipschitz 指数的方法。奇异点与 Lipschitz 指数及小波变换有着密切的联系。Mallat 等建立了小波变换与 Lipschitz 指数之间的关系[88]。

设 $x(t)\in L^2(R)$,且 $x(t)$ 在 t_0 处有 Lipschitz 指数 $\alpha\leqslant n$,n 为小波 $\varphi(t)$ 的消失矩,则存在常数 $A>0$ 使得下式成立:

$$|WT_x(a,b)|\leqslant Aa^{\alpha+0.5}(1+|(t-t_0)/a|^\alpha) \qquad \forall a\in R^+,t\in R \qquad (7-19)$$

反之,若 $\alpha < n$ 为非整数,且存在正常数 A 和 α 使得

$$|WT_x(a,b)| \leqslant Aa^{\alpha+0.5}(1 + |(t-t_0)/a|^\alpha) \qquad \forall a \in R^+, t \in R \qquad (7-20)$$

则 $x(t)$ 在 t_0 处有 Lipschitz 指数 α 与小波变换的模 $|WT_x(a,b)|$ 以及尺度 a 的关系:$x(t)$ 在 t_0 点处的 Lipschitz 指数 α 的大小与 t_0 的邻域中小波变换 $WT_x(a,b)$ 在尺度 a 下的衰减速率有关,$WT_x(a,b)$ 衰减的越快,t_0 点的 Lipschitz 指数就越大。

下面考虑某一区间上均匀 Lipschitz 指数与小波变换的关系。假定 $x(t)$ 仅在 t_0 处有一个奇异点,容易知道,$x(t)$ 在 t_0 处的奇异性不会影响到整个尺度—时间平面上的小波变换,而主要影响该平面上围绕 t_0 的一个小的范围。再假定小波变换使用的是支撑范围为 $[K,K]$ 的小波函数 $\varphi(t)$,则 $\varphi_{a,b}(t)$ 的支撑范围为 $[t-Ka, t+Ka]$。那么,在尺度—时间平面上使得 t_0 包含在 $\varphi_{a,b}(t)$ 范围内的所有点的集合为:

$$|t-t_0| \leqslant Ka \qquad (7-21)$$

结合式(7-19)至式(7-21),给出某一区间上均匀 Lipschitz 指数与小波变换的关系:

设 $x(t) \in L^2(R)$,且 $x(t)$ 在区间 $[r,s]$ 上有均匀 Lipschitz 指数 $\alpha \leqslant n$,n 为小波 $\varphi(t)$ 的消失矩,则存在常数 $B > 0$ 使得下式成立:

$$|WT_x(a,b)| \leqslant Ba^{\alpha+0.5} \qquad \forall (a,b) \in [r,s] \times R^+ \qquad (7-22)$$

反之,若 $\alpha < n$,则存在正常数 B 和 α 使得式(7-22)成立,则 $x(t)$ 在区间 $[r,s]$ 上有均匀 Lipschitz 指数 α。

令 $a = 2^j$,在式(7-22)两边取以 2 为底的对数,有:

$$\text{lb}|WT_x(a,b)| \leqslant (\alpha + 0.5)j + \text{lb}B \qquad (7-23)$$

式(7-20)、式(7-22)和式(7-23)给出了 Lipschitz 指数与小波变换之间的关系:可以通过小波变换的模极大值与尺度 j 来求解 Lipschitz 指数,即以 j 为自变量,$\text{lb}|WT_x(a,b)|$ 为函数值作图,所得模极大值线的斜率记为 k,那么该模极大值线收敛点 t_0 处的 Lipschitz 指数 $\alpha = k - 0.5$。因此,通过模极大值线的斜率可快速求解出 Lipschitz 指数。

利用小波变换模极大值线的斜率,可以求出图 7-20 中 δ 函数信号在其奇异点处的 Lipschitz 指数,其奇异点处的模极大值拟合曲线如图 7-21 所示。通过计算,可以得到该 δ 函数信号小波变换模极大值拟合曲线的斜率为 -0.5,因此该信号奇异点处 $\alpha = -1$,Lipschitz 指数小于 1,该信号在其对应时间点处是奇异的。

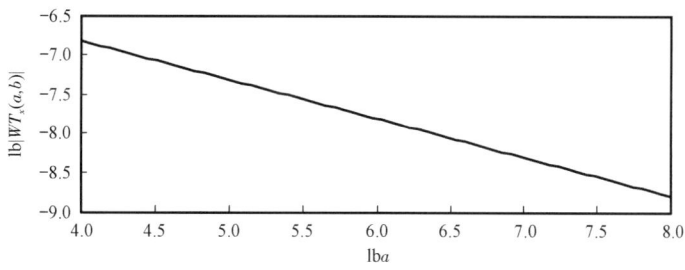

图 7-21 δ 函数信号的小波变换模极大值拟合曲线

四、堵塞点位置识别

通过小波变换对压力信号进行处理后,通过计算得到各尺度下的小波变换的模极大值点,根据奇异点模极大性质,可求得若干模极大值曲线,但这些模极大曲线不一定来自于信号的奇异点。通过追踪小波变换模极大值曲线,计算该曲线上的模极大值点在 $\text{lb}|WT_x(a,b)|$—$\text{lb}b$ 平面上的斜率,根据模极大值曲线斜率和 Lipschitz 指数的关系,对各个奇异点进行甄别,识别出特征时间点对应的奇异点。在得到特征时间点后,在对监测点压力波动曲线分析中,通过前两个压力信号突变点的时间,结合压力波在管道中的传播速度,可以得到堵塞段位置与压力监测点的距离,以此判断出堵塞段与压力监测点的位置关系。图 7-22 展示了压力信号分析法的堵塞点识别流程。

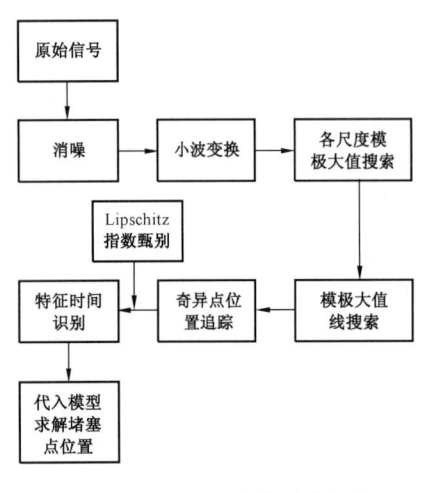

图 7-22 基于压力信号分析的堵塞点识别流程

第四节 应用实例分析

一、测试管段

王化线全长 41.4km,起点为泵站,代号 A;终点为油库,代号 B。泵站 A 高程 585.3m,油库 B 高程 775.47m。其参数见表 7-1。

表 7-1 王化线 AB 段参数

实验段	管长,km	管径,mm	壁厚,mm	管材	弹性模量,GPa	泊松比
A—B 输油段	41.400	529	7	X60	206	0.27

王化线处于间歇输送状态,当管道停输时,关闭终点阀门,模拟管道堵塞点,由于管道终点高于起点 190m,管道内流体从 B 流向 A,产生一减压波(方向 A—B),并向 B 点传播,当减压波到达 B 点截断阀门时,由于阀门阻碍作用,反射回 A 点,在管道内产生了一个反复振荡的水锤波,通过在管道 A 点设置的压力变送器采集瞬变流压力信号,采样频率为 10Hz,如图 7-23 所示。

二、结果及分析

实验测试获得的瞬变流的压力信号波如图 7-23 所示。纵坐标为压力,横坐标为采样点数。图 7-23 中 4 次压力信号采集时的油温分别为 32.2℃,26.0℃,26.4℃和 23.3℃。

压力传感器每两个采样点的时间间隔是不一致的,但不影响我们对两奇异点间的时间差进行计算,从源信号中根据采样点序列和时间序列的一一对应关系,即可从采样点序号寻找到其对应的时间节点。从图中可以看出,压力波在管道内传播反复振荡,并逐渐衰减,最后趋于

第七章 瞬变流在管道堵塞检测中的应用

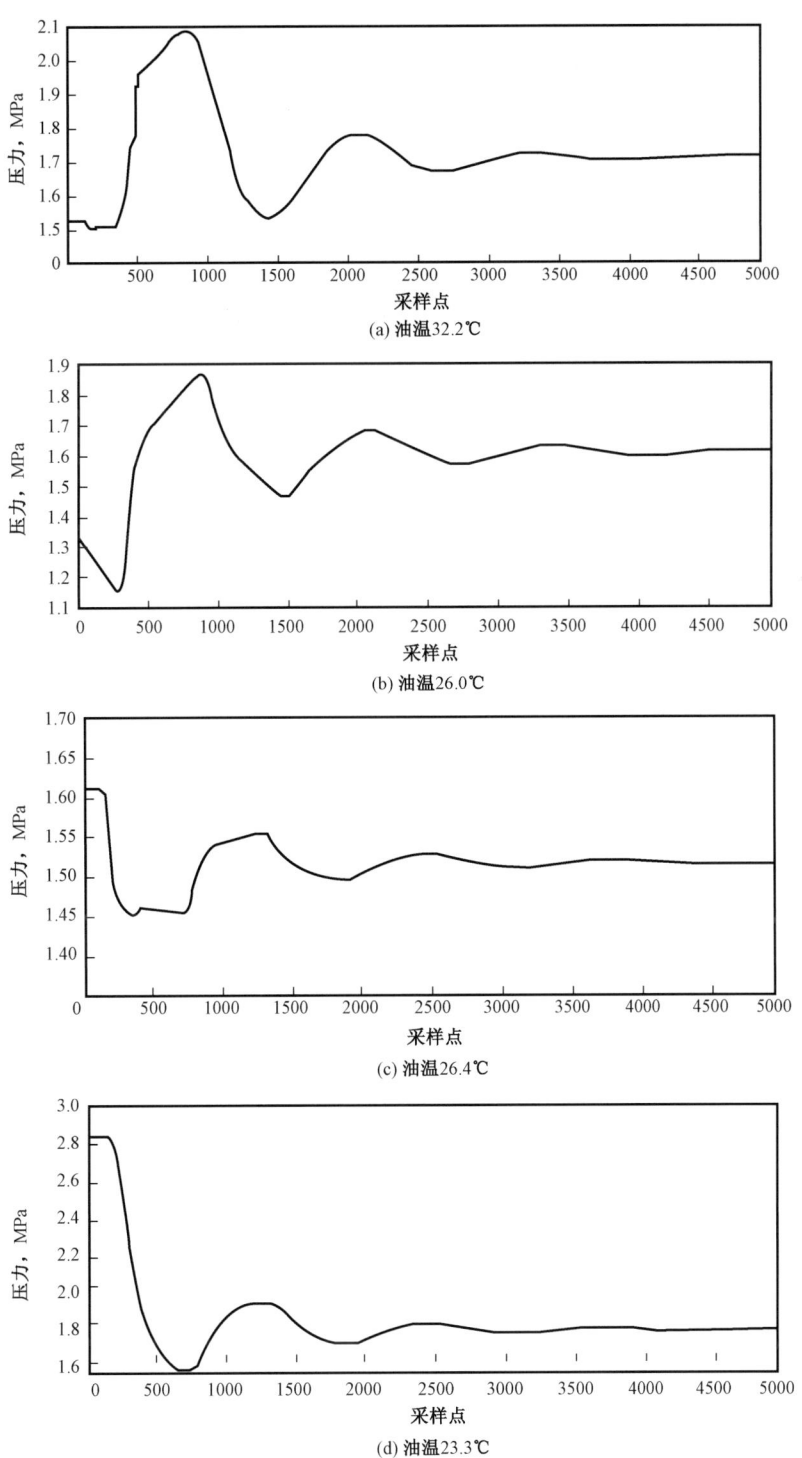

图 7-23 堵塞检测的水锤波形

一个较为稳定的值。

应用所开发的堵塞检测软件对该图 7 - 23a 的信号进行分析。图 7 - 24 为对信号进行连续小波变换 $WT_x(a,t)$,最亮处表示正的极大,最暗处表示负的极大,即越亮的地方表示其小波变换的值越大,越暗的地方其小波变换的值越小。

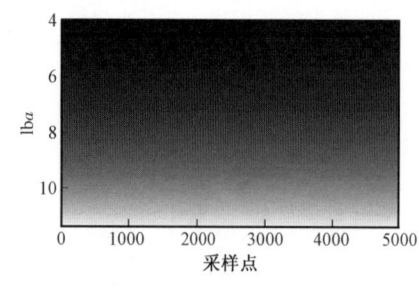

图 7 - 24　信号连续小波变换

图 7 - 25(a)为原信号,图 7 - 25(b)为小波变换的模极值曲线图,通过识别出不同尺度下其在时间线上的模极大值点,然后从小尺度到大尺度,对小尺度模极大值点搜寻附近的较大尺度的模极大值点连线,得到该模极大值线图。横坐标为时间的采样点,纵坐标为信号小波变换的尺度以 2 为底数的对数,也即 lba。图 7 - 25(b)中曲线即为小波变换模极大值连线。

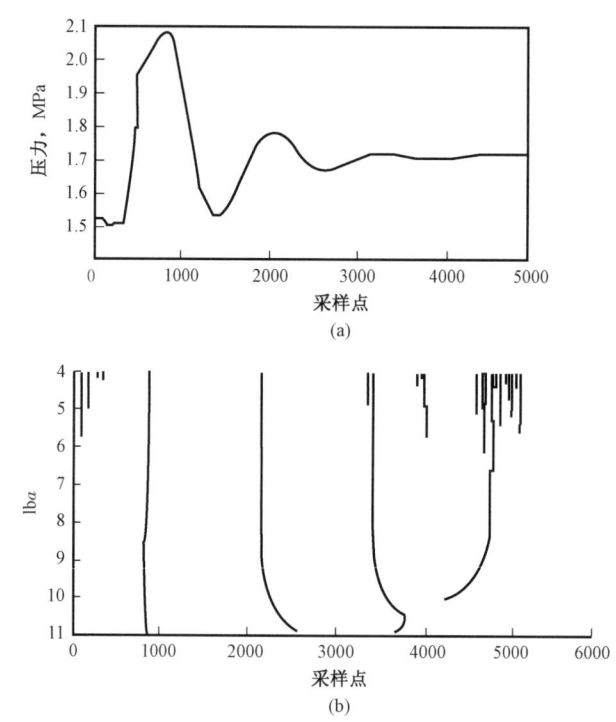

图 7 - 25　小波变换模极大值曲线

利用软件对正的模极大值进行识别,也即小波变换模极大值曲线对应的点为信号波形的波峰。根据水击波的传播规律可以知道,两个波峰或两个波谷间,压力波传播距离为 4 倍管长,即 $4l_{AB}$ 的距离。

如图 7 - 26 所示,虚线 A 和 C 分别对应了压力响应曲线的两个波谷,虚线 B 和 D 分别对应了压力响应曲线的两个波峰(注:4 次实验截取的信号波形第 1 个波谷均为负压波发射后压力信号监测点监测信号波形的第 1 个波谷)。虚线 A 处负压波在管内已经传播了 2 倍模拟堵塞段管长,即 $2l_{AB}$ 的距离。

根据水击波的传播规律可以知道,在 A 到 B 的时间区间内,负压波在管道内传播了 2 倍

第七章 瞬变流在管道堵塞检测中的应用

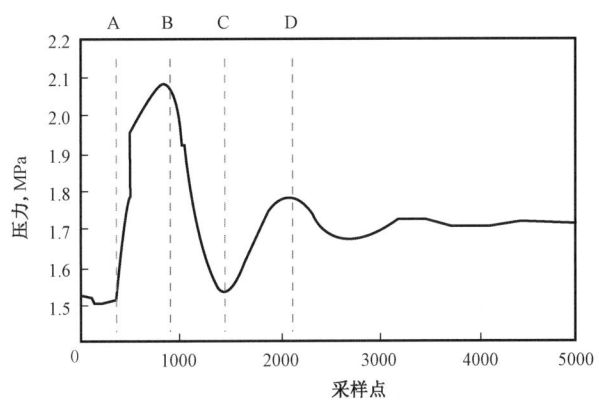

图 7-26 软件堵塞点检测示意图

模拟堵塞段管长,即 $2l_{AB}$ 的距离。同样,B 到 C 的时间区间和 C 到 D 的时间区间内,压力波在管道内均传播 $2l_{AB}$ 的距离。软件对波峰进行识别,即 B 到 D 的区间,该区间内压力波在管道内传播了 $4l_{AB}$ 的距离。

从图 7-25(a)和图 7-25(b)的对应可以看出,较长的曲线均对应了压力信号的波峰,较短的曲线表明了不是奇异点的信号随着分解尺度的增大,其极值点消失了,即随着分解尺度的增大,其对奇异点识别带来的干扰被过滤掉了,而奇异点的模极大值随着尺度的增大一直得以延续。

表 7-2 为识别得到的奇异点信息,根据采样点从原始数据中得到其对应的采样时间。"17:00:12.640"表示时间为 17 时 0 分 12 秒 640 毫秒,后文中时间表示均如此。

表 7-2 奇异点信息

采样点	885	2172	3424
采样时间	17:00:12.640	17:03:00.343	17:05:45.890

图 7-27(a)(b)(c)分别为表 7-2 中识别出的奇异点时间 00′12″640,03′00″343 和 05′45″890 对应的模极大值曲线上的模极大值,在尺度——连续小波变换 $WT_x(a,t)$ 平面上的分布图,横纵坐标均取以 2 为底数的对数。图中虚线为在该坐标系中其小波变换模值的连线,实线为对小波变换模值进行曲线拟合后的拟合直线。通过计算拟合曲线的斜率,再根据该曲线斜率与 Lipschitz 指数的关系可以得到表 7-3 所示的 Lipschitz 指数表。

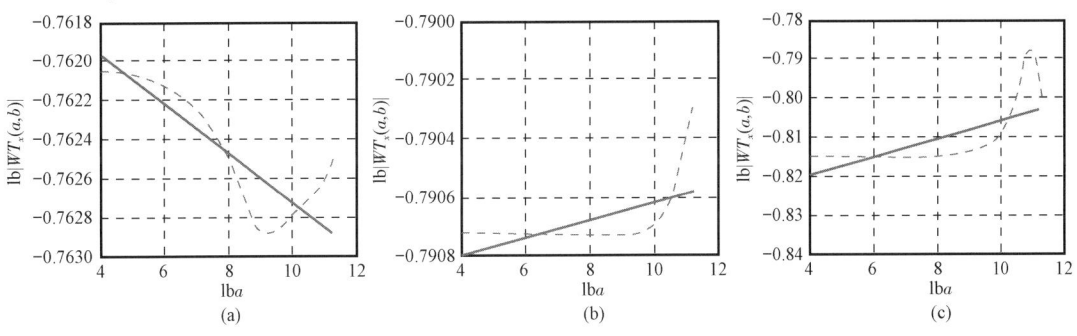

图 7-27 模极大值拟合曲线(一)

由表 7-3 可以看出,各点 Lipschitz 指数均小于 1。符合奇异点的标准,该 3 个时间点均为奇异点。因此,根据采样点 885 和采样点 2172 两个波峰信号对应的时间即可得到压力波在泵站 A 和模拟堵塞点 B 之间传播 $4l_{AB}$ 的时间,结合压力波在管道内的传播速度即可得到 4 倍堵塞段管长,除以 4 即得到堵塞定位点。由表 7-4 可见,堵塞点预测误差为 +1.7%。

表 7-3 奇异点 Lipschitz 指数

采样点	885	2172	3424
采样时间	17:00:12.640	17:03:00.343	17:05:45.890
Lipschitz 指数	-0.50	-0.49	-0.49

表 7-4 堵塞点位置

实验段	第一奇异点时间	第二奇异点时间	预测位置,m	误差,%
泵站 A 至油库 B	17:00:12.640	17:03:00.343	42103.84	+1.7

采用同样的方法对图 7-28 所示的堵塞实验波形 b 进行分析,图 7-29 为对堵塞实验波形 b 的连续小波变换,图 7-30 为信号的小波变换模极大值曲线,根据图 7-31 中各拟合曲线斜率计算得对应奇异点 Lipschitz 指数见表 7-5。

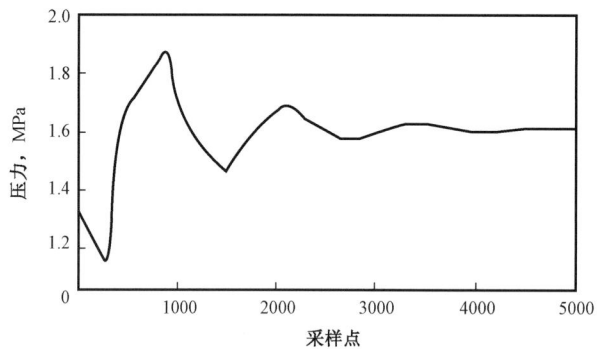

图 7-28 堵塞实验波形 b

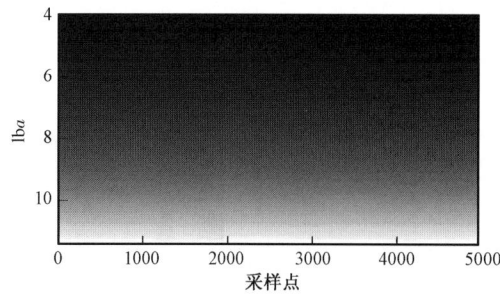

图 7-29 信号连续小波变换

表 7-5 奇异点 Lipschitz 指数

采样点	915	2168	3488
采样时间	10:59:53.140	11:02:35.328	11:05:26.328
Lipschitz 指数	-0.50	-0.50	-0.50

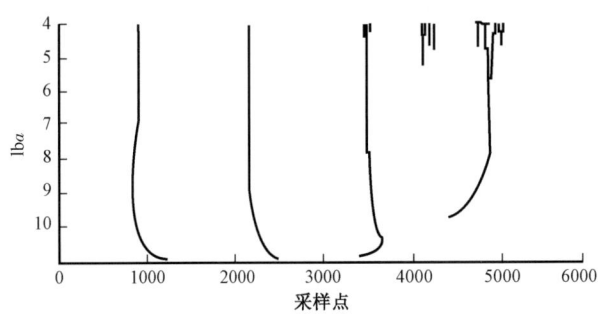

图 7-30 堵塞实验波形 b 的小波变换模极大值曲线

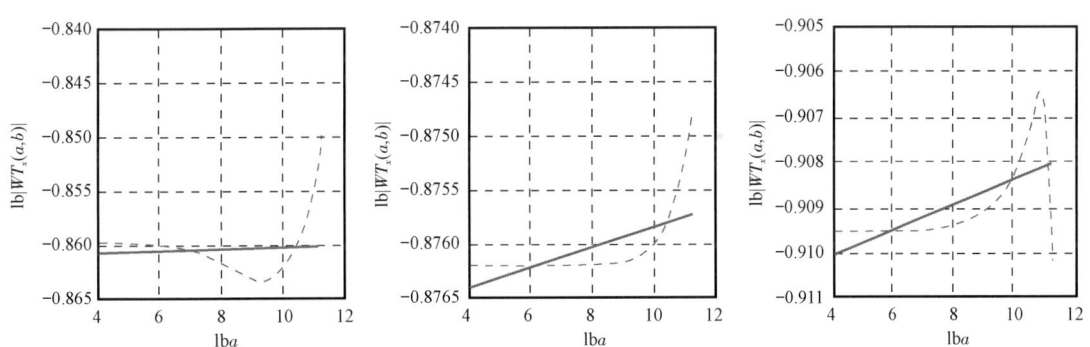

图 7-31 模极大值拟合曲线(二)

由表 7-5 可以看出,各点 Lipschitz 指数均小于 1。符合奇异点的标准,该 3 个时间点均为奇异点。因此可以得到堵塞点位置。堵塞点预测见表 7-6。

表 7-6 堵塞点位置

实验段	第一奇异点时间	第二奇异点时间	预测位置,m	相对误差,%
泵站 A 至油库 B	10:59:53.140	11:02:35.328	40719.24	-1.6

同理,对 4 组信号进行了处理,计算结果见表 7-7。

表 7-7 堵塞检测软件堵塞检测结果

实验段	信号波形	第一奇异点时间	第二奇异点时间	预测位置,m	相对误差,%
泵站 A 至油库 B	a	17:00:12.640	17:03:00.343	42103.84	+1.7
	b	10:59:53.140	11:02:35.328	40719.24	-1.6
	c	11:05:55.453	11:08:36.765	40499.31	-2.0
	d	13:58:23.296	14:01:08.734	41535.19	+0.3

由表 7-7 可以看出,通过应用基于瞬态的压力信号分析法原理编制的堵塞点定位软件对 4 次现场实验数据进行运算得出的堵塞点位置在实际模拟堵塞点 41400m 左右均有小幅波动,且相对偏差在 2% 以内,对 4 次实验预测位置取平均值,可减小误差。结果见表 7-8。

表7-8 堵塞点预测位置

实验段	堵点位置,m	预测位置,m	误差,m	相对误差,%
泵站A至油库B	41400	41214.39	-185.60	-0.4

从最终得到的堵塞点预测位置可以看出,预测位置与实验中模拟堵塞点位置仅偏差了185m,相对误差为-0.4%,小于1%,能够达到工程应用的要求。

通过应用基于瞬态的压力信号分析法原理编制的堵塞点定位软件对堵塞点定位,定位堵塞点位置达到了一定的精度,验证了基于瞬态的压力信号分析法堵塞技术的可靠性和编制软件的实用性。通过多次实验数据的采集,进行堵塞位置计算能将堵塞位置定位到一个较小的误差范围,最终预测位置偏差185m,相对误差0.4%,误差控制在了1%以内,具有工程实用价值。

第八章　瞬变流在泄漏检测中的应用

本章首先研究了一种新型的基于瞬态模型的管道泄漏检测方法,对传统的特征线法差分格式进行了改进,将其应用于对管道瞬态模型的求解。并对管道实施由前到后和由后到前的两次仿真,对两次仿真的结果进行比较,从而判断管道是否发生泄漏,并确定泄漏位置。

基于瞬态模型的泄漏检测方法能够对管道的泄漏做出及时而准确的报警定位,满足工程应用的要求,有着广阔的应用前景,但该方法需要采集管道两端的压力、流量、温度信号,投资较大,而采用瞬态负压波法只需采集管道两端的压力(或次声波)和温度信号,可以节省大量的投资,目前应用比较广泛,因此本章也进行了深入研究。

第一节　基于瞬态模型的泄漏检测方法

一、输油管道的瞬态数学模型

油品在管道中的流动可视为一元流动,由于流体的运动必然满足质量守恒、动量守恒和能量守恒,因此,可以根据流体力学建立油品在管道中的流动模型,它包括连续性方程(8-1)、动量方程(8-2)和能量方程(8-3),这些方程描述了管道中油品的压力、温度、流量等之间的关系。

$$\frac{\partial V}{\partial x} + \frac{1}{\rho a^2}\left(v\frac{\partial p}{\partial x} + \frac{\partial p}{\partial t}\right) = 0 \qquad (8-1)$$

$$\frac{\partial v}{\partial t} + v\frac{\partial v}{\partial x} + \frac{1}{\rho}\frac{\partial p}{\partial x} + g\sin\theta + \frac{f}{2D}v|v| = 0 \qquad (8-2)$$

$$\frac{d(cT)}{dt} - \frac{T}{\rho}\left(\frac{\partial p}{\partial T}\right)_\rho \frac{\partial v}{\partial x} - \lambda\frac{|v|^3}{2D} + \frac{4K}{\rho D}(T - T_0) = 0 \qquad (8-3)$$

式中　ρ——介质密度,kg/m^3;

p——管内压力,Pa;

θ——管道与水平面间的倾角,rad;

t——时间变量,s;

v——介质流速,m/s;

D——管道内径,m;

g——重力加速度,m/s^2;

x——管道位置变量,m;

K——热油管道的总热传递系数,$W/(m^2 \cdot K)$;

c——油品比热容,$J/(kg \cdot K)$;

T——油品温度,K;

T_0——地温,K;

f——管道水力摩阻系数。

可以看到以上3个微分方程较为复杂,求解非常困难。一般使用特征线法和隐式差分法进行求解。为了使模型更加适合于管线的泄漏检测,本文将对传统的特征线法进行一些改进[89]。

二、特征线数学模型的建立

1. 特征线方程

输油管道不稳定流动的基本方程组为拟线性双曲型偏微分方程组,其求解数学模型的方法是多种多样的。

目前,对管道中的瞬变流动,有很多方法,但目前普遍应用的是隐式差分法和特征线法。隐式差分法通过对管道流动偏微分方程的直接差分,建立流体流动的非线性方程组,虽然这种方法在计算的每一步均须联立求解方程组,但它对时间步长没有任何限制,可以适应实时检测系统任意设置采样周期,直接使用数据采集系统的实时数据,适用于慢瞬变流的模拟分析。而管道的泄漏检测属于快瞬变流问题,快瞬变流的特点是在短时间内即可完成其流动状态的变化过程,但在瞬变过程中流动状态参数随时间的变化率较大,故在计算过程中应取很短的时间步长(通常以分或秒计)。实践表明,特征差分法是求解快瞬变流问题的较好算法,其可以保证计算过程有较高的精度及良好的稳定性。

特征线法利用原数学模型的特征,将偏微分方程化为沿特征线上的全微分问题,对方程未做简化处理,随着惯性因子的引入,特征线法对时间步长的限制也放宽了,这样相对减少了计算的系数和时间。但模型求解的稳定性要求对其步长加以限制。

在使用特征线法求解式(8-1)至式(8-3)时,它的稳定性受Courant条件的限制,即:

$$\frac{\Delta t}{\Delta x}\rho(A) \leqslant 1 \qquad (8-4)$$

式中 $\rho(A)$——系数矩阵的谱半径。

在具体计算仿真时,只要确定一个较好的空间时间步长,就可以很好地进行仿真计算。所以考虑到长输管线的实际情况以及计算速度和精度的要求,本文对管道流体数学模型以特征线方法进行求解。

式(8-1)、式(8-2)和式(8-3)所组成的方程组为一拟线性双曲型方程组,其特征矩阵为:

$$A = \begin{bmatrix} v & \rho a^2 & 0 \\ \dfrac{1}{\rho} & v & 0 \\ 0 & \dfrac{T}{\rho C}\left(\dfrac{\partial p}{\partial T}\right)_\rho & v \end{bmatrix} \qquad (8-5)$$

由线性代数可知，A 的特征值 λ 必须满足：

$$|\lambda \boldsymbol{I} - \boldsymbol{A}| = 0 \tag{8-6}$$

式中，$\boldsymbol{I}$ 是三阶单位矩阵，$|\lambda \boldsymbol{I} - \boldsymbol{A}|$ 是一个三阶行列式。将此行列式展开后，式(8-6)成为一个关于 λ 的三次方程：

$$(\lambda - v)^3 - a^2(\lambda - v) = 0 \tag{8-7}$$

由此可以解出 $\boldsymbol{A}$ 的 3 个特征值：

$$\begin{cases} \lambda_1 = v + a \\ \lambda_2 = v - a \\ \lambda_3 = v \end{cases} \tag{8-8}$$

对应于特征值 λ_i，矩阵 $\boldsymbol{A}$ 的左特征向量(行向量)$L^{(i)}$ 满足以下线性方程组：

$$L^{(i)}\boldsymbol{A} = \lambda_i L^{(i)} \quad (i = 1, \cdots, 3) \tag{8-9}$$

即

$$L^{(i)}(\lambda_i \boldsymbol{I} - \boldsymbol{A}) = 0 \quad (i = 1, \cdots, 3) \tag{8-10}$$

对每个 λ_i 分别解此方程组即得到相应的特征向量：

$$\begin{cases} L^{(1)} = (1, \rho a, 0) \\ L^{(2)} = (1, -\rho a, 0) \\ L^{(3)} = \left(-\dfrac{T}{\rho c}\left(\dfrac{\partial p}{\partial T}\right)_\rho, 0, 1\right) \end{cases} \tag{8-11}$$

至此，根据上面介绍的特征方程的一般形式就可建立双曲型方程组式(8-1)至式(8-3)的特征方程：正特征线方程 C^+

$$\begin{cases} \dfrac{dx}{dt} = v + a \\ \dfrac{dv}{dt} + \dfrac{1}{\rho a}\dfrac{dp}{dt} + g\sin\theta + \dfrac{f}{2D}v|v| = 0 \end{cases} \tag{8-12}$$

负特征线方程 C^-

$$\begin{cases} \dfrac{dx}{dt} = v - a \\ \dfrac{dv}{dt} - \dfrac{1}{\rho a}\dfrac{dp}{dt} + g\sin\theta + \dfrac{f}{2D}v|v| = 0 \end{cases} \tag{8-13}$$

温度特征线方程 V

$$\begin{cases} \dfrac{dx}{dt} = v \\ \dfrac{d(CT)}{dt} - \dfrac{T}{\rho}\left(\dfrac{\partial p}{\partial T}\right)_\rho \dfrac{\partial v}{\partial x} - f\dfrac{|v|^3}{2D} + \dfrac{4K}{\rho D}(T - T_0) = 0 \end{cases} \tag{8-14}$$

以上即为特征线型的数学模型,其求解可以用特征线法,即沿 3 个不同的特征方向 $\lambda_2 = v + a, \lambda_3 = v - a, \lambda_1 = v$,将偏微分方程化为常微分方程。

设管道长度为 L,数据采集系统采样周期为 τ,n 等分管线,以距离步长 Δx 和时间步长 Δt 将 x—t 平面网格离散化,如图 8 – 1 所示。其中距离步长 Δx 和时间步长 Δt 分别为:

$$\begin{cases} \Delta x = \dfrac{L}{n} \\ \Delta t = \tau \end{cases} \quad (8-15)$$

为了保证差分方程的稳定性,距离步长 Δx 和时间步长 Δt 之间必须满足下列关系:

$$\Delta t \leqslant \frac{\Delta x}{|v| + a} = \min\left(\frac{\Delta x}{|v| + a}, \frac{\Delta x}{|v + a|}, \frac{\Delta x}{|v|}\right) \quad (8-16)$$

因此,可以根据采样周期确定 Δx 或根据距离步长确定时间步长 Δt,然后对采样数据进行处理。

2. 初始值的计算方法

输油管道泄漏检测实质就是在动态仿真过程中进行泄漏的检测。如图 8 – 1 所示,在进行动态方程仿真之前需要提供管道沿线节点的初始值才能进行,因此,在进行动态仿真之前需要进行管道参数的初始值计算。一般采用稳态方法计算管道沿线各点的流量、温度和压力。

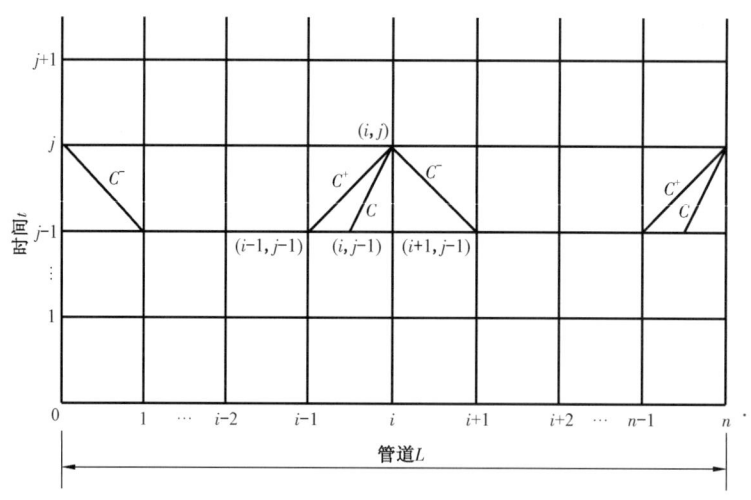

图 8 – 1 特征线法网格

1)流量

此时管内处于稳定流动状态,管道内部摩阻、传热等条件均处于基本稳定状态。进出口流量相等且等于管道全线各处的流量。

2)温度

管内热力稳定条件下,沿管道轴向温降规律满足苏霍夫公式。利用苏霍夫公式计算沿线其他各节点的温度。

$$T_L = T_0 + (T_R - T_0)e^{-\frac{K\pi D}{Gc}L} \tag{8-17}$$

式中 T_L——距离起点 L 处油温,℃;

T_R——管道起点油温,℃;

T_0——周围介质温度,℃;

K——管道总传热系数,W/(m²·℃);

D——管道内径,m;

G——油品的质量流量,kg/s;

c——油品的比热容,J/(kg·℃);

L——管道的长度,m。

3)压力

输油管道稳定流动过程中,各参数不随时间变化,满足伯努利方程。其中,方程中的摩阻损失采用列宾宗公式进行计算。

根据管道能量守恒和列宾宗公式,压头计算采用式(8-18):

$$H_L = H_0 - (Z_L - Z_0) - \beta \frac{Q^{2-m}\nu^m L}{D^{5-m}} \tag{8-18}$$

式中 H_L——距离起点 L 处的压力,m;

H_0——管道起点的压力,m;

Z_L——距离管道起点 L 处的高程,m;

Z_0——管道起点的高程,m;

Q——管道中的体积流量,m³/s;

ν——油品黏度,m²/s;

D——管道内径,m;

L——管道的长度,m;

β,m——与管道中油品的流态有关的系数。

3. 基本边界条件

对于单管的任何一端,只有一个特征线方程可以使用,如图 8-2 中,对于上游端,式(8-13)沿 C^- 特征线成立;而对于下游端,式(8-12)和式(8-14)沿 C^+ 和 V 特征线成立。这是 3 个关于流量 Q_D、压力 p_D 和温度 T_D 的非线性方程。每种情况都要一个辅助方程来规定 Q_D,p_D 和 T_D 或规定它们之间的某种关系。

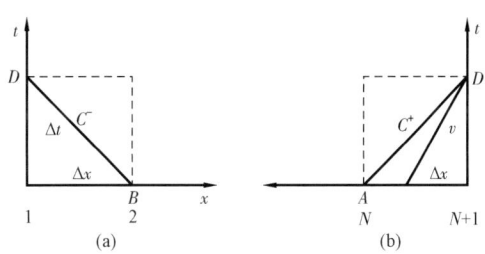

图 8-2 边界上的特征线

(1) 已知管道端点流量是时间的函数。

若已知管道上游端流量是时间的函数,例如:

$$Q_{D1} = f_Q(t) \tag{8-19}$$

由于 Q_{D1} 在任何瞬间都是已知,可以直接用式(8-13)求出每个时间步长上游端的压力 p_{D1}。同样,如果已知管道下游端流量是时间的函数,也可以直接用式(8-12)求出每个时间步长下游端的压力 p_{DN+1}。

(2) 已知管道端点压力是时间的函数。

若已知管道上游端压力是时间的函数,例如:

$$p_{D1} = f_P(t) \tag{8-20}$$

由于 p_{D1} 在任何瞬间都是已知,可以直接用方程(8-13)求出每个时间步长上游端的流量 Q_{D1}。同样,如果已知管道下游端压力是时间的函数,也可以直接用式(8-12)求出每个时间步长下游端的流量 Q_{DN+1}。

(3) 变径管连接点。

如图 8-3 所示,连接点是管段 1 的下游端点,该管段的 C_1^+ 和 V 方程对它适用;同时,它又是管段 2 的上游端点,该管段的 C_2^- 方程对它适用。3 个方程中含有未知变量 $Q_{1,N+1}, p_{1,N+1}, T_{1,N+1}; Q_{2,1}, p_{2,1}, T_{2,1}$;同时,在连接点上,上、下游流量、压力和温度相等,即:

$$Q_{1,N+1} = Q_{2,1} \tag{8-21}$$

$$p_{1,N+1} = p_{2,1} \tag{8-22}$$

$$T_{1,N+1} = T_{2,1} \tag{8-23}$$

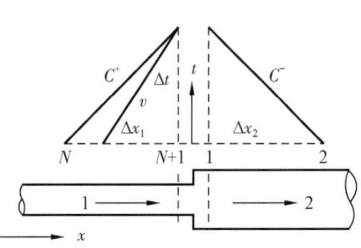

图 8-3 变径管特征线

4. 带内插的特征线法

在实际生产中,管道系统一般由多管段组成。采用特征线法进行不稳定流动分析时,在所取的距离步长 Δx、时间步长 Δt 与波速 a 之间必须满足稳定条件 Courant-lewey 准则:

$$\Delta x \geqslant a \Delta t \tag{8-24}$$

在前面分析过程中,式(8-24)取等号,因此不需要带内插的特征线解法。但是,当管段数较多,且要保证整个时步 Δt 一致的前提下,很难使得在各管段上的式(8-24)取等号,这就需要带内插的特征线。

如图 8-4 为两个管段组成的系统。在第一个管段上满足 $\Delta x = a_1 \Delta t$,可以按照前述方法进行求解;而在第 2 段管段上只满足 $\Delta x > a \Delta t$ 条件,由于特征线 C^+ 和 C^- 没有正好交到 A 点和 B 点,只交到 A' 和 B' 点,而在前一时刻,A' 和 B' 点的压力和流量未知,只知道 A 点、B 点和 C 点上的压力和流量,因此,必须进行内插以求得 A' 和 B' 点的压力和流量值。内插可以采用线性插值法和非线性插值法,下面讨论线性插值法。

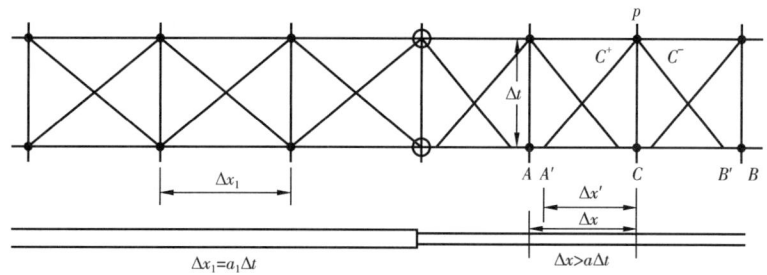

图 8-4 带内插的特征线法示意图

$$\frac{\Delta x'}{\Delta x} = \frac{Q_{A'} - Q_C}{Q_A - Q_C} = \frac{Q_C - Q_{B'}}{Q_C - Q_B} \quad (8-25)$$

将 $\Delta x' = a\Delta t$ 代入式(8-25)并整理得：

$$Q_{A'} = Q_C + \frac{a\Delta t}{\Delta x}(Q_A - Q_C) \quad (8-26)$$

$$Q_{B'} = Q_C + \frac{a\Delta t}{\Delta x}(Q_B - Q_C) \quad (8-27)$$

又

$$\frac{\Delta x'}{\Delta x} = \frac{p_{A'} - p_C}{p_A - p_C} = \frac{p_C - p_{B'}}{p_C - p_B} \quad (8-28)$$

将 $\Delta x' = a\Delta t$ 代入式(8-28)并整理后得：

$$p_{A'} = p_C + \frac{a\Delta t}{\Delta x}(p_A - p_C) \quad (8-29)$$

$$p_{B'} = p_C + \frac{a\Delta t}{\Delta x}(p_B - p_C) \quad (8-30)$$

显然，$\Delta x' = a\Delta t$ 时，有 $Q_{A'} = Q_A$，$Q_{B'} = Q_B$，$p_{A'} = p_A$，$p_{B'} = p_B$，即是前面所介绍的不用插值的特征线法。当计算出 A' 点和 B' 点的流量和压力后，即可在 C^+ 和 C^- 上采用特征线方程式(8-12)和式(8-13)求解 D 点的流量和压力。

三、泄漏检测及漏点定位

1. 特征线差分格式的改进

对于管线的瞬态仿真，一般情况下是利用首末边界压力、温度和流量 6 个参数中 3 个参数进行仿真计算，其特征线网格划分如图 8-5 所示。

但基于瞬态模型的泄漏检测方法，是利用管道的首端边界条件（压力、温度和流量）

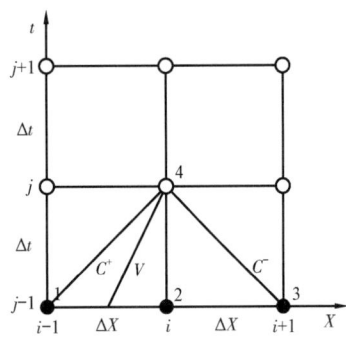

图8-5 原始的特征线布置

进行从首段向末端进行仿真计算和利用末端的边界条件（压力、温度和流量）进行从末端到首端的仿真计算,如果使用图8-5的网格计算形式,将无法进行检测,所以要把上述特征线进行简单的变化,以便能够利用各个边界条件进行检测。图8-6(a)是从首端到末端仿真计算时的单元特征线差分网格,利用$(i-1,j+1)$,$(i-1,j)$,$(i-1,j-1)$和$(i,j-1)$点的已知参数可以求得(i,j)点的参数值。图8-6(b)是从末端到首端仿真计算时的单元特征线差分网格,利用$(i+1,j+1)$,$(i+1,j)$,$(i+1,j-1)$和$(i,j-1)$点的已知参数可以求得(i,j)点的参数值。

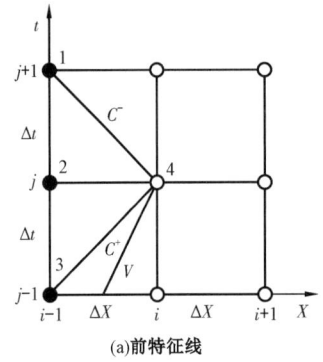
(a)前特征线

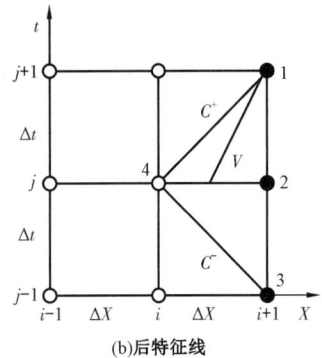
(b)后特征线

图8-6 改进特征线示意图

特征有限差分方程的建立比较直观,求解易实现,用显式特征差分法计算的结果是令人满意的,这主要是因为该方法的计算时步相当小,特征线短而且逼近直线,与建立差分方程时的假设相一致。

根据式(8-12)、式(8-13)和式(8-14)可以分别得到从首端往末端仿真和末端到首端仿真的中心差商方程。

前特征线差分方程组：

C^+

$$\frac{v_{i,j} - v_{i-1,j-1}}{\Delta t} + \frac{p_{i,j} - p_{i-1,j-1}}{\rho a \Delta t} + g\sin\theta + \frac{f}{8D}(v_{i,j} + v_{i-1,j-1})^2 = 0 \quad (8-31)$$

C^-

$$\frac{v_{i-1,j+1} - v_{i,j}}{\Delta t} + \frac{p_{i-1,j+1} - p_{i,j}}{\rho a \Delta t} + g\sin\theta + \frac{f}{8D}(v_{i-1,j+1} + v_{i,j})^2 = 0 \quad (8-32)$$

V

$$C\frac{T_{i,j} - T_L}{\Delta t} - \frac{T_{i,j} - T_L}{2\rho}\left(\frac{\partial p}{\partial T}\right)_\rho \frac{v_{i,j} - v_L}{\Delta t} = f\frac{(v_{i,j} + v_L)^3}{16D} - \frac{2K}{\rho D}(T_{i,j} + T_L - 2T_0) \quad (8-33)$$

后特征线差分方程组：
C^+

$$\frac{v_{i+1,j+1} - v_{i,j}}{\Delta t} + \frac{p_{i+1,j+1} - p_{i,j}}{\rho a \Delta t} + g\sin\theta + \frac{f}{8D}(v_{i+1,j+1} + v_{i,j})^2 = 0 \quad (8-34)$$

C^-

$$\frac{v_{i,j} - v_{i+1,j-1}}{\Delta t} + \frac{p_{i,j} - p_{i+1,j-1}}{\rho a \Delta t} + g\sin\theta + \frac{f}{8D}(v_{i,j} + v_{i+1,j-1})^2 = 0 \quad (8-35)$$

V

$$C\frac{T_{i+1,j+1} - T_R}{\Delta t} - \frac{T_{i+1,j+1} - T_R}{2\rho}\left(\frac{\partial p}{\partial T}\right)_\rho \frac{v_{i+1,j+1} - v_L}{\Delta t} = f\frac{(v_{i+1,j+1} + v_R)^3}{16D} - \frac{2K}{\rho D}(T_{i+1,j+1} + T_R - 2T_0)$$

$$(8-36)$$

其中

$$v_l = \frac{v_i^{j-1}}{1 - (v_{i-1}^{j-1} - v_i^{j-1})\frac{\Delta t}{\Delta x}}$$

$$p_l = (p_{i-1}^{j-1} - p_i^{j-1})\frac{\Delta t}{\Delta x}v_l + p_i^{j-1}$$

$$T_l = (T_{i-1}^{j-1} - T_i^{j-1})\frac{\Delta t}{\Delta x}v_l + T_i^{j-1}$$

$$V_R = \frac{v_{i+1}^j}{1 - (v_i^j - v_{i+1}^j)\frac{\Delta t}{\Delta x}}$$

$$p_R = (p_i^j - p_{i+1}^j)\frac{\Delta t}{\Delta x}v_R + p_{i+1}^j$$

$$T_R = (T_i^j - T_{i+1}^j)\frac{\Delta t}{\Delta x}v_R + T_{i+1}^j$$

2. 泄漏检测原理

用上面介绍的方法，利用管道起点端所采集的数据（包括压力、温度、流量）对管道进行从前到后的仿真，其网格划分如图 8-7 所示。我们将管道划分为 $N-1$ 段，可以看到从零时刻开始，利用管道起点的边界条件，经过 $2N$ 个时间层后，仿真过程将遍历整个管道，开始对管道末端参数进行预测。这一方法的优点在于无须对第零层数据进行假设（稳态仿真），从而大大减少了仿真过程从启动到真实表达管道特征所经历的过渡时间。

为了在发生泄漏后以最短的时间检测出泄漏，同理，可以对管道实施从末端到首端的仿真，其网格划分及特征线形式如图 8-8 所示。同时对管道首末两端的预测参数与实测参数进行比较，将会更快地检测出泄漏的发生。

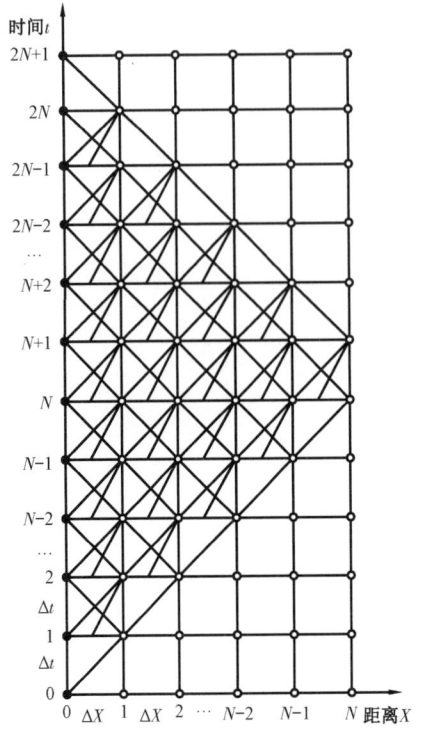

图 8-7 管道的特征线差分网格(一)

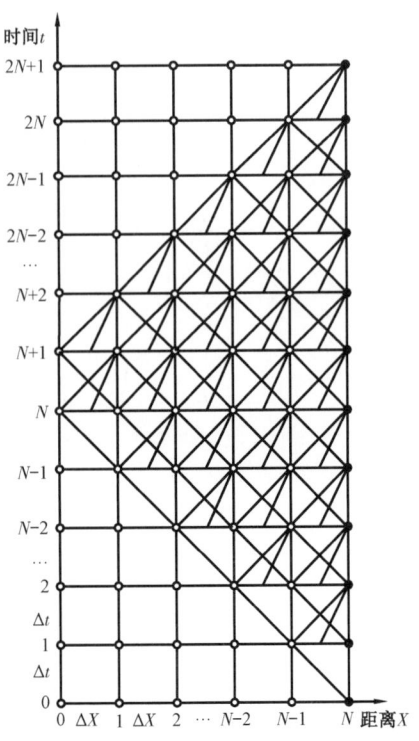

图 8-8 管道的特征线差分网格(二)

管道 SCADA 系统同时对管线两端的数据进行实时采集,把由首端参数仿真得到的末端参数(压力 p'_N)与实际测量的末端参数值(压力 p_N)进行比较或者把由末端参数仿真得到的首端参数(压力 p'_0)与实际测量的首端参数值(压力 p_0,)进行比较,即 p'_N 和 p_N,p'_0 和 p_0 比较。那么,在正常工况下:

$$\begin{cases} |p_N - p'_N| < \varepsilon_1 \\ |p_0 - p'_0| < \varepsilon_2 \end{cases} \quad (8-37)$$

式中 $\varepsilon_1, \varepsilon_2$ ——事故判断阀值。

当其中一个或几个差值超过规定的阀值时,就可以判定管道发生了事故。

当 $\begin{cases} |p_N - p'_N| > \varepsilon_1 \\ |p_0 - p'_0| > \varepsilon_2 \end{cases}$ 时,可以判断管线发生的是泄漏事故。

3. 泄漏定位原理

当距管线首端 x_0 处发生泄漏后,管道运行参数将发生变化,如图 8-9 所示:曲线 1 为泄漏发生前管道全线压力分布(对于输气管线,为压力平方的曲线);曲线 2 为泄漏发生后利用首端边界条件对管道进行从前到后的仿真所得到的管线压力分布,可以看出 0 到 x_0 段的仿真结果是接近于管道运行实际情况的,而 x_0 到 L 段的仿真结果是偏离实际情况的,且离 x_0 处越远,偏离越大;同理,以管道终点运行参数为边界条件对管线进行从后到前的仿真,如曲线3所示,x_0 到 L 段的仿真结果是正确的,而 0 到 x_0 段是错误的。这样曲线2和曲线3将相交于 x_0 点,由于我们将管道划分为 N 段,因此只能将泄漏位置定位于 i 到 $i+1$ 段。

定位的精度取决于管段的距离长度,可以通过降低管道步长来提高精度,但是不能无限制地降低管道步长,本文用使用如图 8-10 所示 1,2,3 和 4 点的压力来求取 x_0 点位置,从而进一步提高了泄漏定位的精度。假设在区间 $[i, i+1]$ 发生了泄漏,则泄漏的位置可以按下式计算:

$$x = i \cdot \Delta x - \left[1 - \frac{p_2 p_4 - p_2 p_3 - p_4 p_3 + p_3^2}{(p_2 + p_4 - p_1 - p_3)(p_2 - p_3)} \right] \quad (8-38)$$

式中 $p_i(i=1,2,3,4)$——图 8-10 中 1,2,3,4 点的压力,kPa;

Δx——管道步长,km。

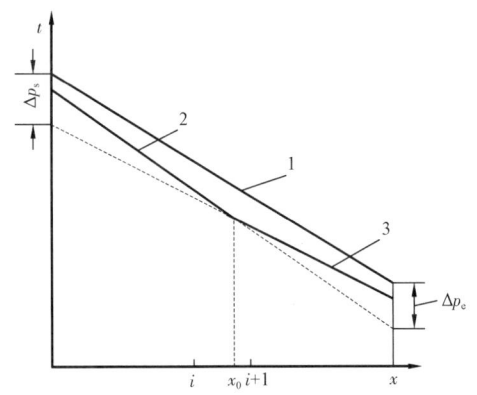

图 8-9 管线水力坡降曲线

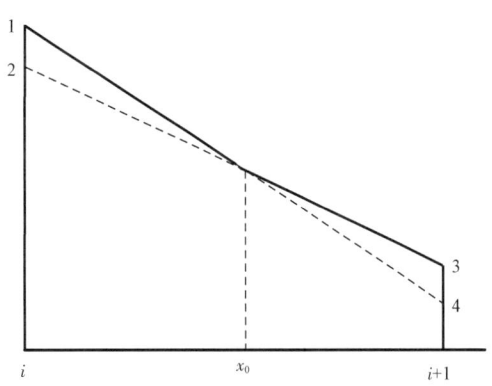

图 8-10 确定泄漏位置

4. 检漏时间

由特征线的特征值 $\lambda_2 = v+a, \lambda_3 = v-a, \lambda_1 = v$ 可知,泄漏发展到管道端点的时间仅受泄漏位置的影响,与泄漏量无关。同时从图 8-11 中可以看出,扰动向下游传播的速度快于其向上游传播的速度,熵变仅向下游传播且与流速保持一致。

设管道长度为 L,在距起点 x_0 发生泄漏,$x_0 \in [0, L]$,管道端点的响应时间分别是:

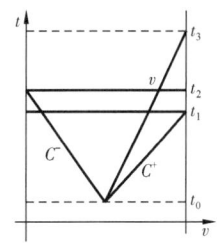

图 8-11 管道泄漏影响图

扰动传播到管道起点的时间

$$t_1 = \left| \frac{x_0}{v-a} \right| + t_0$$

扰动传播到管道终点的时间

$$t_2 = \frac{L - x_0}{v+a} + t_0$$

扰动在整个管道完全发展的时间

$$t_3 = \frac{L - x_0}{|v|} + t_0$$

显然，对于不同的泄漏或扰动位置，管道端点的反应时间也不同，考虑泄漏位置的随机性，在极端情况下，即泄漏点 $x_0 \to 0$ 或 $x_0 \to L$ 时，可得到泄漏完全影响所需的最大时间为：

$$T_{\max} = \max\left(\frac{L}{|v+a|}, \frac{L}{|v-a|}, \frac{L}{v}\right) \quad (8-39)$$

因此当输油管线发生泄漏后，系统确定发生泄漏的时间 T_1 为：

$$T_1 = \min\left(\frac{x_0}{|v+a|}, \frac{x_0}{|v-a|}\right) + n\tau \quad (8-40)$$

系统进行定位的时间 T_2 为：

$$T_2 = \max\left(\frac{x_0}{|v+a|}, \frac{x_0}{|v-a|}\right) + 2n\tau \quad (8-41)$$

为了减小系统的反应时间，使系统能够迅速检漏及定位。根据检漏反应时间 T_{need} 的要求，SCADA 系统的数据采集周期 τ 可以按照下式进行初估。

$$\tau = \frac{T_{\text{need}} - \max\left(\frac{L}{|v+a|}, \frac{L}{|v-a|}\right)}{2n} \quad (8-42)$$

5. 泄漏检测辅助流量平衡法

从理论上分析基于数学模型的泄漏检测法可以检测到非常微小的泄漏，但在实际工程中，由于仪器仪表的精度和响应时间差、计算机浮点数、信号干扰等带来的节点计算误差，这样就使得在泄漏检测时要给定一个误差阀值，对于微小泄漏，而计算误差在阀值之内时，系统将不能判断出管线已经发生了泄漏，而误认为管线运行正常。所以本文在泄漏监测使用数学模型的同时，采用流量（质量）平衡法来判断管线中的微小泄漏。这种检漏方法尽管其速度较慢，但比上面的方法更精确。

在使用流量（质量）平衡法进行泄漏监测时，也是利用管道 SCADA 系统同时对管线两端实时采集所得到的数据对管线进行仿真，得到管线划分节点的计算参数，包括压力、温度、流量以及相关参数。设在距管道起点 x_i 有一泄漏 $M_i(t)$，则可以使用下式来描述管道微元泄漏的质量守恒关系：

$$\frac{\partial(\rho A)}{\partial t} + \frac{\partial M}{\partial x} + \sum_i M_i(t) \cdot \delta(x - x_i) = 0 \quad (8-43)$$

其中 $\sum_i M_i(t) \cdot \delta(x - x_i)$ 是单位时间流入该微元的介质总量，$\frac{\partial(\rho A)}{\partial t}$ 是单位时间该微元介质质量的增量，该式描述了在距管道起点 x_i 有一集中泄漏 $M_i(t)$，是管道微元的质量守恒关系。

为了减小管壁膨胀和流体压缩系数的非线性影响,在实际应用中以工作压力和温度的均值为基准测试流体的压缩和温变系数以及管道的膨胀系数,并随工况的改变而不断校正。也可以测试这些系数随压力、温度变化或密度变化的变化场,插值计算工作压力和温度下的相应系数和密度值。式(8-44)为判定管道是否发生泄漏的方法:

$$\left|\frac{M_{in} - M_{out} - \Delta M}{M_{in}}\right| \geqslant \varepsilon \quad (8-44)$$

式中 M_{in}——周期内流进管道的质量流量,kg;
M_{out}——周期内流出管道的气体质量流量,kg;
ΔM——管道内储存的气体质量变化量,kg;
ε——报警阀值。

四、泄漏量的计算

通常对泄漏量的预测有以下3种方法:
(1)以阀门关断的时间作为泄漏量计算截止时间,该泄漏量的计算结果比实际情况偏小;
(2)泄漏量等于阀门关断前的泄漏量与关断后管道内储存油品的总和。该泄漏量计算结果偏于保守;
(3)美国矿物管理办公室(MMS)和挪威工业科学研究院(SINTEF)提出的泄漏量计算方法认为,管段停止泄漏的条件是在阀门关断后泄漏口处内外压力相等,该方法的泄漏量预测结果符合实际情况。

虽然 MMS 和 SINTEF 提出的方法能够比较准确地估算输油管道油品泄漏总量,但是该方法无法进行泄漏速度的计算,且只能用于管道发生全管径断裂泄漏情形。

阀门关断后,由于泄漏口处管道内部的压力不可能立刻降低至与环境压力一致,压力降低仍然有一个过程。在这个过程中泄漏口压力逐渐衰减并最终与环境压力保持一致而停止油品外泄。在该过程中管内油品流动视为一元流动,流动过程属于不稳定流动。管道内的流量、压力和温度变化规律满足连续性方程、动量守恒方程和能量守恒方程[90]。

1. 求解方法

求解方法同样采用特征线法。特征方程及其相容性方程如式(8-12)至式(8-14)所示。需要说明的是,管道两端阀门关断后管道两端无法再提供流量、压力和温度等边界参数。此时由于阀门已经关断,两端不可能在同时提供流量、压力和温度边界值。因此,此时便不能再用改进后的特征线来计算阀门关断后的残油量。然而,根据阀门关断前泄漏量的计算基础就能弥补该缺陷,正好能用传统特征线法进行管道流动参数的动态仿真和残油量的计算。

2. 初始值的确定

采用传统特征线法进行阀门关断后管道参数的动态仿真和残油量的计算,需要提供初始值。在这里,初始值是利用关阀前一时间层各节点参数的计算结果。

3. 两端阀门关断边界点的计算

1）起点边界点计算

起点阀门关断后流量为 0，温度边界值取阀门关断前一时刻的温度。通过一条负向的特征线就可求解起点的压力值。根据负向特征线方程可以得到相应的差分方程，化简后得起点压力的计算公式。

$$p_{0,j} = p_{1,j-1} - \rho a v_{1,j-1} + \rho g a \Delta t \sin\theta_1 + \rho a \Delta t \frac{f_{1,j}}{8D} v_{1,j-1}^2 \quad (8-45)$$

2）终点边界点计算

终点阀门关断后流量为 0。通过一条正向的特征线就可求解终点的压力值，再利用温度特征线方程就可以计算得到终点的温度值。根据负向特征线方程和温度特征线方程可以得到相应的差分方程，化简后得终点压力和温度的计算公式：

$$p_{n,j} = p_{n-1,j-1} + \rho a v_{n-1,j-1} + \rho g a \Delta t \sin\theta_{n-1} + \rho a \Delta t \frac{f_{n-1,j}}{8D} v_{n-1,j-1}^2 \quad (8-46)$$

$$T_{n,j} = \frac{\dfrac{C_V}{\Delta t}T_{n-1,j-1} + \dfrac{1}{\rho^2 a^2}\dfrac{p_{n,j}^2 - p_{n-1,j-1}^2}{2\Delta t} + g\sin\theta_{n-1}\dfrac{v_{n,j} - v_{n-1,j-1}}{\Delta t} + \dfrac{f_{n-1,j}}{16D}(v_{n,j} + v_{n-1,j-1})^3 - \dfrac{2K}{D\rho}T_{n-1,j-1} + \dfrac{4K}{D\rho}T_b}{\dfrac{C_V}{\Delta t} + \dfrac{2K}{D\rho}}$$

$$(8-47)$$

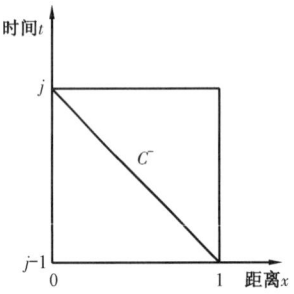 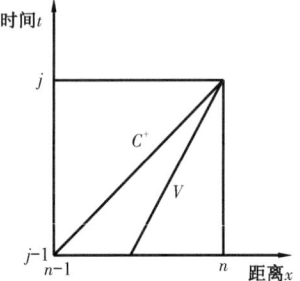

图 8-12　起点边界点特征线　　　　　图 8-13　终点边界点特征线

4. 中间节点的计算

计算下一时间层中间节点 (i,j) 的温度 $T_{i,j}$、压力 $p_{i,j}$ 和流量 $Q_{i,j}$，需要同时利用前向特征线方程 C^+、后向特征线方程 C^-、温度特征线方程 V 及其它们的相容性方程进行求解，相应的需要用到 $j-1$ 时间层的各节点参数 v、p 和 T。根据式（8-12）至式（8-14）得到中间节点的中心差商方程。

（1）中间节点正向特征线方程的中心差商方程：

$$\frac{v_{i,j} - v_{i-1,j-1}}{\Delta t} + \frac{1}{\rho a}\frac{p_{i,j} - p_{i-1,j-1}}{\Delta t} + g\sin\theta_{i-1} + \frac{f_{i-1,j-1}}{8D}(v_{i,j} + v_{i-1,j-1})^2 = 0 \quad (8-48)$$

(2) 中间节点负向特征线方程的中心差商方程：

$$\frac{v_{i,j} - v_{i+1,j-1}}{\Delta t} - \frac{1}{\rho a}\frac{p_{i,j} - p_{i+1,j-1}}{\Delta t} + g\sin\theta_{i+1} + \frac{f_{i+1,j-1}}{8D}(v_{i,j} + v_{i+1,j-1})^2 = 0 \quad (8-49)$$

将式(8-48)和式(8-49)相加消掉 $p_{i,j}$，得到关于 $v_{i,j}$ 的一个非线性方程，再采用牛顿迭代法求解 $v_{i,j}$。具体步骤如下：

令 $F(v_{i,j}) = \frac{f_{i+1,j-1} + f_{i-1,j-1}}{8D}v_{i,j}^2 + \left(\frac{2}{\Delta t} + \frac{f_{i-1,j-1}}{4D}v_{i-1,j-1} + \frac{f_{i+1,j-1}}{4D}v_{i+1,j-1}\right)v_{i,j} + g(\sin\theta_{i-1} + \sin\theta_{i+1}) +$

$\frac{1}{\rho a}\frac{p_{i+1,j-1} - p_{i-1,j-1}}{\Delta t} - \frac{v_{i-1,j-1} + v_{i+1,j-1}}{\Delta t} + \frac{1}{8D}(f_{i-1,j-1} \cdot v_{i-1,j-1}^2 + f_{i+1,j-1} \cdot v_{i+1,j-1}^2)$

$$(8-50)$$

$$F'(v_{i,j}) = \frac{f_{i+1,j-1} + f_{i-1,j-1}}{4D}v_{i,j} + \frac{2}{\Delta t} + \frac{f_{i-1,j-1}}{4D}v_{i-1,j-1} + \frac{f_{i+1,j-1}}{4D}v_{i+1,j-1} \quad (8-51)$$

迭代格式为：

$$v_{i,j}^{k+1} = v_{i,j}^k - \frac{F(v_{i,j}^k)}{F'(v_{i,j}^k)} \quad (k = 0,1,2,3\cdots) \quad (8-52)$$

收敛判定：

$$|v_{i,j}^{k+1} - v_{i,j}^k| \leq \varepsilon \quad (8-53)$$

式(8-53)中 ε 为收敛精度，可以根据实际情况进行适当调整。

通过牛顿迭代可以求解中间节点下一时间层的 $v_{i,j}$，将计算得到的 $v_{i,j}$ 代入式(8-48)或式(8-49)中，就可以计算出 $p_{i,j}$。

(3) 中间节点温度特征线方程的中心差商方程：

$$C_V\frac{T_{i,j} - T_L}{\Delta t} - \frac{1}{\rho^2 a^2}\frac{p_{i,j}^2 - p_L^2}{2\Delta t} = g\sin\theta_i\frac{v_{i,j} - v_L}{\Delta t} + \frac{f_{i,j-1}}{16D}(v_{i,j} + v_L)^3 - \frac{2K}{D\rho}(T_{i,j} + T_L - 2T_0)$$

$$(8-54)$$

将已经计算得到的 $v_{n,j}$ 和 $p_{n,j}$ 及上一时间层的相关参数代入式(8-54)中，就可以求得下一时间层中间节点的温度 $T_{i,j}$。

5. 残油量的计算

进行输油管道阀门关断后残油量的计算时可以把泄漏口处理为不同管径大小的孔口泄流，陆地管道泄漏口处的环境压力为大气压，海底管道泄漏口处的压力为海洋环境压力。因此，残油量的计算需要同时知道泄漏口处环境压力和管道内部压力。

1) 泄漏点管内压力的计算

在进行泄漏量计算的时需要将泄漏口处理为边界，假设在节点 i 与 $i+1$ 之间出现泄漏，向前向后分别建立正向特征线方程、温度特征线方程和负向特征线方程，相应的差分方程见式(8-55)和式(8-56)。泄漏点边界的特征线如图 8-14 所示。

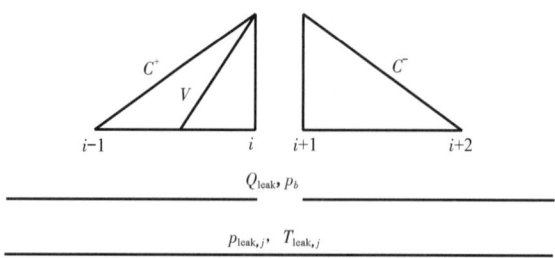

图 8-14 泄漏边界特征线

(1) 泄漏点正向特征线方程的差分方程。

$$\frac{v_{i,j} - v_{i-1,j-1}}{\Delta t} + \frac{1}{\rho a}\frac{p_{\text{leak},j} - p_{i-1,j-1}}{\Delta t} + g\sin\theta_{i-1} + \frac{f_{i-1,j-1}}{8D}(v_{i,j} + v_{i-1,j-1})^2 = 0 \quad (8-55)$$

(2) 泄漏点负向特征线方程的差分方程。

$$\frac{v_{i+1,j} - v_{i+2,j-1}}{\Delta t} - \frac{1}{\rho a}\frac{p_{\text{leak},j} - p_{i+2,j-1}}{\Delta t} + g\sin\theta_{i+2} + \frac{f_{i+2,j-1}}{8D}(v_{i+1,j} + v_{i+2,j-1})^2 = 0$$

$$(8-56)$$

(3) 泄漏点温度特征线方程的差分方程。

$$C_V \frac{T_{\text{leak},j} - T_L}{\Delta t} - \frac{1}{\rho^2 a^2}\frac{p_{\text{leak},j}^2 - p_L^2}{2\Delta t} = g\sin\theta_i \frac{v_{i,j} - v_L}{\Delta t} + \frac{f_{i,j-1}}{16D}(v_{i,j} + v_L)^3 - \frac{2K}{D\rho}(T_{\text{leak},j} + T_L - 2T_0)$$

$$(8-57)$$

(4) 流量守恒。

根据管道泄漏口前后质量守恒,得:

$$v_{i,j}\frac{\pi D^2}{4} = v_{i+1,j}\frac{\pi D^2}{4} + Q_{\text{leak},j} \quad (8-58)$$

式(8-55)至式(8-58)共 4 个方程,目前未知数为 $v_{i,j}$, $v_{i+1,j}$, $Q_{\text{leak},j}$, $p_{\text{leak},j}$ 和 $T_{\text{leak},j}$ 共 5 个,显然无法对泄漏量进行计算,必须补充方程。

(5) 补充方程。

基于改进的特征线法可以计算出泄漏开始至阀门关断期间的泄漏量 Q_{x_0},满足小孔泄流公式,有如下关系。泄漏一段时间后孔口阻力和流量系数变化不再明显,不妨引入系数 C_d,满足式(8-60)所示关系。

$$Q_{x_0} = \varepsilon \frac{1}{\sqrt{1+\zeta_{\text{孔}}}} \frac{\pi d_{\text{leak}}^2}{4}\sqrt{\frac{2(p_{x_0} - p_b)}{\rho}} \quad (8-59)$$

$$C_d = \varepsilon \frac{1}{\sqrt{1+\zeta_{\text{孔}}}} \cdot \frac{\pi d_{\text{leak}}^2}{4} \quad (8-60)$$

$$Q_{x_0} = C_d\sqrt{\frac{2(p_{x_0} - p_b)}{\rho}} \quad (8-61)$$

式中 Q_{x_0}——输油管道泄漏量,m^3/s;
　　ε——流速系数,无量纲;
　　$\zeta_{孔}$——孔口阻力系数,无量纲;
　　d_{leak}——泄漏孔口直径,m;
　　p_{x_0}——操作条件下泄漏口管内压强,Pa;
　　p_b——泄漏口外环境压强,Pa。

通过式(8-61)就可以求出系数 C_d。因此式(8-58)中 $Q_{leak,j}$ 可以改写成:

$$Q_{leak,j} = C_d \sqrt{\frac{2(p_{leak,j} - p_b)}{\rho}} \qquad (8-62)$$

综上所述,通过式(8-55)至式(8-58)和式(8-62)5式联立就可以求解出第 j 时间层的泄漏边界位置参数 $v_{i,j}$,$v_{i+1,j}$,$Q_{leak,j}$,$p_{leak,j}$ 和 $T_{leak,j}$,而各时间层的残油量就可以通过式(8-62)进行计算。

泄漏总体积如式(8-63)所示,泄漏总质量可由式(8-64)计算:

$$Q_{leak} = \int_{t=j}^{t_n} C_d \sqrt{\frac{2(p_{leak,j} - p_b)}{\rho}} dt \qquad (8-63)$$

$$M_{x_0} = \rho \int_{t=j}^{t_n} C_d \sqrt{\frac{2(p_{leak,j} - p_b)}{\rho}} dt \qquad (8-64)$$

式中 Q_{x_0}——表示从泄漏开始至阀门关断时油品总泄漏量,m^3;
　　t_n——表示停止泄漏的总时间,s;
　　ρ——油品密度,m^3/s;
　　j——阀门关断时刻,s。

2)环境压力计算

陆地管道泄漏口处的环境压力为大气压,海底管道泄漏口处的压力为海洋环境压力。海底管道的泄漏可以处理为孔口出流,计算阀门关断后的残油量就需要知道泄漏点内外压差,通过上面的方法计算得到了泄漏口处管道内部压力。然而,要最终实现残油量的预测还需要计算海水环境压力。海底输油管道管道与陆地输油管道相比最大的差异在于海水环境产生的背压,因此,在建立海底输油管道泄漏模型之前还要考虑海水背压的计算。根据管道所处位置和敷设方式的不同,泄漏口环境压力计算分为以下两类。

(1)海洋埋地管道和深海裸露管道。

海底压力边界条件可以处理为由静水压头组成,有:

$$p_w = p_0 + \rho_w g z_w \qquad (8-65)$$

式中 p_w——海底压强,Pa;
　　p_0——海平面的大气压强,Pa;
　　ρ_w——海水密度,kg/m^3;
　　z_w——泄漏口位置海水深度,m。

(2)浅海裸露管道。

海洋环境压力由静水压头和波浪力组成,其中波浪力的计算采用 Airy 线性原理和牛顿迭代法求解得到质点垂直方向加速度,再利用牛顿第二定律将其转化为力加载于边界条件上,求得最小环境背压边界(即最大泄漏量边界)。

考虑波浪为线性简谐波的情形,线性简谐波是应用势函数来研究波浪运动的一种线性波浪理论。假定波长或者水深远远大于波动振幅,去掉了非线性项得到线性化的 Airy 波:

波面方程

$$\zeta = \frac{a}{2}\sin(kx - \omega t) \tag{8-66}$$

速度势方程

$$\varphi = -\frac{ga}{\omega}\frac{\text{ch}[k(h+z_w)]}{\text{ch}(kh)}\cos(kx - \omega t) \tag{8-67}$$

式中 a——波高,m;
z_w——水深,m;
ω——圆频率,rad/s;
k——波数,表示 2π 距离上波的个数。

建立由静水压强 $p_0 + \rho g z$、动水压强表征的海水压力计算方程:

$$p = p_0 + \rho_w g z_w + \rho g a \frac{\text{ch}[k(h+z_w)]}{\text{ch}(kh)}\sin(kx - \omega t) \tag{8-68}$$

由式(8-68)可知:① 等式右边第三项是由波浪产生的波浪力,可以看出波浪力是一个周期性变化的值,也就是说在一个波浪周期内,波浪施加在管道泄漏口上压力是周期性变化的,波峰和波谷造成的作用正好可以相互抵消;② 随着海水深度的增加波浪力逐渐减小,到一定的深度,波浪力对泄漏口的作用力减小为零。

综上所述,可以忽略波浪力对泄漏量的影响,即环境背压边界可以处理为仅由海水深度提供的静水压力即可[式(8-65)]。

五、泄漏检测计算步骤及实例分析

1. 泄漏检测计算步骤

1)数学模型求解步骤

按照前面所述的方法,泄漏检测、定位、泄漏量计算数学模型求解的步骤如下。

第 1 步:根据输油管道实际情况,确定管道基本数据、原油基本物性参数、环境参数以及管道两端温度、压力、流量数据;

第 2 步:确定水击波速等常数;

第 3 步:根据 Courant-lewey 准则确定时间步长和距离步长;

第 4 步:确定初始时刻各节点的流量、温度和压力数值;

第 5 步:根据管道起点或终点的计算压力值和实测压力值之间的差值判断是否有泄漏发生;若无泄漏发生转到第 9 步;

第 6 步:泄漏点定位计算;

第 7 步:泄漏边界参数计算,通过泄漏边界数学模型计算泄漏点上一节点和下一节点下一时间层的流量、温度和压力值;

第 8 步:根据上一步计算得到的泄漏处管内压力进行泄漏速度、累计泄漏量计算;

第 9 步:管道起终点边界参数计算,根据上一时间层起点的下一节点流量、压力值和负向特征线方程的差分方程进行管道起点下一时间层的压力值计算;根据管道终点的上一节点压力、温度、流量值和正向特征线方程的差分方程,采用牛顿迭代法求解管道终点的流速,采用温度特征线方程的差分方程进行下一时间层终点温度值计算;

第 10 步:采用线性插值求得所需节点的参数值,采用正向、负向以及温度特征线方程的差分方程结合牛顿迭代法计算各中间节点下一时间层的流量、温度和压力值;

第 11 步:判断计算时间长度是否大于设置总时间长度,若是则退出计算;否则计算时间叠加一个时间步长,将前一时间层管道各节点计算所得参数作为初始值,返回第 5 步继续计算。

2) 程序计算框图

由于进行数值求解具有庞大的计算量,需要开发相应的计算机程序。根据输油管道泄漏检测数学模型的求解步骤,编制计算程序,程序计算框图如图 8-15 所示。

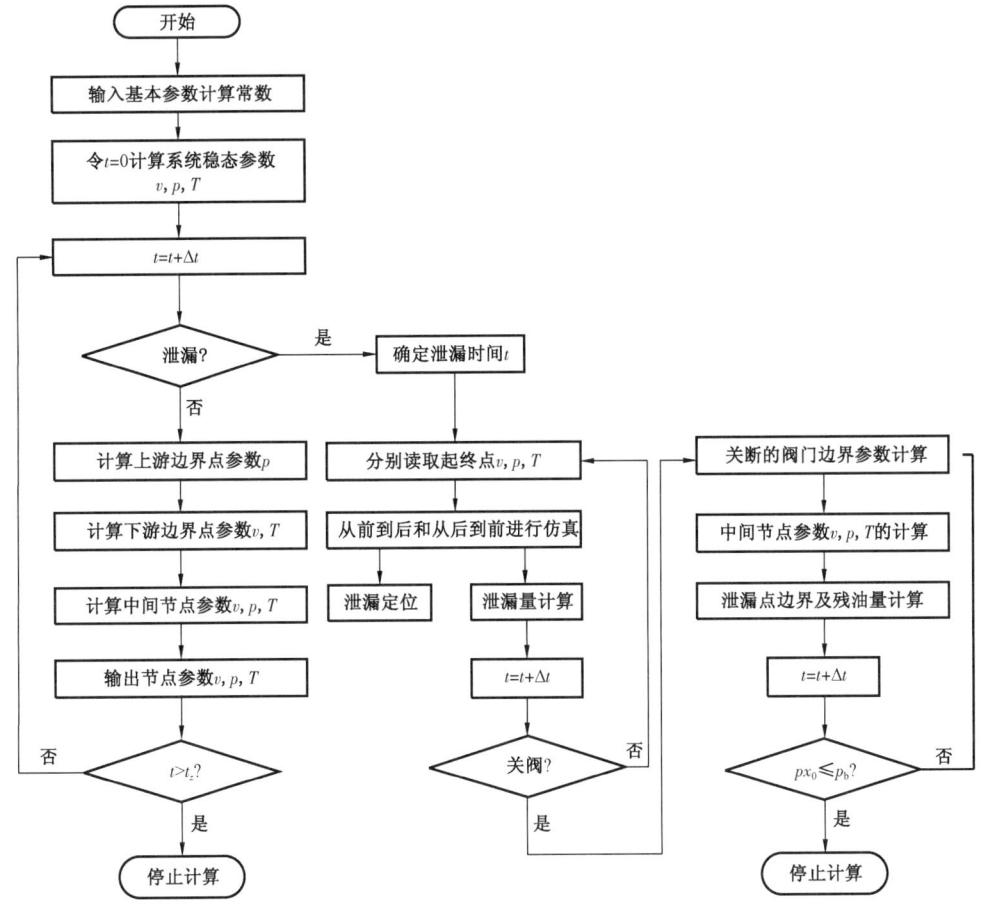

图 8-15 泄漏检测程序框图

2. 实例分析

1）泄漏检测及定位

一条海底管道长度为3000m，管径为219mm，管道出口压力为3MPa，流量为5760m³/d。由于管道腐蚀造成在距管道起点1000m处出现了小孔泄漏，提取包含泄漏时间在内的一段管道起终点的压力、流量和温度数据，进行泄漏检测分析。

泄漏发生后，在泄漏口处产生压力降，随后压力波向管道前后传播，造成管道起终点压力值随着时间降低。软件通过采集到的终点压力值预测管道起点的压力值。泄漏发生后随着时间增加，管道起点实测压力与由管道终点压力预测的起点压力之差逐渐增大，当超过设定的报警阈值时，软件发出泄漏警告。

海底输油管道刚开始发生泄漏，必然引起管内较大强度的压力波动。随着时间的增加，管内压力波动逐渐减弱至达到稳定状态，管道起终点压力也随之不再变化。这种状态即为泄漏的稳定阶段。此时管内形成了新的压力平衡状态，提取这个时段内管道起终点的操作参数，利用稳态模型法进行泄漏定位，泄漏前后的压力曲线如图8-16所示。通过软件分析泄漏点最终定位在990m，泄漏定位精度为0.1%。

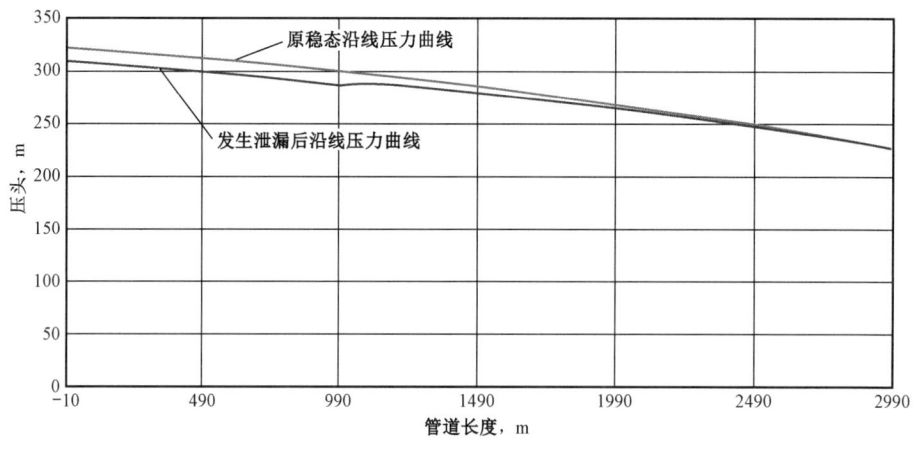

图8-16 泄漏前后沿线压力曲线

2）泄漏速度及泄漏量

如图8-17所示，整个泄漏过程可以分为3个阶段，即瞬变泄漏阶段、稳定泄漏阶段和泄漏衰减阶段。横坐标表示泄漏时间，纵坐标代表泄漏速度。

第一阶段：瞬变泄漏阶段开始后一段时间，首先泄漏速度迅速达到最大值，产生显著减压波，自泄漏口向管道起终点方向传播从而引起水力瞬变；波动的持续时间长短与泄漏口尺寸、泄漏口内外压差和孔口阻力系数等因素有关。

第二阶段：随后由于压力波的衰减、摩阻的限制、自动调节的作用等因素，泄漏速度逐渐减小，管道全线逐渐形成一种泄漏状态下的稳定输油工况。

第三阶段：泄漏持续一段时间后输油管道两端阀门必然采取关断措施，阻止更大的泄漏。此时管道两端不再继续提供油品，由于阀门的突然关断，管道两端首先会有一个瞬间的压力脉冲，导致压力急剧升高。相应地也会引起泄漏口管内的压力产生一段时间的波动。但随着时

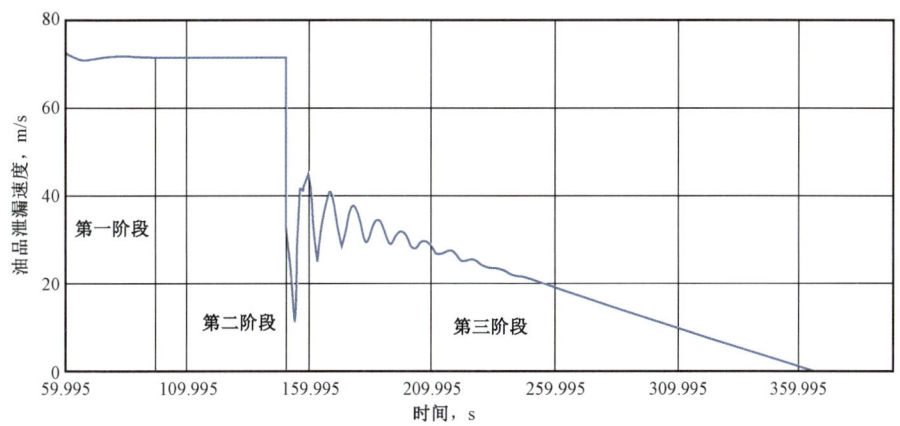

图 8-17 泄漏速度随时间的变化

间的继续,这种波动也会逐渐减小,最终消失。随着油品的继续流失,管内压力逐渐减低,最终泄漏口处管道内外压力相等时泄漏不再继续。

如图 8-17 所示,第一阶段管道刚出现泄漏孔时,油品瞬间从管道中喷射而出,最大速度达到 77m/s,经过 30s 的压力波动后达到稳定。

第二阶段为稳定泄漏阶段,稳定时间为 60s。

第三阶段为阀门关断至泄漏最终停止,由于阀门的瞬间关断,初期也会产生一段时间的压力波动,随着时间推移压力波动逐渐减小,然后泄漏速度将逐渐减小至泄漏速度为零。

图 8-18 为油品泄漏累计质量随时间的变化情况,图中曲线总体趋势为泄漏发生后油品泄漏累计质量随时间逐渐增加。60~150s 阶段为泄漏开始至阀门关断前的时间段,由于泄漏速率较大(曲线斜率较大),油品泄漏质量增加较快。150s 时关断管道两端阀门,入口无压力和流量补给,泄漏口油品泄漏速率减小,曲线上升较平缓;随着泄漏量逐渐减小油品泄漏质量增加量越来越少。最后泄漏孔内外压力相等,泄漏停止,油品泄漏累计质量达到最大并保持不变。

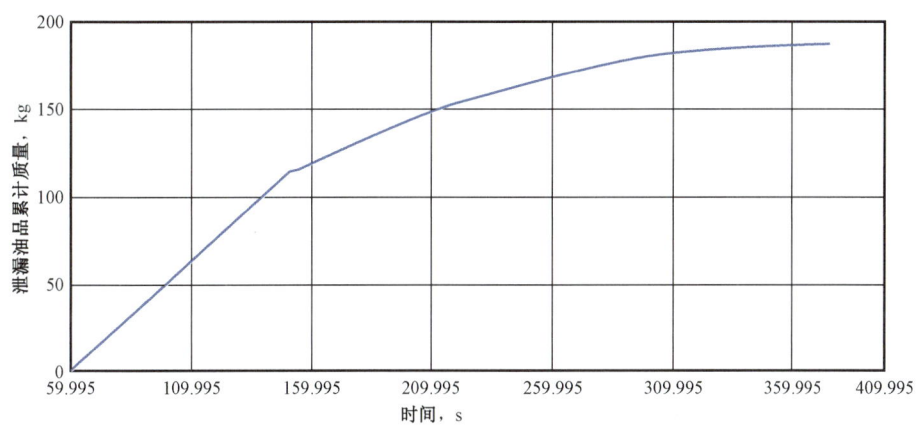

图 8-18 油品泄漏累计质量随时间的变化曲线

3）管线及泄漏口压力变化

（1）沿线压力变化情况。

图 8-19 至图 8-23 表示阀门关断后的泄漏过程中，沿线压力波传播过程。

如图 8-19 所示，图中曲线表示的是阀门关断后第 0~0.875s 管内压力波传播情况。其中曲线①至曲线⑧依次表示随时间增加压力曲线的变化过程，相邻两曲线之间的时间间隔为 0.125s。由图中可以看出，阀门关断后由于起点没有油品进入，管道起点压力出现较大的压力降。而管道终点由于油品的惯性作用，管道终点受到油品来流的冲击作用，使得终点压力突然升高。如图中曲线②至曲线⑧所示，随后起点产生的减压波逐渐向管道终点传播，大约经历 0.875s 减压波传播达到终点。在此过程中，由于液体具有不可压缩性，管道终点压力一直保持在较高状态。

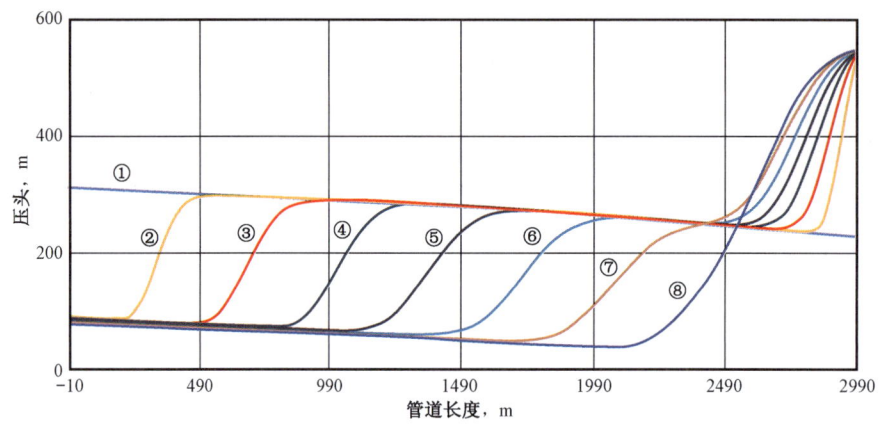

图 8-19　关阀后第 0~0.875s 管内压力变化曲线

如图 8-20 所示，图中各曲线表示的是阀门关断后第 0.925~1.225s 内管内压力的变化曲线。曲线①至曲线⑧表示时间是依次从第 0.925s~1.225s，曲线之间时间间隔为 0.05s。曲线①表示起点产生的减压波到达管道终点，由曲线②至曲线⑧可以看出，当负压波到达终点后，随着时间增加终点压力开始降低。由曲线⑧可以看出，虽然负压波引起了管道终点一定的压降幅度，相较于管段前半部分，终点还是有一个剩余的较高压力。此时，管道前半部分由于经历了一次负压波，且暂时没有受到压力波动的干扰。使得管道前半部分压力保持在较低水平，且保持基本稳定的状态。

如图 8-21 所示，图中曲线表示的是阀门关断后第 1.25~6.5s 管内压力的变化曲线。曲线①至曲线⑧表示时间是依次从第 1.25~6.5s，曲线之间时间间隔为 0.75s。曲线①表示管道终点经历了起点的负压波后沿线的压降曲线，可以看出终点又产生了一个较大的压力波峰。曲线①至曲线⑧表示了终点产生的压力波峰向管道起点的传播过程，可以看出，压力波逐渐向前推进，压力幅值逐渐减小。

如图 8-22 所示，图中曲线表示的是阀门关断后第 6.5~7.75s 管内压力的变化曲线。曲线①至曲线⑥表示时间是依次从第 6.5~7.75s，曲线时间间隔为 0.25s。由图中可以看出，随着管道终点反射的压力波达到起点，使得起点压力逐渐增大。此外可以明显看出，在泄漏点 990m 处，压力曲线有一段凹陷的曲线段。

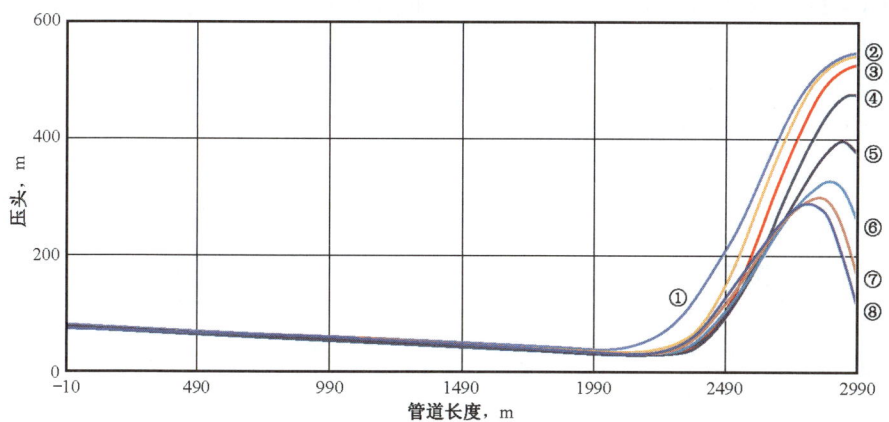

图 8-20 关阀后第 0.925~1.225s 管内压力变化曲线

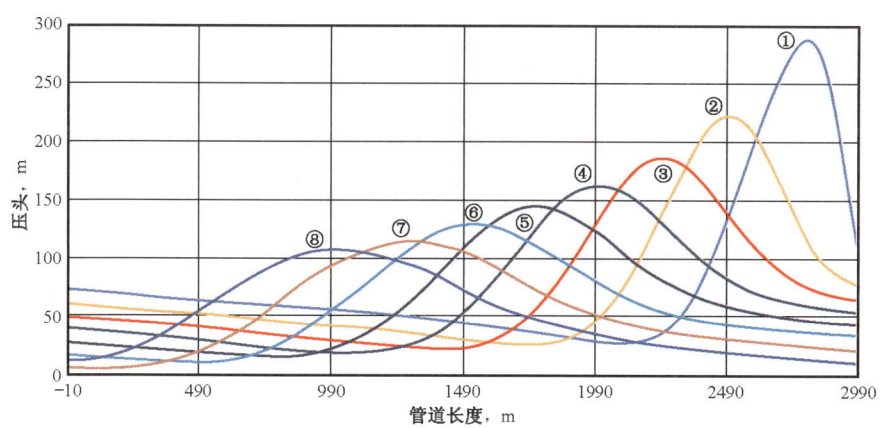

图 8-21 关阀后第 1.25~6.5s 管内压力变化曲线

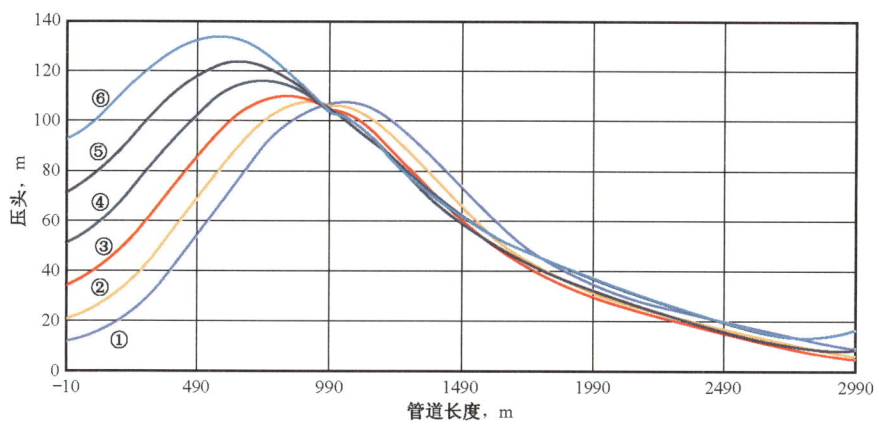

图 8-22 关阀后第 6.5~7.75s 管内压力变化曲线

如图 8-23 所示,图中曲线表示的是阀门关断后第 10.5~13s 管内压力的变化曲线。曲线①至曲线⑥表示时间是依次从第 10.5~13s,时间间隔为 0.5s。曲线①至曲线⑥主要表示的是起点反射压力波,再一次到达管道终点的变化过程。这样,通过图 8-19 至图 8-23 就完成了一个周期的压力传播过程。此后该过程不断循环直到泄漏停止。

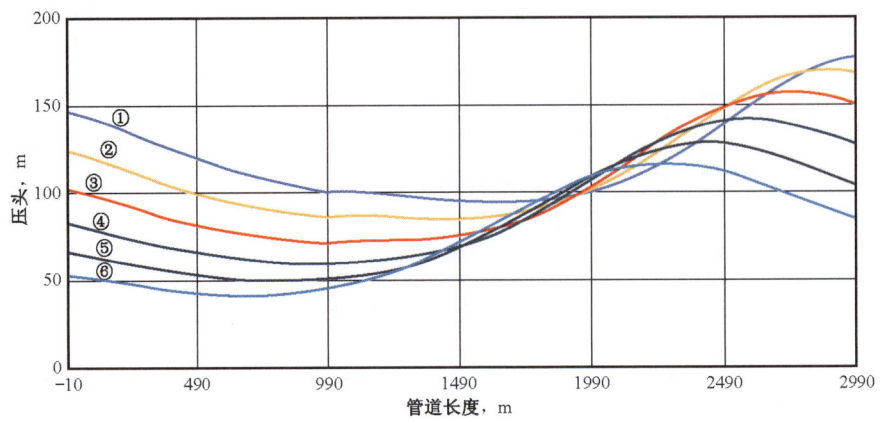

图 8-23 关阀后第 10.5~13s 管内压力变化曲线

(2)泄漏点管内压力变化情况。

图 8-24 为泄漏口管内压力变化曲线,同理可以看作 3 个阶段:瞬变泄漏阶段、稳定泄漏阶段和瞬间泄漏阶段。其变化趋势与图 8-17 一致。

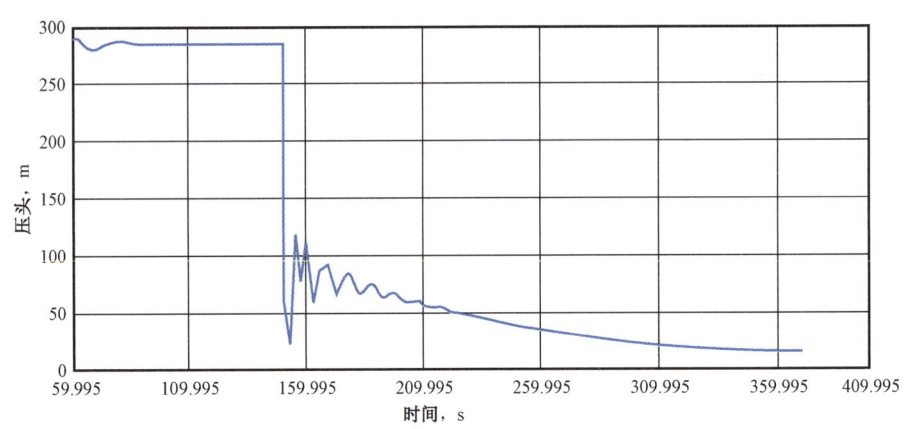

图 8-24 泄漏口出管内压强变化曲线

横坐标为泄漏开始后的时间,纵坐标为泄漏口处管内压头。泄漏瞬变阶段开始的一段时间内,泄漏速度迅速增大到最大值,产生比较明显的减压波,泄漏口压强出现一个突然降低的趋势;随着压力波的传播与反射引起泄漏口压强波动,随时间逐渐趋于平稳。

由于压力波的衰减、摩阻的限制以及自动调节的作用等因素,泄漏速度逐渐减小,管道全线逐渐形成一种泄漏状态下的稳定输油工况。

一段时间后两段阀门关断,阻止泄漏的继续。由于失去能量补给,泄漏口压强会突然降低,然而也会有一段时间的压力波动,最终逐渐减小达到泄漏口内外压力相等。

4)泄漏后沿线温度变化

如图 8-25 所示,表示泄漏过程中沿线油品温度的变化曲线。图中曲线①表示的是未发生泄漏时管道沿线温度分布情况,曲线②至曲线⑤表示的是检测到泄漏阀门关断后沿线温度变化趋势。

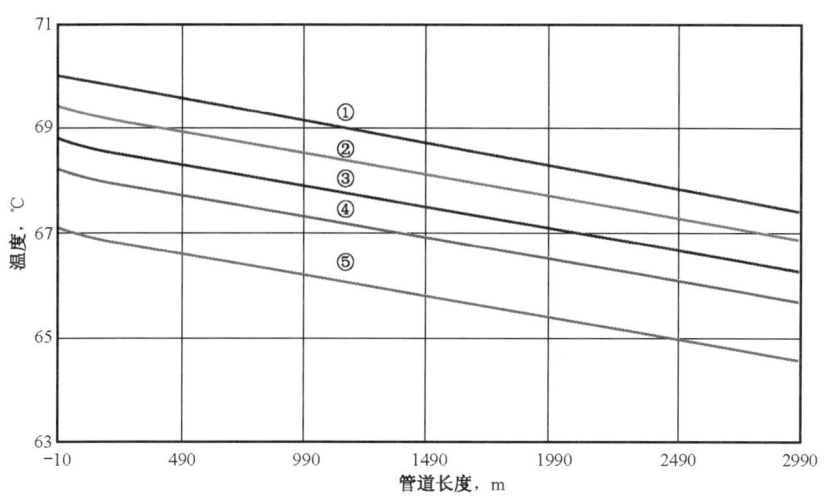

图 8-25　泄漏过程中沿线油品温度变化曲线

其中曲线①表示的是稳态时沿线温度分布情况。由于环境温度和油温之差,具有较高温度的油品向具有较低温度的环境传热,因此沿管线油品温度呈逐渐下降趋势。

曲线②表示的是泄漏停止时刻沿线温度分布情况,可以看出整条曲线向下移动。这是由于阀门关断后,管道起点不再有热油提供,而油品对环境的传热过程又是不断进行的。因此导致了沿线油温逐渐降低的现象。

曲线③至曲线⑤表示的是管道停止泄漏后管道中残油温度的变化趋势,可以看出曲线③至曲线⑤呈逐渐向下移动,由于管内残油不再有其他热油的补充,温度逐渐向环境传递。并且这种趋势会不断持续,在没有其他措施的情况下,管内残油温度最终会达到与海水环境温度一致。

第二节　基于瞬态负压波的泄漏检测方法

一、瞬态负压波泄漏检测原理

当流体输送管道因为机械人为破坏或材料失效等原因发生泄漏时,由于管道内流体压力很高(对原油长输管道干线压力可达几个兆帕),而管道外一般为大气压力,管内输送的流体在内外压差的作用下迅速流失,泄漏部位产生物质损失,这会引起发生泄漏场所的流体的密度减小进而引起管道内此处流体的压力降低,由于流体的连续性,管道中的流体速度不会立即发生改变,流体在泄漏点和与其相邻的两边的区域之间的压力产生差异,这种差异导致泄漏点上下游区域内的高压流体流向泄漏点处的低压区域,从而又引起与泄漏点相邻区域流体的密度减小和压力降低,这种现象从泄漏点处开始沿管道向上下游方向扩散,在水力学上称为负压波。

泄漏在管道中的总体反映就是从泄漏点处产生了同时向上下游端传播的瞬态负压波,瞬态负压波也可以理解为膨胀波,它的传播过程类似于声波在介质中的传播,它的传播速度是声波在管道输送流体中的传播速度,原油管道中负压力波的传播速度为1000~1200m/s。沿管道传播的瞬态负压波中包含有泄漏的信息,由于管道的波导作用它能够传播数十千米以上,在管道两端安装压力传感器能够捕捉到包含泄漏信息的瞬态负压波,就可以检测泄漏的发生,并根据泄漏产生的瞬态负压波传播到管道两端的时间差进行漏点定位,该方法具有快速的反应速度和很高的定位精度,能够及时检测出泄漏,防止泄漏事故扩大,减少流体损失,是一种受到广泛重视的泄漏检测方法[91]。

由图8-26可以容易的推导出管道泄漏点的定位公式:

$$x = \frac{L + a\Delta t}{2} \qquad (8-69)$$

考虑到管道内原油流速对负压波传播速度的影响上式修正为:

$$x = \frac{L(a-v) + (a^2 - v^2)\Delta t}{2a} \qquad (8-70)$$

式中 x——泄漏点距上游泵站的位置,m;

a——原油中负压波的传播速度,m/s;

v——管道中原油流动速度,m/s;

Δt——负压波信号到达上下游传感器的时间差,s。

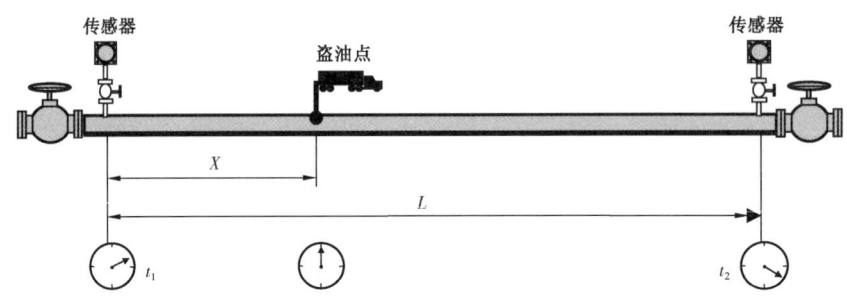

图8-26 负压波法原理示意图

二、瞬态负压波泄漏检测的关键技术

通过对负压波定位公式的分析以及对管道运行工况的分析可知,基于瞬态负压波泄漏检测及定位的关键技术为[92-94]:

(1)如何准确地确定负压波在管道中的传播速度。

确定负压波波速可以采用第二章所示方法,将管道分段,根据各段的油品、管材参数分别进行计算,可以提高计算的精度。

(2)如何确定负压波信号传到管道上下游压力传感器的时间差,也就是要确定压力信号序列的特征拐点。

确定负压波信号的特征拐点,也就是确定压力波信号的奇异点,可以采用小波变换进行信号处理,小波变换是检测低能量的短暂瞬变信号的有效手段,非常适用于检测突发性泄漏引起的瞬态负压波,具体方法见第七章。

(3) 如何统一各泵站工控机的系统时间,以得到负压波传输到两端的精确的时间差。

输送管道的两端各装有一个数据采集系统,在发生泄漏时要确定泄漏点的位置,需要将管道两端首、末站的数据综合起来分析。显然,用于分析的这一段数据的起始点(时间)必须是对应的,否则,压力信号序列的特征拐点就算被判断得准确无误,也会因为起始时刻差带来错误的时间差,定位结果的误差就会增大,因此就必须统一首末站数据采集系统的系统时间。

工控机的系统时钟是由晶振产生的,两台规格相同的工控机放在一起运行 24h 也会产生 1s 至数秒的误差,而实际情况下,管道两端的工控机所处的环境有差异,因此,工控机的系统时间必须经常加以校正。一种简单的方法是用一端系统的时间去校正另一端的系统时钟,这对两站点系统来说是简单可行的方法。对多站点系统来说,也可以选取一个站的系统时间作为标准时间去校正其他站点的系统时钟来达到统一时间标准的目的,这种方法要求各站点间定时通信一次。随着全球定位系统(GPS)的快速发展,目前已广泛用采用 GPS 来统一各站工控机的系统时钟。它满足了泄漏监测系统统一时间标准的要求,且造价低廉。我们使用的 GPS 接收器每 10s 对数据采集工控机系统时间进行一次校正,其受时精度为 0.001s。

(4) 管道系统的调泵、调阀、越站、反输等操作也会产生瞬态负压波,必须研究如何消除由管道运行工况变化造成的负压波对泄漏检测系统的干扰[95]。

① 监测泵转速、调节阀开度。目前,多数泵站使用变频调速技术。泵转速的变化可以通过电源频率的变化来反应,因此,通过监测变频调速泵频率输出值,由调泵所引起的泄漏误报警可以排除。对于安装有自动调节阀的管道,阀门开度由管道 SCADA 系统控制,可以方便地采集到,因此,通过监测调节阀的开度,由调阀所引起的泄漏误报警也可以排除。

② 判断负压波传播方向。在管道两端各安装两个压力变送器,当管道中间发生泄漏后,负压波向两端传播,靠近泄漏点的两个变送器先于靠近泵站的两个变送器接收到负压波信号,当在站内操作时,靠近泵站的压力变送器将先于远离泵站的压力变送器接收到负压波信号,因此,通过判断负压波的传播方向可以消除由于泵站内操作所引起的误报警。

③ 监测管线压力、流量变化状况。通过对全线能量平衡的分析可知,干线漏油后,漏点前的流量变大而漏点后的流量变小,漏点前后的压力都下降,这不同于其他工况,可由此来排除误报警。

三、输油管道泄漏检测系统

1. 泄漏检测系统硬件构成

如图 8 - 27 所示,负压波法输油管道泄漏检测系统各监测段所需的主要设备有压力变送器、温度变送器、数据采集模块、GPS 接收机、通信线路等。

2. 泄漏检测系统软件

泄漏检测软件系统 PLDS(Pipeline Leak Detection System)按照功能分为 6 个模块,如图8 - 28所示。通信模块负责上位机与下位机的通信和数据传输。泄漏检测模块为泄漏检测系统的核心,模块主要完成数据的滤波、数据的处理、泄漏的判定和误报警的消除等工作。数据管理模块对系统存储的历史数据进行管理,包括管道参数、通信异常记录、压力异常记录以及泄漏报警记录,并可实现压力信号的动态显示等功能。

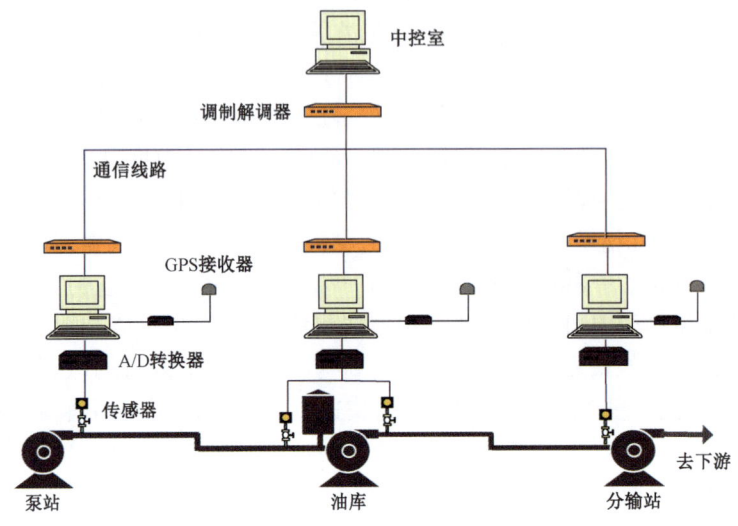

图 8-27 泄漏检测系统硬件结构示意图

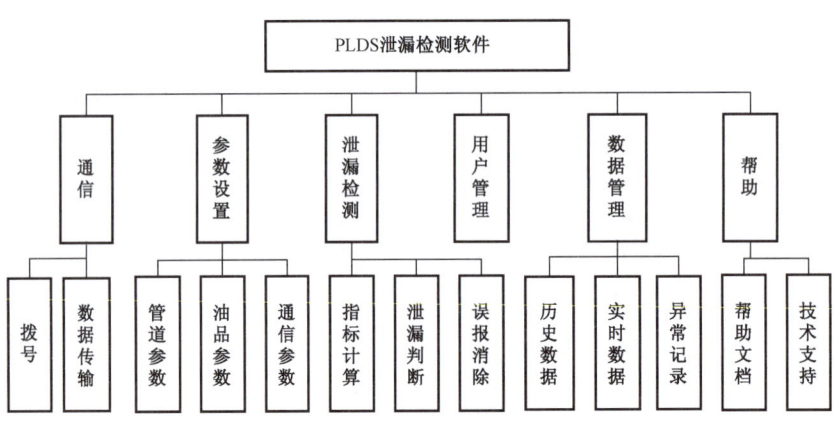

图 8-28 上位机泄漏检测软件结构

四、应用实例分析

基于负压波原理,开发了输油管道泄漏检测系统,并安装于新疆油田王化输油管道和克乌输油管道。为了证明方法的可靠性,在王化输油管道上进行了模拟泄漏检测的实验验证。

王家沟油库—石化分输站管段全长 30.25km,在距王家沟油库的 6.87km 的 1# 阀池的截断阀前,安装了放油管线,上接 $\frac{2}{5}$in、$\frac{3}{4}$in 和 1in 球阀各一个,依次放油。实验结果见表 8-1。

表 8-1　实验结果

项目	接收到泄漏信号时间		定位,m	误差,%
	王家沟油库	石化分输站		
第一次	11:35:16.234	11:35:306.71	6706.899	-0.539
第二次	11:48:23.187	11:48:37.890	6652.184	-0.72
第三次	11:51:23.515	11:51:37.500	6969.8	+0.33

从图 8-29 和图 8-30 可以看出,3 次放油都产生了明显的负压波,我们运用小波算法准确地提取了压力信号中所包含的负压波信息,定位精度在 1% 以内,满足设计要求。

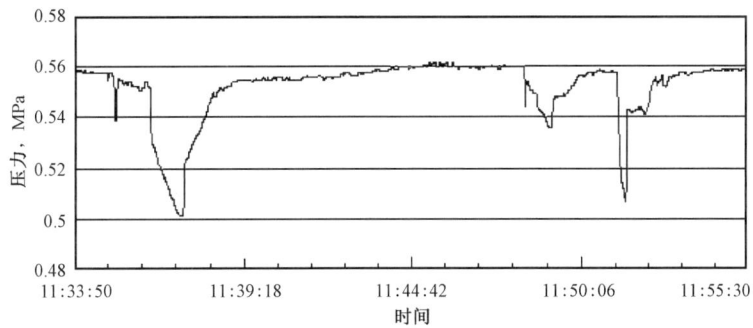

图 8-29　王家沟油库出站压力曲线

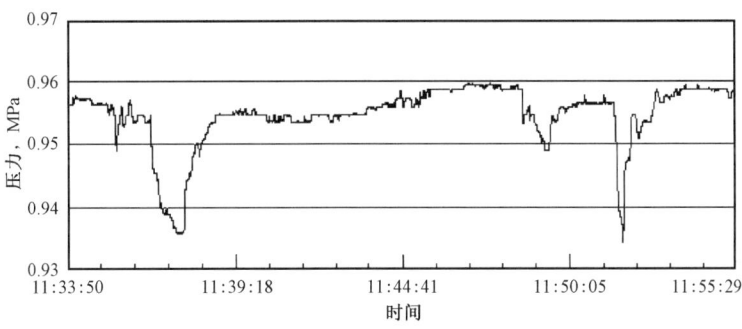

图 8-30　石化分输站进站压力曲线

第九章 长距离输油管道水力瞬变分析

国内外很多机构都开发出了管道仿真商业软件,目前在国内使用较多的是 Stoner Pipeline Simulator(SPS) 和 Pipeline Studio,本章将对两种软件的应用进行详细介绍。

第一节 水力瞬变分析软件介绍

一、SPS 软件

Stoner Pipeline Simulator(SPS) 是一种先进的瞬态流体仿真应用程序,它分为气体和液体两个模块,分别用于模拟管网中天然气或(批量)液体的动态流动。SPS 可以模拟任何现有的或规划设计中的管道,可对正常或非正常条件下,诸如管路破裂、设备故障或其他异常工况等,各种不同控制策略的结果做出预测。

SPS 计算设备运行状态及管网中的流量、压力、密度及温度等变量,并随仿真计算的进程,在屏幕上相对于时间或距离以报表或图形的形式交互显示设备和管道参数。

SPS 仿真软件可以通过文本和模型窗口两种方式建模,软件所需要编写的基本输入文件主要有 INPREP 文件、INTRAN 文件以及 INGRAF 文件等。在编译过程中,需要检验输入数据和参数的合法性,并完成进行瞬态模拟需要做的准备工作,预处理后自动生成 HTML 格式的报告以及进行瞬态模拟不可缺少的 RESTRT 文件。在软件进行仿真的过程当中,会生成许多中间文件,如工况储存文件 ARK、最终数据存储文件 REVIEW 文件、显示控制文件 DSP 和 OUTTRAN 文件等。SPS 中详细的文件系统框图如图 9-1 所示。

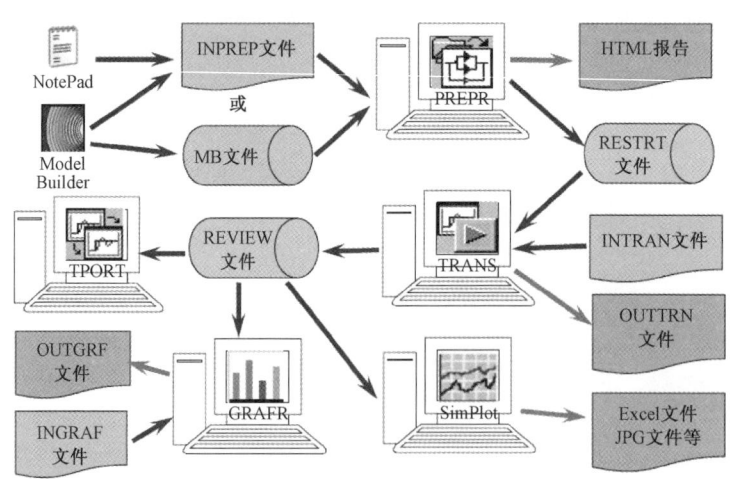

图 9-1 SPS 文件系统框图

SPS 离线模拟软件各模块的介绍如下。

(1) Model Builder：图形化的建模工具。用户可以使用 Model Builder 窗口建立图形化的模型示意图，通过建模窗口在建模过程中直接输入相应设备的各项参数，其功能与在 INPREP 文件中通过语句建模是一致的，建模产生的文件为 INPREP 文件或 MB 文件。

(2) PREPR：模型预处理器。建模完毕，需要使用 PREPR 对模型进行预处理，主要目的是检验模型的数据和参数是否合法，并做好进行瞬态模拟的准备工作。预处理过程的输入文件为 INPREP 文件，在预处理过程后软件会自动生成 HTML 格式的报告以及在进行瞬态模拟中必不可少的 RESTRT 文件。

(3) TRANS：瞬态模拟器。瞬态模拟器主要功能是完成对所建模型的瞬态模拟，可以在模拟器中将模拟仿真结果绘制成各种趋势图，例如模型中各站参数随时间或距离的变化趋势图，还可以在模拟仿真过程中查看和控制各种设备。瞬态模拟过程的主要的输入文件是 INTRAN 文件和 RESTRT 文件，在 INTRAN 文件中可以用 ADL 语句编写相关的控制语句，实现对模拟过程中对模型的控制。

(4) TPORT：TRANS 的附加窗口。如果对模型设置了数据共享，那么在瞬态模拟过程中可以同时打开 TRANS 窗口和 TPORT 窗口，在 TPORT 窗口中可以同时显示 TRANS 窗口不同的趋势图，方便对瞬态过程全面的观测。

(5) GRAFR：后处理器。根据用户的需求在模拟仿真过程完成后，可以通过后处理器生成指定的报告和趋势图，其输入文件是 INGRAF 文件和 REVIEW 文件，输出文件是 OUTGRF 文件。

(6) SIMPLOT：模拟结果查看窗口。SIMPLOT 可以根据 TRANS 窗口的模拟以及写入 REVIEW 文件的数据生成图表。SimPlot 窗口可以生成参数随时间或距离变化的趋势图，并且可以读取详细参数或将参数导出到 Microsoft Excel 中，并将图表保存成几种常见的图形文件格式。

二、Pipeline Studio 软件

Pipeline Studio 是英国 Energy Solution (ESI) 公司开发的一款油气管网仿真软件，包括 TLNET (液体) 和 TGNET (气体) 两个模块，TLNET 能够对液体管道的正常工况和事故工况进行稳态和瞬态分析，测试和评价管道的输送、改建和扩建方案。

该软件具有直观的图形界面、稳定的数字求解技术、完备的设备模拟、灵活实用的理想化的控制方式和多约束条件设定、温度跟踪、详尽的默认值集合、既能以批处理方式又能以交互 (互动) 方式运作、灵活多样的开放的输入输出方式、易学易用等特点。使用该软件可以对液体管道的正常工况和事故工况进行分析，测试和评价液体管道的设计或操作参数的设置，最终获得优化的系统性能。

TLNET 软件提供了两种运行模式：直接式 (directive) 和交互式 (interactive)。用户使用直接式模式运行程序时，只可以看到运行结果，而看不到中间变化过程。如果用户需要了解中间动态变化过程，则需要使用交互式模式来运行。采用交互式可以让用户进行类似现场操作，如开关阀门、启停泵等，很方便地调试不同的工况，且可以清楚地看到变化过程。TLNET 软件将仿真结果以图表形式表示，用户可以看到各种曲线，如水力坡降线、趋势线等。

三、建模前的准备工作

在建立管道模型之前要知道建模所需数据以及根据模型需求可以进行的一些简化和省略以减少计算时间,提高模拟效率,建模过程中还需要选择相关模型控制,使模型能够正常运行,更符合实际。

运用 SPS 和 TLNET 等仿真软件建立输油管道仿真模型所需要的基础数据见表 9-1。

表 9-1　建立输油管道模型所需基础数据

名称	数据具体内容	
管道数据	管径	高程
	长度	最大允许操作压力
	管壁壁厚	杨氏弹性模量
	管材	管道摩阻系数
阀门数据	阀门大小	阀门类型
	不同阀门开度的流动特性	阀门动作速度和特性
	止回阀特性	进出口调节阀
泵数据	泵性能数据	额定工况
	泵特性图	驱动类型
	驱动器扭矩/速度	站场控制描述
流体性质	每种流体的名称	密度
	黏度	压力体积模量
	温度模量	蒸气压
	密闭输送条件	
边界条件	管道起点的压力和流量设定点	
	入口或出口的流量常数	
	入口或出口的压力常数	
	输入输出控制及类型	
操作数据	正常启动和停止程序	
	紧急情况操作程序	
	管道和设备操作约束条件	
图表	站场详图	管网图等
单位	所有测量数据的单位	

在建模前,需要根据管道模型的需求进行相应的简化和省略。如果一个设备限定了流量、产生压力损失或者改变了流体性质,则这个设备在建模时应当考虑。评估一个设备是否需要保留主要取决于其对水力工况的影响,而不是设备的大小或功能。比如管道低点的排水阀或排污阀、清管器的收发装置等,在正常操作情况下对管道的水力计算并不产生影响,那么就可以对流程进行简化,省略掉这些设备。

第二节　基于 SPS 的原油管道停输再启动分析

一、兰成原油管道概况

兰成(兰州—成都)原油管道全长 862.5km,起点位于甘肃省兰州市西固区,终点在四川省彭州末站。兰成管道的钢管采用 X65(L450)钢管,管径为 610mm,设计压力为 8～13.4MPa。管道输送油品为西部原油管道在兰州转输的塔里木原油、吐哈原油、哈萨克斯坦(哈国)原油、长庆原油等按照一定比例混合的原油,设计输量 $1000×10^4$t/a。兰成管道全线设 8 座工艺站场和 38 座阀室。兰成原油管道的里程、高程及沿线站场设置图如图 9-2 所示。

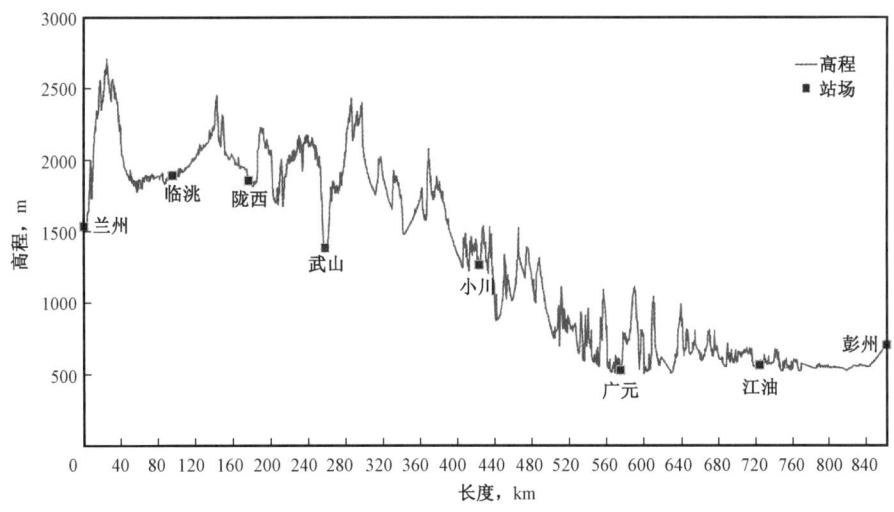

图 9-2　兰州—成都原油管道沿线站场设置图

在冬季,兰州—武山段的地温较低,武山—彭州段的地温较高,因此,兰成管道设置了兰州站和陇西站两座加热站,根据输送油品的性质在必要时选择首站加热或者同时开启两座加热站,就可以满足兰成管道的输送需求。而夏季全线的地温都比较高,只需要采用常温输送即可。

由兰成管道现场运行数据统计得到,在 2015 年一年内,兰成管道总计停输 11 次,其中计划停输 3 次,紧急停输 8 次。可见停输再启动已经成为管道运行管理的一种必不可少的手段,因此,有必要针对兰成管道的运行需求,基于不同比例混合油品的物性参数,在现有的管道设备条件下制订出不同比例混合油品的安全停输再启动方案,确定不同油品的安全停输时间以及再启动压力。

二、兰成线管道仿真模型的建立

仿真模型的建立可以使用 Model Builder 界面进行建模,也可以使用 INPREP 文件输入 ADL 语句建模。兰成管道的模型综合使用了这两种方式。按照 SPS 软件中 INPREP 文件的编

写要求所书写的文本形式的输入文件,下面这一段是兰成线 SPS 模型中的一部分语句:

/＊＊＊＊＊＊＊1#单向截断阀室＊＊＊＊＊＊＊＊＊＊＊＊＊＊＊＊＊＊＊＊＊＊＊
＊＊＊＊
  BC BC_FASHI01_0101 N_FASHI01_01 N_FASHI01_02 OPEN2 CLSE2 0 6000 1 1
  + XY = 2320 240
  B B_FASHI01_0102 N_FASHI01_02 N_FASHI01_03 OPEN2 CLSE2 0 6000 1 1
  + XY = 2480 240
  B B_FASHI01_0103 N_FASHI01_01 N_FASHI01_04 OPEN2 CLSE2 0 6000 1 0
  + XY = 2320 160
  B B_FASHI01_0104 N_FASHI01_04 N_FASHI01_03 OPEN2 CLSE2 0 6000 1 0
  + XY = 2480 160
  B B_FASHI01_0105 N_FASHI01_04 N_FASHI01_05 OPEN2 CLSE2 0 6000 1 0
  + XY = 2480 320
  E E_FASHI01_1 N_FASHI01_05 SALE 0.2 0 ＊
  + XY = 2640 320

在 SPS 的 Model Builder 中建立的图形化模型如图 9-3 所示。

1. 仿真模型设备的定义

根据 SPS 软件命名规则,所命名的设备名内不能包含空格,可以是数字、字母、"."和"_",并且不区分大小写。为了便于用户的理解和操作,在建立兰成管道的仿真模型中对全线的设备元件都进行了统一命名,命名参照管道的工艺流程图中设备的编号。在 SPS 管道仿真模型中命名格式为:(设备名称)_(站名)_(设备编号)。

例如:BC_LZ_602。

BC 为设备名称(单向阀);

LZ 为站名(兰州站);

602 为(设备编号)。

2. 仿真模型参数选取

1) 基本状态选择

在使用 SPS 软件建立模型时,首先需要选择整个模型的相态、状态方程、热模型以及相关的单位。在 SPS 软件中只能对单相流体进行模拟,兰成原油管道的模型中输送介质是液体。在软件中液体管道可以选择的状态方程有 SCL 方程、BWRS 方程和 TABLE 方程,而根据兰成管道的输送特点,在模型中状态方程选择 SCL 方程。

在软件中有 3 种传热模型,即等温模型(ISOTHERMAL)、热力模型(THERMAL)和瞬态热力模型(TRANSTHERMAL)。瞬态热模型不仅能够用来计算流体本身的热力瞬变,还能够计算周围环境的热力瞬变,这种特点有利于管道系统在温度敏感的环境下的操作,还考虑了与土壤之间的热交换及由于流体压缩、减压引起的热变效应,因此在仿真模型中选择瞬态热力模型。

第九章 长距离输油管道水力瞬变分析

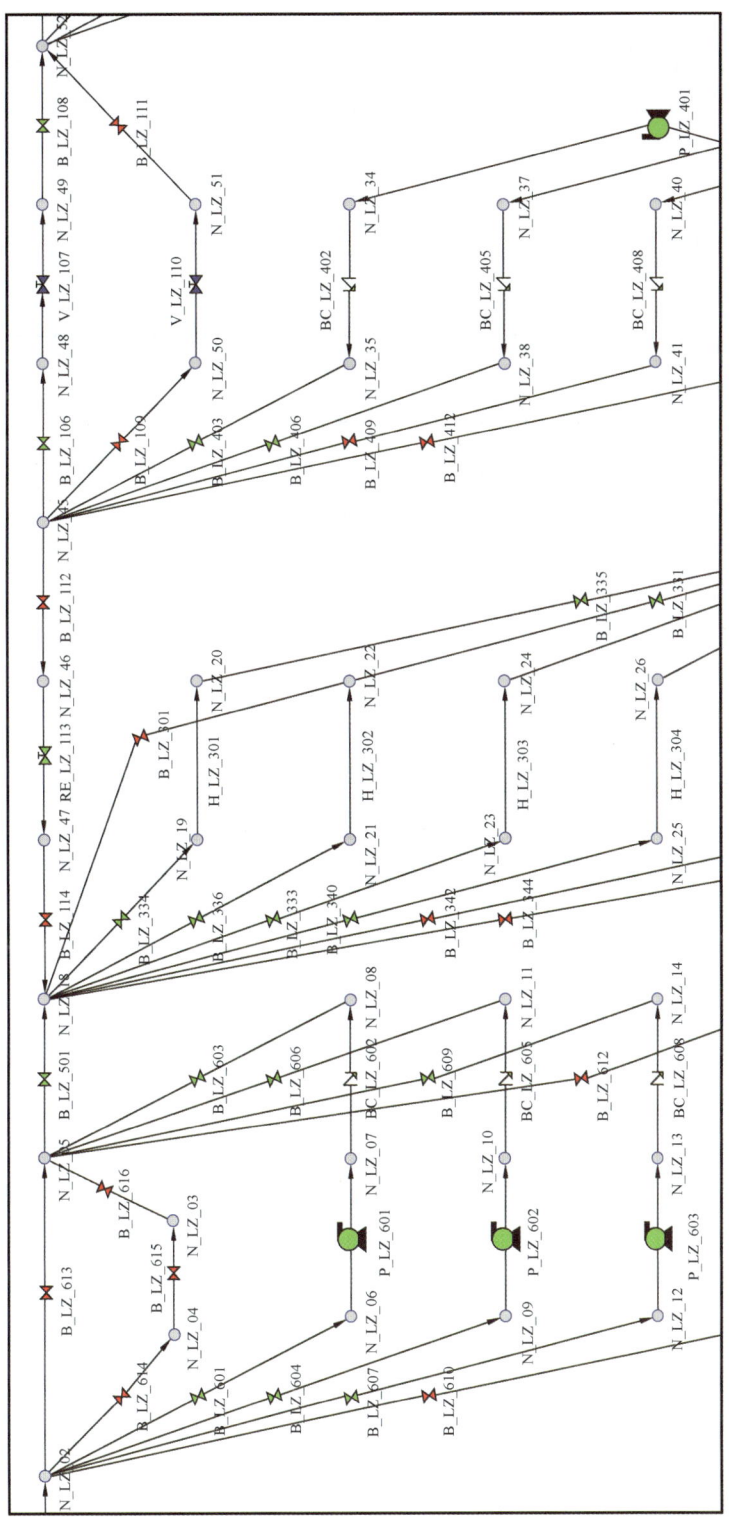

图9-3 采用Model Builder建立管道模型界面

2)管道参数

兰成管道仿真模型中管道的管径、壁厚、长度、高程和最大允许操作压力等根据兰成管道实际参数确定。SPS 的摩阻系数采用了 Colebrook，Nikuradse，Moody 和 Backcalculate 四种方法，这里选用 Colebrook 公式。

根据实际地温情况，在模型中建立不同的地温曲线，在对应的管段选择相应的地温曲线。在建立模型过程中可以输入不同距离对应的高程和最大允许操作压力，输入界面如图 9-4 所示。

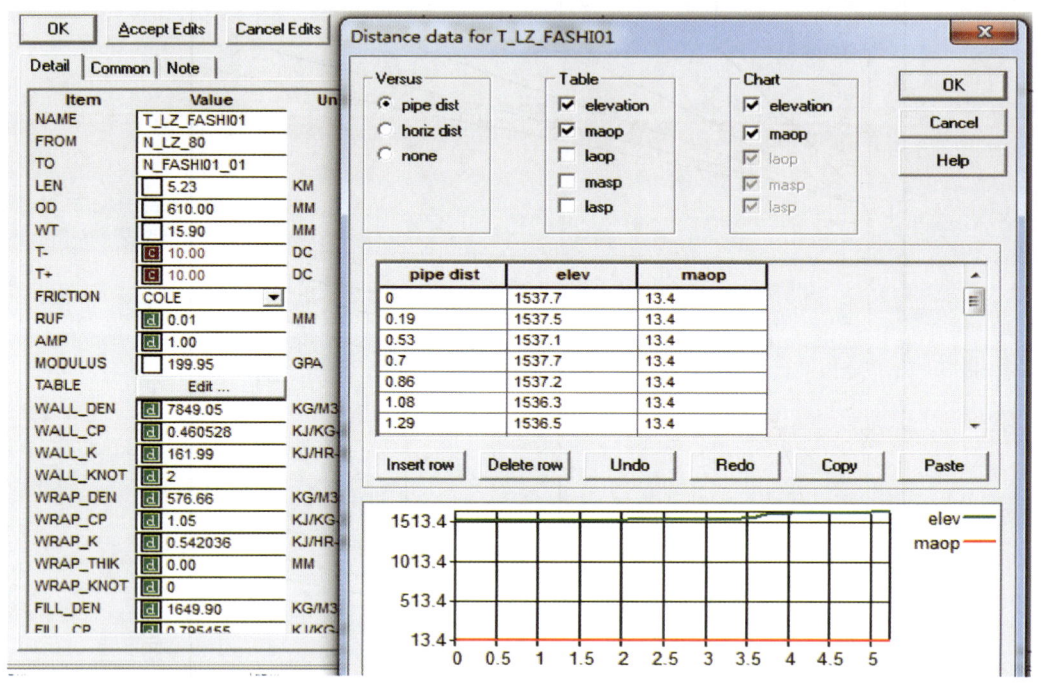

图 9-4 管道参数输入界面

3)泵参数

在模型中添加泵设备，SPS 只提供一种泵模型，而且必须输入 6 个参数，泵才能正常运行。这 6 个参数分别是泵最大额定转速、最大额定驱动功率和 4 个基于水的最佳效率点(转速、流量、能头、功率)。在 SPS 软件建模过程中可以添加泵曲线，包括泵的扬程与流量曲线(H-Curves)、功率与流量曲线(P-Curves)等。在兰成管道模型中不仅有定转速泵，还设有变转速泵，添加变转速泵时需要输入不同转速下对应的泵工作曲线。在建模过程中添加变转速泵并输入泵工作曲线的界面如图 9-5 所示。

4)阀门参数

根据兰成管道实际采用的阀门参数，在模型中设有相同的截止阀、单向阀和调节阀。在模型中需要指定阀门的开关曲线、阀系数、全开全关时对应的流量和初始状态等。

第九章　长距离输油管道水力瞬变分析

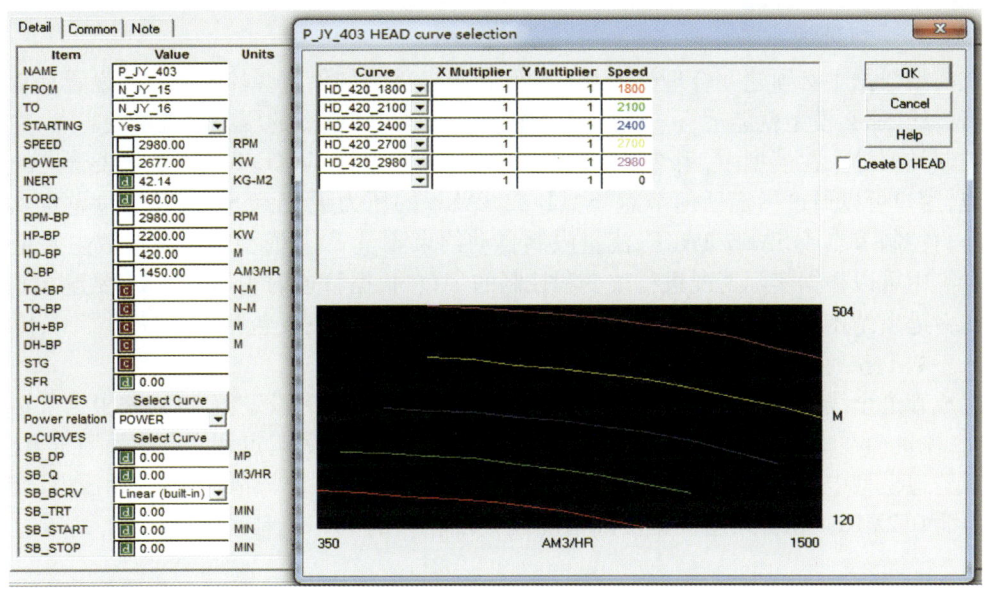

图9-5　泵参数输入界面

5）流体参数

当模拟仿真过程中温度变化时，流体的一些物性参数是会随温度而变化的，SPS软件会利用已有的数据进行插值，得到对应温度下的参数值。在建模过程中黏温曲线是以表格的形式输入的，界面如图9-6所示。

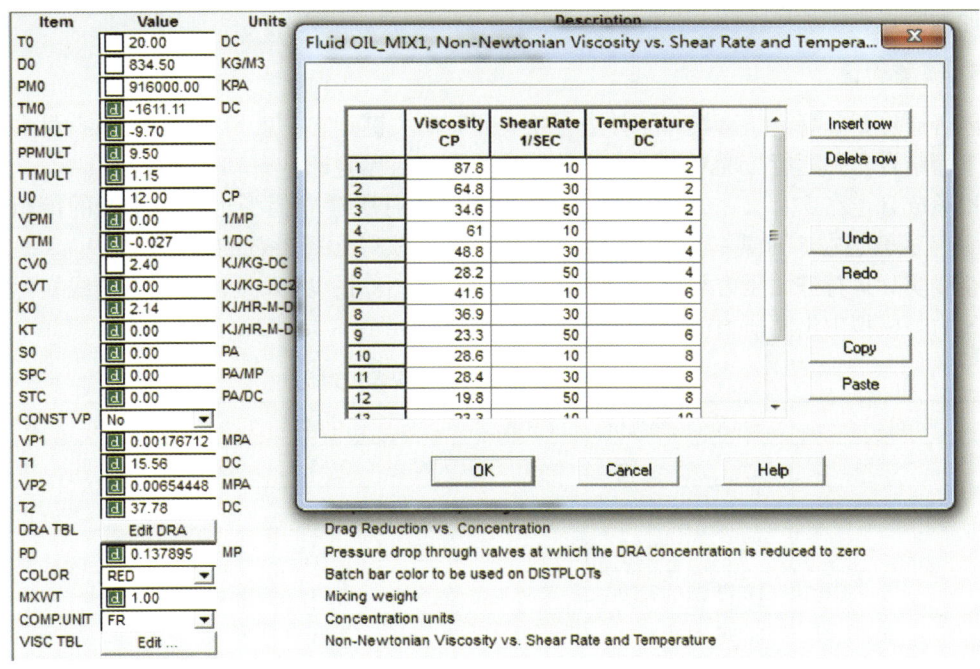

图9-6　流体参数输入界面

6)模型控制参数

在模型数据中必须建立合理的控制参数和边界条件。如果这些控制参数的设置是基于实际运行管线,那么模型就能运行。模型的边界条件通常包括起点的压力和流量设定点、输入输出的控制类型等。在模型中,用外部调节器(External)并选择 TAKE/SALE 来代表管道的起点和终点,用户可以通过指定任何节点、SALE 或 TAKE 的压力设定点 SP 或者流量设定点 SQ。对于压力控制节点或 SALE/TAKE,流量限制自动约束流量[96]。模型的控制参数主要是指在模拟计算中可以根据实际情况进行改变和控制的参数,根据管道的实际情况,需要建立 PID 控制系统对进出站压力进行控制调节,在 SPS 软件中控制元件主要包括 PID 控制器 C、传感器 S、输入参数 I、执行器 A 和继电器 Y。

兰成管道全线采用的是压力控制,当起点和进出站压力达到设定值之后,并根据泵站提供的能量,流量会在最小流量和最大流量之间自动调节。在管道的起点和终点均采用压力控制,在兰成管道模型中全线没有分输站,只有起点和终点。对起点的外部调节器采用压力设置,设置节点为 0.2MPa。在各站还根据实际情况设置了相应的 PID 控制系统,对进出站压力进行设定。

兰成管道的具体运行控制参数如下:

(1) 设计输量。管道设计输量为 1000×10^4 t/a,最小连续排量为 $400 m^3/h$。

(2) 压力控制参数。各泵站输油泵的进出口汇管及出站设低压、高压保护。管道设有 $1^\#$ ~ $6^\#$ 高点检测点,正常运行工况下高点处的压力控制宜不小于 0.2MPa。

(3) 温度控制参数。兰州首站夏季的来油温度为 18℃,冬季的来油温度为 10℃,其余站场的进站温度不低于地温。兰州首站采用综合处理输油工艺时处理温度宜为 45~55℃。中间热站重复加热时出站温度不宜低于 45℃。各站出站温度不宜高于 65℃。进站温度应高于管输原油凝点 3℃ 以上。

3. 模型验证

能否通过 SPS 管道仿真模拟软件进行相关研究的关键点之一就 SPS 模型的准确性和可靠度。下面结合实际运行工况对管道模型的精确度进行对比验证。

以兰成管道在 5 月某一工况为例,采用 SPS 软件对所建立模型进行该工况的模拟。表 9-2 是兰成管道在 5 月某一工况下的模拟计算结果与实际运行参数的对比。图 9-7 是该工况下全线实际运行进站压力与模拟中进站压力的对比图。图 9-8 是该工况下全线实际运行出站压力与模拟中出站压力的对比图。

表 9-2 兰成管道 5 月某工况参数对比

场站		兰州站	临洮站	陇西站	武山站	小川站	广元站	江油站	彭州站
进站压力 MPa	实际运行	—	6.26	6.07	7.62	5.65	6.71	2.34	0.31
	模拟结果	—	6.56	6.26	7.81	5.80	7.06	2.62	0.40
	差值	—	0.30	0.19	0.19	0.15	0.35	0.28	0.09
出站压力 MPa	实际运行	11.77	8.70	5.85	9.77	4.71	6.62	4.74	—
	模拟结果	11.76	8.70	6.00	9.77	4.71	6.62	4.72	—
	差值	-0.01	0.00	0.15	0.00	0.00	0.00	-0.02	—

续表

场站		兰州站	临洮站	陇西站	武山站	小川站	广元站	江油站	彭州站
干线流量 m^3/h	实际运行	1179.09	1199.7	1210.14	1209.96	1198.26	1180.53	1184.13	1192.32
	模拟结果	1185.6	1185.6	1185.6	1185.3	1185.2	1185.2	1185.1	1185.1
	差值	6.51	−14.1	−24.54	−24.66	−13.06	4.67	0.97	−7.22

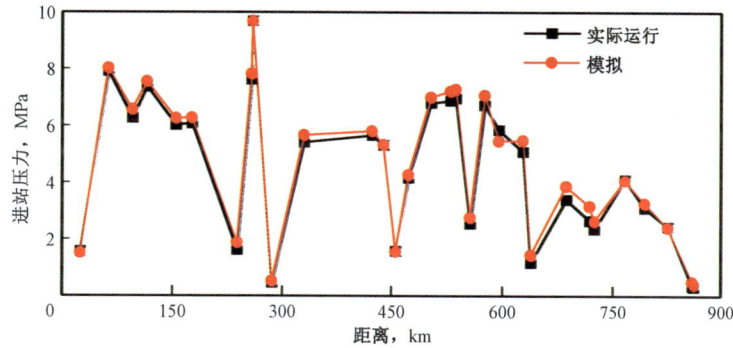

图 9-7　兰成管道 5 月某工况全线实际运行进站压力与模拟中进站压力对比图

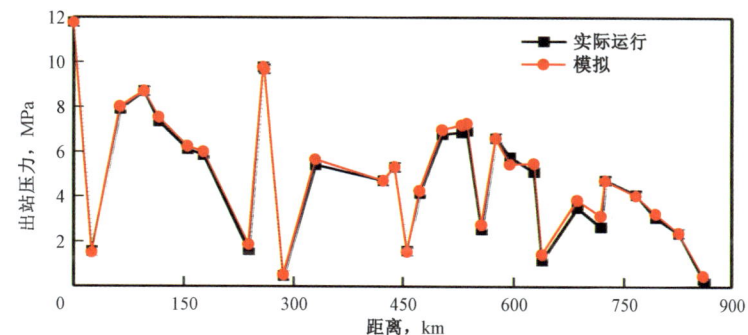

图 9-8　兰成管道 5 月某工况全线实际运行出站压力与模拟中出站压力对比图

通过模拟计算结果与实际运行参数之间的对比,可以看出全线的压力分布趋势与实际管道一致,且压力差值很小,模拟流量与实际流量也很接近。

综合考虑实际数据采集的可靠性与模型的复杂性,运行结果与实际参数之间存在的差异也在可接受范围,各主要参数都较好地符合了现场运行数据,通过以上对比说明所建立的模型可以较好地模拟实际管道的运行。

三、基于 SPS 的停输再启动计算软件二次开发

SPS 软件作为一款先进的瞬态流体仿真应用软件,可以对现有的或者设计中的管道在正常或非正常条件下各种工况进行模拟,已经被国内外许多公司和设计院所接纳使用。虽然 SPS 具有强大的管道仿真模拟功能,但是也存在不足之处:

(1) SPS 软件未能与管道运营需求充分结合,没有办法直接或者方便地使用软件去解决管

道输送过程中所遇到的各种问题,而且单纯使用 SPS 软件很难与管道的运行调度直接结合起来;

(2)SPS 软件本身较为复杂,涉及多个学科,要求使用人员具备计算机、管道输送工艺、自动化等各方面的知识,而且对于多数人员而言,很难对软件的性能、功能、使用方法、控制语句以及软件所使用的数学模型和算法进行深入学习了解,这就导致软件不易被很好地学习掌握,就没法实现软件丰富的功能;

(3)SPS 软件本身在运行过程中无法直接显示相关的运行工艺,不方便对模型的实时控制和调度,而且对参数的读取等比较麻烦。

因此,基于 SPS 软件进行二次开发,编制兰成管道停输再启动计算软件,提高了仿真软件的实用性和可操作性,以下对各个功能模块的作用以及关键模块的实现方法进行叙述。

1. 软件主要模块

根据现场需求,基于 SPS 的停输再启动模拟计算软件的主要模块主要有界面显示模块、参数检测模块、控制模块、停输模块、再启动模块、数据库模块以及帮助模块。

软件主要模块框图如图 9-9 所示。

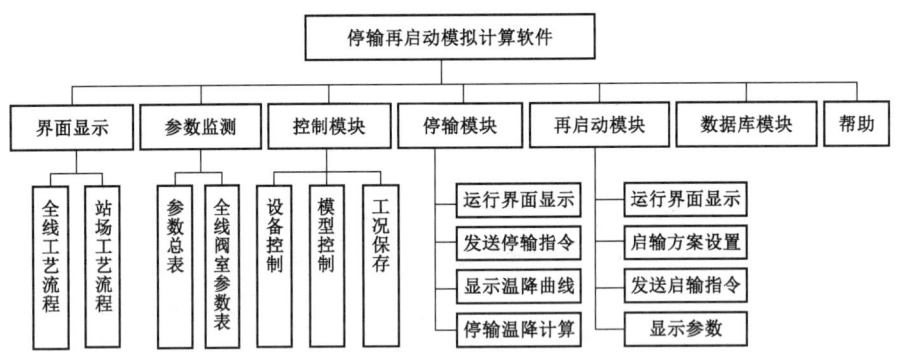

图 9-9 软件主要模块结构图

在界面显示模块,建立全线工艺流程及各站场的工艺流程显示界面,对站场界面上设备进行定义,清晰直观地显示了各个站场的工艺流程,并且可以方便地进行不同站间的界面切换,考察各站的瞬时工况。在参数检测模块中,可进行全线和站内参数的实时监视,通过参数表能实时监测模拟中的各站运行情况。在控制模块可以实现对设备及模型参数的控制,通过操作平台对仿真模型进行实时控制,通过开关阀门、启停泵等操作来调整模型的运行工况,各类控制命令可实时传递给后台仿真模型,在系统界面上可以设定对应不同运行工况的参数值,并保存相应的工况。在停输模块可以对停输过程进行模拟,通过向模型发送停输指令可以实时读取停输过程中瞬态水力热力变化情况。再启动模块通过对再启动过程参数的设置,通过模拟仿真制定出合适的再启动方案。

2. 软件开发环境

停输再启动模拟计算软件是在 SPS 软件的基础上,在 Windows 操作系统环境下进行开发的。主要用到的开发工具有:运用 ADL(Application Definition Language)语言实现对仿真模型的逻辑控制,通过 Visual Basic 6.0 开发平台建立软件界面、实现软件相关功能,通过 SPS 软件提供的 spsDataServer2 服务器建立 Visual Basic 和 SPS 模型之间的数据连接,实现模拟过程中对数据的读取与模型的控制,在开发过程中采用 Microsoft Office Access 作为数据库。

基于 SPS 的停输再启动模拟计算软件的开发技术路线是:首先通过 ADL 语句编写完成对 SPS 管道模型的逻辑控制文件,然后通过 spsDataServer2 服务器建立起仿真模型与软件之间的连接,实现 SPS 软件与 Visual Basic 的控件导入与数据连接,最后在 Visual Basic 开发平台上建立停输再启动模拟模块,满足用户需求。软件开发技术路线简图如图 9 – 10 所示。

图 9 – 10　软件开发技术路线

四、SPS 仿真控制文件

当建好兰成管道 SPS 仿真模型后,可以用逻辑语句来控制一些操作和完成模拟计算,而 SPS 软件中常见的逻辑控制方式有 3 种,即在 INTRAN 文件定义命令、在模拟窗口中发送交互式指令或者是两者的结合。在 SPS 软件中 INTRAN 文件是进行仿真模拟运行时不可缺少的文本文件,不管是否是在交互模式下运行,用户都能够通过它来控制模型的瞬态模拟。通过 INTRAN 文件可以实现对模型的控制,例如,指定模型开始和终止的时间、在指定的时刻输出数据、在任意时刻储存模型、调出已存档的状态或稳态文件、瞬态模拟时控制泵/压缩机的启停、设定值的改变、阀门的开关、在其他变量的基础上定义新的变量、使用像宏一样的文本操作工具、定义操作次序,如站场的启停、定义警告的条件及信息、在模型中设定约束条件以启动指定工况等。

在 INTRAN 文件中使用的是一种 SPS 特有的 ADL 语言,下面结合模型用到的部分命令语句对其仿真控制功能进行说明。根据 ADL 语言的语法,所有语句必须使用大写字母;"/ *"之后是注释语句,会被处理器忽略并不执行;" + "作为连续符号,表示对上一命令的延续。

以下是一个 INTRAN 文件中最基本的语句:
BEGIN 0,　　　　　　　　　　　　　　/ * 必须在 INTRAN 文件第一行,开始申明
+ BEGIN. TIME = 0　　　　　　　　　/ * 起始时间为 0,模型默认时间单位为分钟
INTERACTIVE MSWIN　　　　　　　　　/ * 运行交互式的仿真模拟
TRENDLIST *　　　　　　　　　　　　/ * 将所有的时间图数据等都保存下来
SHARE *　　　　　　　　　　　　　　/ * 可将仿真数据共享到 TPORT
MACRO(INIT,HYDRAULIC – D)　　　　/ * 指定在 TRANS 窗口初始显示的 DSP 文件
以下是对模型仿真控制的基本设置语句:
SET DTMAX = 60　　　　　　　　　　/ * 设定最大允许时间步长为 60 分钟
LOAD. STATUSSTEADY. ARK,SET. TIME = TIMEVALUE("00:00:00")　　/ * 加载一个已经存好的工况文件,并将时间重置为 0
DEFINE START_TIME = 0　　　　　　/ * 定义一个新的变量

```
SET START_TIME = TIME                        /*为新变量赋值
DEFINE RUNTIME = TIME – START_TIME    /*利用已有变量定义一个新变量
```
以下是部分模型控制语句：
```
OPEN B_ELZ_1                     /*开启一个名为"B_ELZ_1"的截止阀
CLOSE B_ELZ_2                    /*关闭一个名为"B_ELZ_2"的截止阀
START P_LZ_401                   /*启动一台名为"P_LZ_401"的泵
STOP P_LT_403                    /*停止一台名为"P_LT_403"的泵
SET B_WS_101:FR = 0.2            /*将一个名为"B_WS_101"的截止阀开度设置为0.2
SET C_LZ_107:SP = 11.3           /*将名为"C_LZ_107"的控制器的压力设定值设置
                                    为11.3MPa
WHENEVER(P_LZ_601:ST = STARTING)
{
  OPEN    B_LZ_601
  OPEN    B_LZ_603
}             /*泵联动控制,当泵状态为正在开启时,泵的进出口阀门会自动开启
WHENEVER(P_LZ_601:ST = STOPPING)
{
  CLOSE B_LZ_601
  CLOSE B_LZ_603
}             /*泵联动控制,当泵状态为正在停止时,泵的进出口阀门会自动关闭
```
在 INTRAN 文件中还可以通过定义次序(SEQUENCE)来实现对模型的仿真控制,次序可以将数条指令集中在一起,执行时仅需要调用者一个次序就可以实现一系列功能,包括对模型的逻辑指令和操作指令,定义好的次序在 INTRAN 文件中或者从模拟窗口发送交互命令都可以对其进行调用,可以使用 CALL.SEQUENCE 命令或者 SUBMIT.SEQUENCE 命令来执行已经定义好的次序,例如对油品切换的次序定义如下：
```
DEFINE.SEQUENCE MIX1
{
  OPEN B_ELZ_1
  CLOSE B_ELZ_2
  CLOSE B_ELZ_3
  CLOSE B_ELZ_4
}                                        /*定义一个名为 MIX1 的次序
```

五、操作界面与仿真模型的连接

基于 SPS 软件的二次开发原理图如图 9-11 所示,其中很关键的步骤就是在服务器的基础上建立起管道仿真模型与仿真操作平台软件之间的连接。在 SPS 模拟平台 INTRAN 文件中,将界面中与模型相关的设备及参数设置成为共享变量,并需要在 INTRAN 文件中写入 TRANSSHARE 命令,用来实现 SPS 的后台数据库的共享,通过共享后台数据库可以实现模拟计算程序和仿真软件之间数据的实时读取。其中 spsDataServer2 对象可与支持自动化的应用

程序实现通信,可以与 SPS 的 RPC 服务进程 CORBA/TRANSSHARE 联合工作,Windows 系统应用程序通过 RPC 方式与局域网内的 SPS 模型(TRANS 保持运行)实现通信,通过 spsDataServer2 API 可以实现连接/断开与 SPS 模型通信、向 SPS 模型发布命令、获取数据、获取距离/时间图、获取设备和元件信息、调试 spsDataServer2 等。在 VB 仿真平台中,通过加载 spsDataServer2 对象来实现仿真软件与模拟计算程序之间的数据共享,并可以将 SPS 软件提供的控件导入到 VB 平台,还可以实现在计算程序中控制 SPS 模型的模拟仿真过程,实现了 SPS 模拟仿真与模拟计算程序的有机结合,形成了操作性强、界面友好的管道仿真系统。建立模拟计算程序与后台仿真模型之间连接的流程框图如图 9-12 所示。

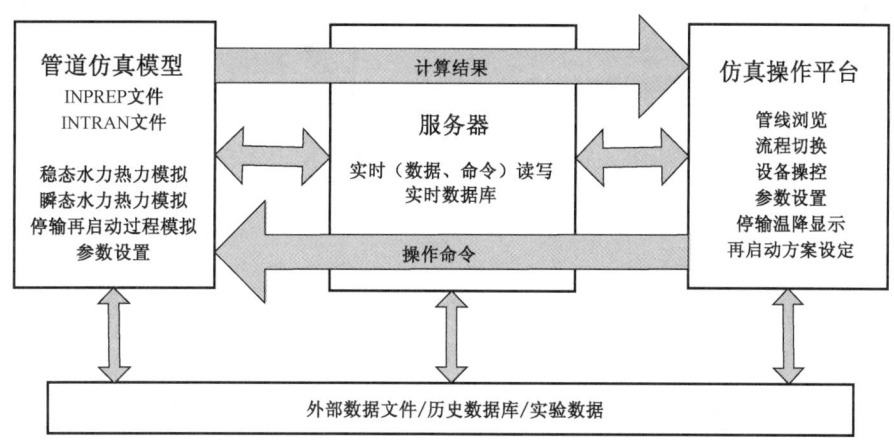

图 9-11 基于 SPS 软件的二次开发原理图

要建立起管道仿真模型与仿真操作平台之间的连接,有两个很重要的准备工作,一是从 VB 平台导入 SPS 控件,二是在 VB 平台引用 spsDataServer2 对象。在 VB 软件中利用 SPS 软件提供的开发接口在 Visual Basic 软件界面中导入 SPS 控件(图 9-13),在成功导入之后可以在 VB 界面中通过 SpsCtrlMng 控件建立与模型的连接并显示连接状态,还可以绘制 SPS 中的泵、阀门、加热炉等设备,并且在与模型连接成功之后可以在 VB 中显示模型中的相关参数和设备状态。在 VB 平台中引用 spsDataServer2 对象如图 9-14 所示,在对象库中有很多 SPS 软件提供的函数,通过这些函数可以建立数据连接、读取设备的属性、读取模型中的参数、检索当前模型表达式中的数组数值、向模型发送控制指令等。

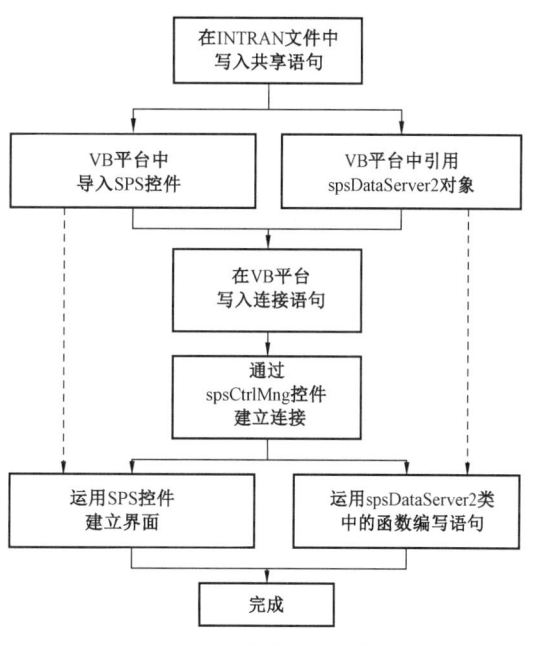

图 9-12 建立模拟计算程序与后台
仿真模型之间连接流程图

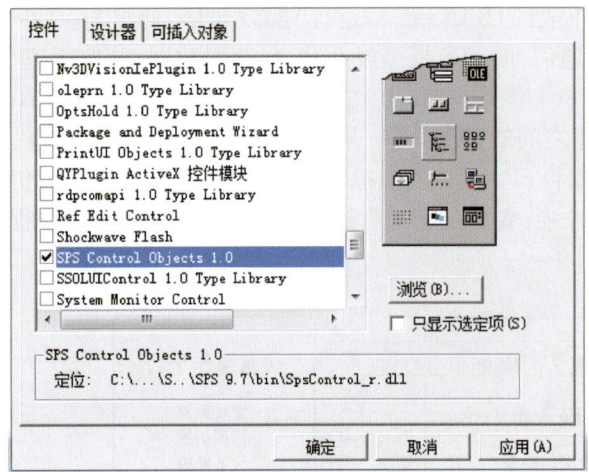 

图 9-13 VB 界面中导入 SPS 控件

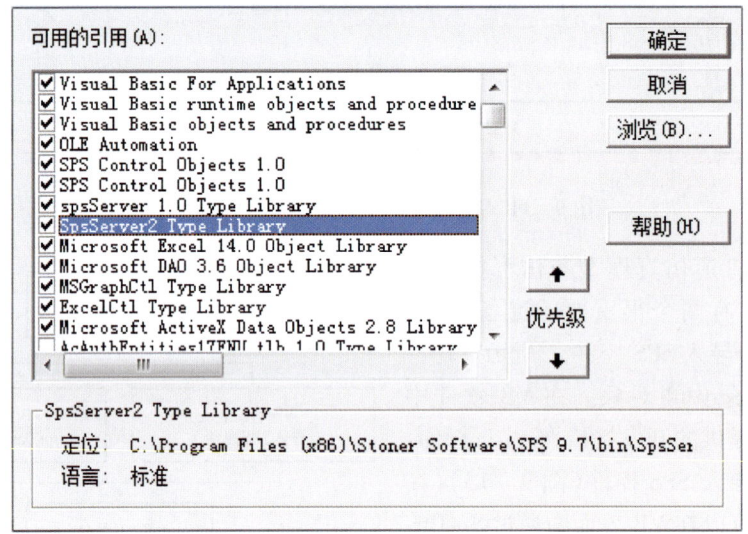

图 9-14 VB 界面引用 spsDataServer2 对象

在 INTRAN 文件中设置数据共享的语句如下：

DO. INTERACTIVE" BACKGROUND TRANSSHARE – c LANCHENG – z lancheng"

spsDataServer2 对象实例化对象创建后，才能使用其属性和方法。在 VB 平台导入 SPS 提供的相关控件之后，需要写入中 spsDataServer2 对象实例化代码，并通过控制器控件和 Attach 方法来建立模型与操作平台的连接并进行自动更新，在 VB6.0 中相关语句如下：

Dim spsAs spsDataServer2

Dim letter As Long

Set sps = New SpsDataServer2

MyCaseName = "LANCHENG"
   SpsCtrlMng1. SrvCaseName = MyCaseName
   letter = SpsCtrlMng1. Attach
   SpsCtrlMng1. StartAutoUpdate
   letter = sps. Attach（MyCaseName）

六、软件各子模块设计

1. 界面显示模块设计

界面显示模块主要建立了全线系统以及 8 座站场的工艺流程界面图，是结合 SPS 所提供的应用程序编程接口，将 SPS 控件导入到 Visual Basic 平台，利用 VB 开发的应用程序界面，是仿照调度人员熟悉的 SCADA 系统界面，使界面更加美观实用，功能更加强大，操作更加得心应手。仿 SCADA 系统操作界面中，清晰显示了全线各站场设备以及设备之间的逻辑关系，其中绿色表示正在使用中的设备，红色表示停止或关闭的设备，如此生动的颜色定义，使操作者可以一目了然。

全线工艺系统流程图如图 9-15 所示，界面内显示了全线 8 座站场与 38 座阀室的流程关系，在此界面可以方便切换到各站的工艺流程界面。

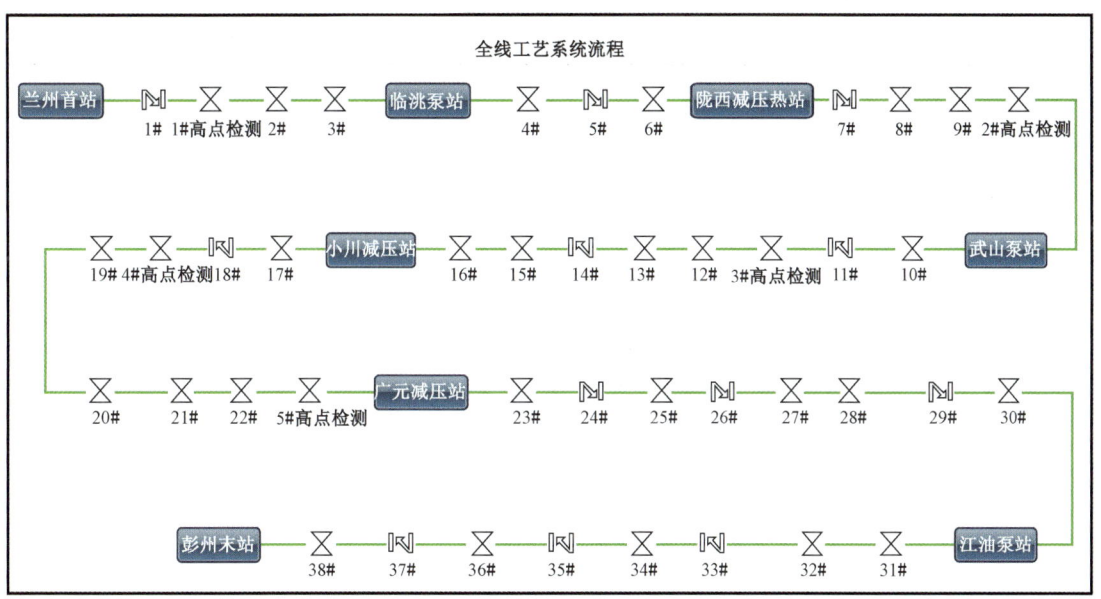

图 9-15　仿真操作平台界面—全线工艺系统流程

兰州首站界面如图 9-16 所示，兰州首站是一座热泵站，站内设有 4 台给油泵、4 台输油泵和 6 个加热炉，并且有停输再启动流程和热力越站流程。兰州储备库来油经过给油泵后进入加热炉，然后经过输油泵增压去往临洮泵站，在站出口设有调节阀，在此界面可以读取进出站参数、读取设备参数、控制设备、选择输送介质。

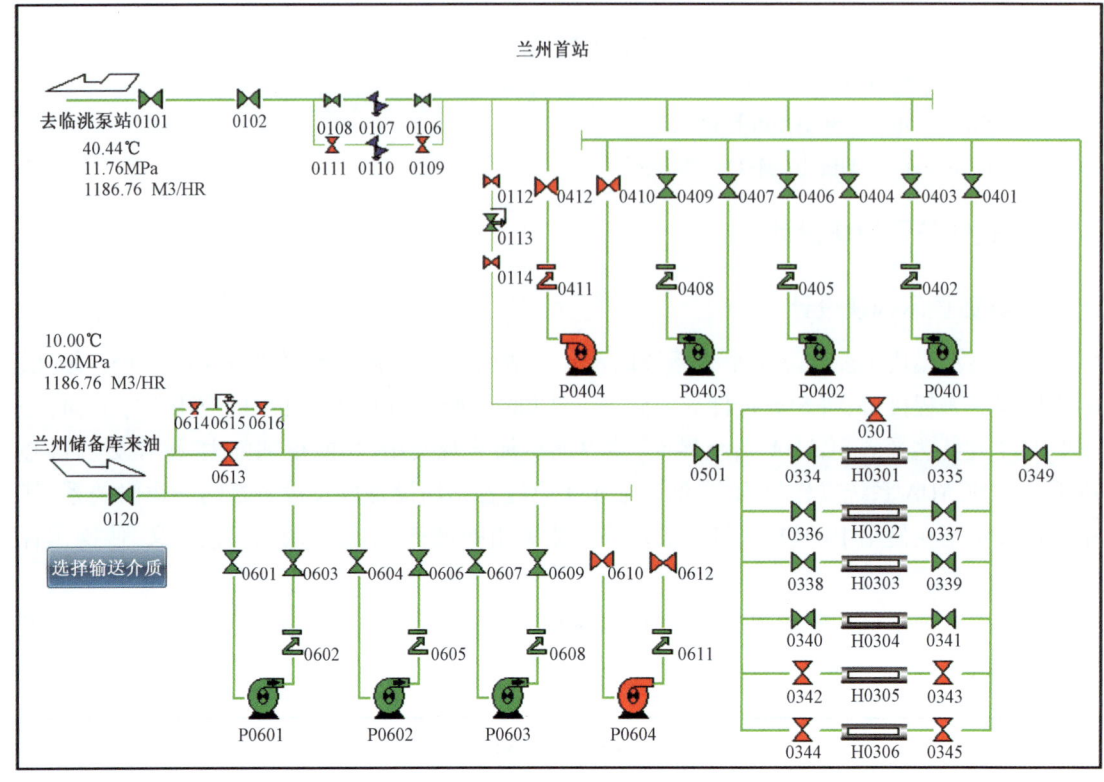

图 9-16　仿真操作平台界面——兰州首站

2. 参数监测模块设计

为了方便对管道模拟仿真过程中参数进行检测,软件中设有参数检测模块,包括全线参数总表界面以及阀室参数总表界面。

全线参数总表界面如图 9-17 所示,界面中对管道中运行时的重要参数及泵设备进行了仿真数据的读取和监测。在界面中可以实时读取全线进出站参数,包括进出站压力、温度和流量,还对 4 座泵站的泵运行状态和参数进行了监测,在此界面也可以对泵进行启停操作,方便模拟调度。同时界面中还有显示仿真时间、选择输送地温、选择输送介质、设置进出站压力值、保存当前工况的功能。

兰成管道的阀室参数总表界面如图 9-18 所示,界面中对 8 座输油站场及 38 座阀室的进出站压力数据进行了实时读取与显示。当某段管道压力发生异常时操作人员可以及时发现问题并进行处理。

3. 控制模块设计

控制模块主要包括对管道设备的控制和对模型系统的控制。控制方式主要有两种,通过 SPS 控件进行操作和通过向仿真模型发送命令。对管道设备的控制主要是指对站场中泵的启停以及全线的阀门开关的控制。对模型的控制主要是切换输送介质以及选择输送地温。

	站名	进站压(MPa)	设定值(MPa)	出站压(MPa)	设定值(MPa)	进站温度(℃)	出站温度(℃)	流量
全线进出站参数	兰州首站	--	--	10.70	10.70	--	40.4	967.4
	临洮泵站	6.16	6.24	6.16	8.70	24.4	24.4	967.4
	陇西减压热站	6.16	0.40	5.08	8.50	24.4	40.0	967.4
	武山泵站	7.59	7.46	9.53	9.53	26.4	26.8	967.3
	小川减压站	7.69	5.65	3.20	3.20	13.6	15.4	968.0
	广元减压站	6.61	5.20	6.60	9.50	11.7	11.7	969.2
	江油泵站	3.84	2.28	3.84	4.72	11.6	11.6	969.2
	彭州末站	0.40	0.40	--	--	12.4	--	969.1

	站名	泵编号	入口压力	出口压力	流量	转速	泵状态
各泵站参数	兰州首站	P_LZ_401	1.38	11.63	483.7	2980.00	401 402 403 404
		P_LZ_402	1.38	11.63	483.7	2980.00	
		P_LZ_403	4.81	4.81	--	--	
		P_LZ_404	4.81	4.81	--	--	
	临洮泵站	P_LT_401	0.20	0.20	--	0.01	401 402 403
		P_LT_402	0.20	0.20	--	--	
		P_LT_403	0.20	0.20	--	0.01	
	武山泵站	P_WS_401	7.59	7.59	--	--	401 402 403 404
		P_WS_402	7.59	7.59	--	--	
		P_WS_403	7.59	7.59	--	--	
		P_WS_404	7.59	10.11	967.3	2980.00	
	江油泵站	P_JY_401	3.84	3.84	--	--	401 402 403
		P_JY_402	3.84	3.84	--	--	
		P_JY_403	3.84	3.84	--	0.01	

图 9－17　仿真操作平台界面——全线参数总表

兰成线阀室参数总表

站　名	进站压(MPa)	出站压(MPa)	站　名	进站压(MPa)	出站压(MPa)	站　名	进站压(MPa)	出站压(MPa)
兰州首站	--	10.70	12#线路手动阀室	4.21	4.21	26#线路单向阀室	5.85	5.85
1#线路单向阀室	9.68	9.68	13#线路监控阀室	6.10	6.10	6#高点检测阀室	1.79	1.79
1#高点检测阀室	0.73	0.73	14#线路单向阀室	6.27	6.27	27#线路手动阀室	4.17	4.17
2#线路手动阀室	2.35	2.35	15#线路手动阀室	4.77	4.77	28#线路监控阀室	4.54	4.53
3#线路监控阀室	7.40	7.40	16#线路手动阀室	7.32	7.32	29#线路单向阀室	4.53	4.53
临洮泵站	6.16	6.16	小川减压站	7.69	3.20	30#线路监控阀室	4.03	4.03
4#线路监控阀室	5.13	5.13	17#线路监控阀室	3.93	3.93	江油泵站	3.84	3.84
5#线路单向阀室	3.88	3.20	18#线路单向阀室	5.94	5.94	31#线路手动阀室	3.76	3.76
6#线路监控阀室	4.09	4.09	4#高点检测阀室	0.32	0.32	32#线路监控阀室	3.46	3.46
陇西减压热站	5.08	5.08	19#线路监控阀室	3.10	3.10	33#线路单向阀室	2.98	2.98
7#线路单向阀室	5.08	5.08	20#线路监控阀室	6.05	6.05	34#线路监控阀室	2.82	2.82
8#线路手动阀室	5.70	5.70	21#线路监控阀室	6.44	6.44	35#线路单向阀室	2.69	2.69
9#线路手动阀室	2.58	2.58	22#线路监控阀室	6.62	6.62	36#线路监控阀室	2.18	2.18
2#高点检测阀室	1.49	1.49	5#高点检测阀室	2.74	2.74	37#线路单向阀室	2.15	2.15
武山泵站	7.59	9.53	广元减压站	6.61	6.60	38#线路监控阀室	0.48	0.48
10#线路监控阀室	9.45	9.45	23#线路监控阀室	5.55	5.55	彭州末站	0.40	--
11#线路单向阀室	4.95	4.95	24#线路单向阀室	4.27	4.27	--		
3#高点检测阀室	0.49	0.49	25#线路监控阀室	5.78	5.78	--		

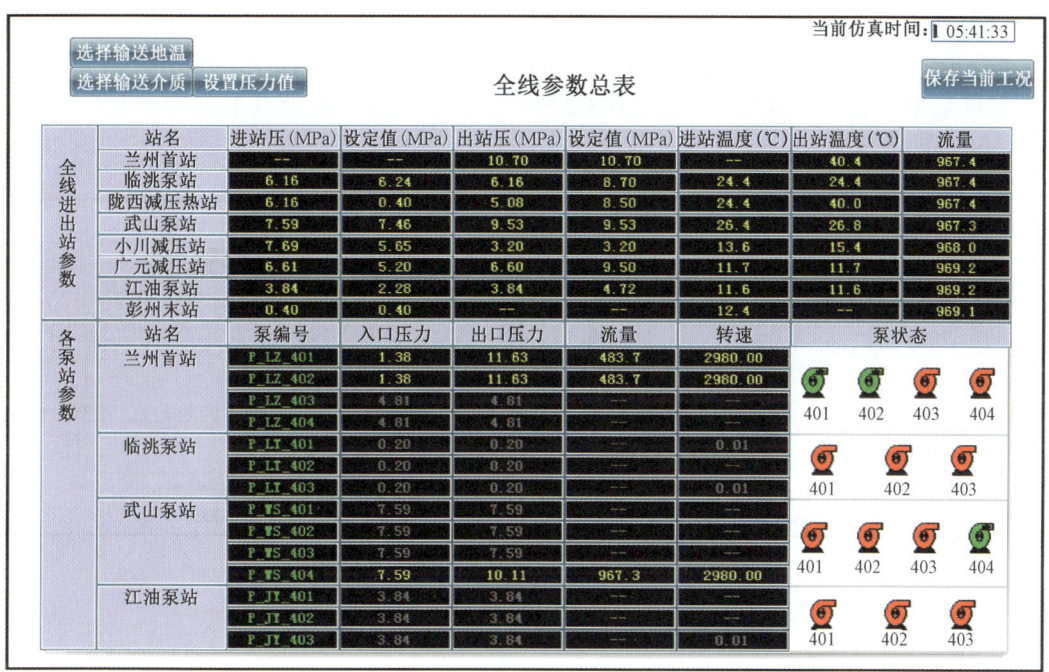

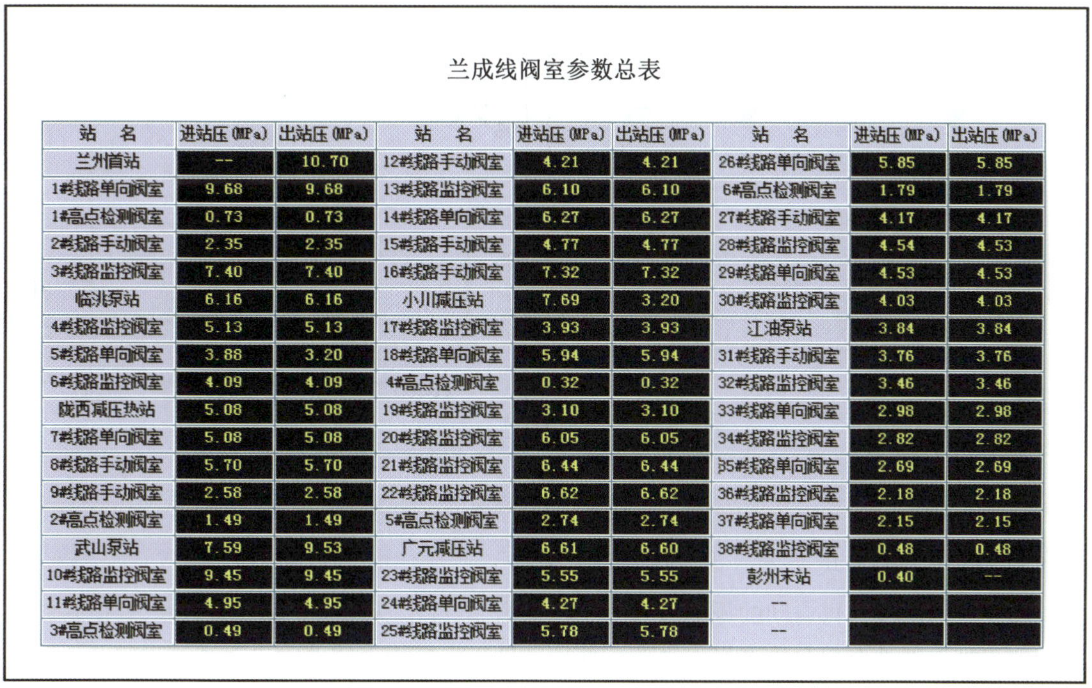

图 9－18　仿真操作平台界面——阀室参数总表

1) 泵的启停

在所开发的工艺流程界面中,通过用鼠标右键单击想要对其执行启动或停止操作的泵并且在下拉菜单中选择"START"或"STOP"的方法,可控制界面中泵的启停。操作界面如图 9-19 所示。

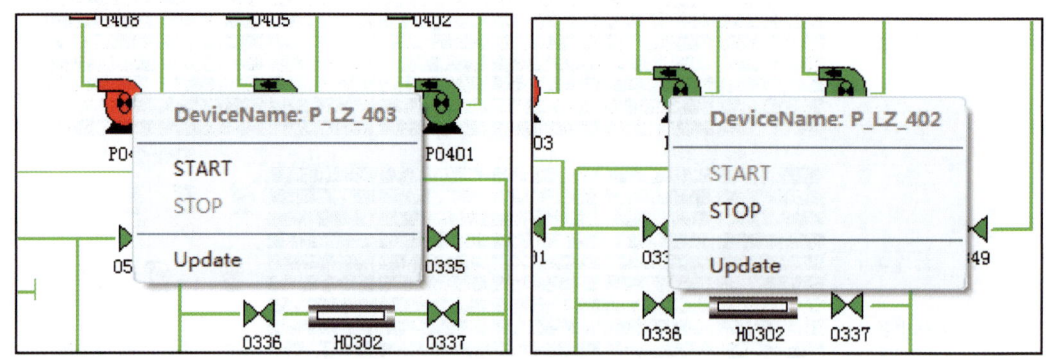

图 9-19　仿真操作平台界面——泵的控制

2) 阀门开关

在所开发的工艺流程界面中,通过用鼠标右键单击想要对其执行启动或停止操作的阀门并且在下拉菜单中选择"OPEN"或"CLOSE"的方法,可控制界面中阀门的启停。通常只能对截止阀进行开关控制。操作界面如图 9-20 所示。

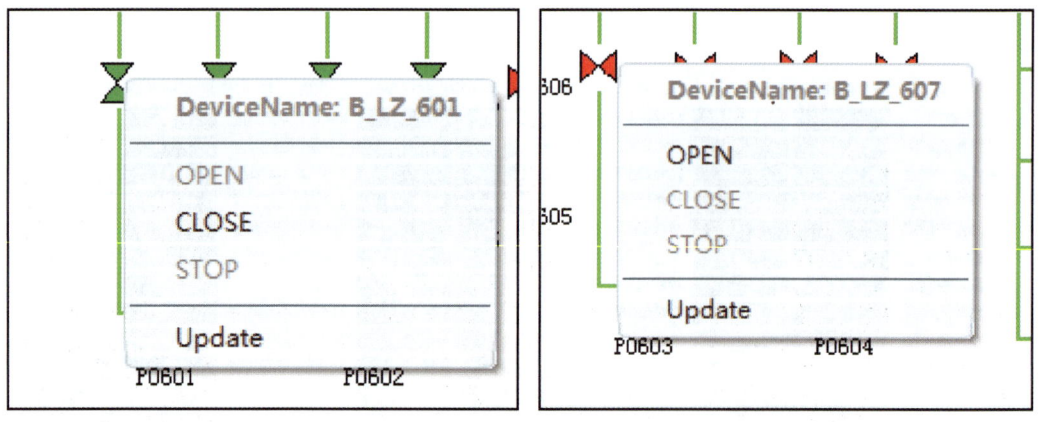

图 9-20　仿真操作平台界面——阀门控制

3) 停输再启动模块设计

鉴于管道的停输再启动的操作过程复杂,且 SPS 软件本身较为复杂不易掌握,为使软件用户可以更加方便地在前台仿真操作平台中使用软件来模拟管道的停输再启动过程并开展相关研究,在软件中设置了停输再启动模块,可以实现对兰成管道停输再启动过程的模拟。停输再启动过程模拟过程中 TRANS 窗口中显示水力分布图、热力分布图和压力分布图。

软件中停输再启动功能的流程框图如图 9-21 所示,管道的停输过程分为计划停输和紧急停输,再启动过程通常分为常温输送条件下的安全启动与加热输送条件下的安全启动。在停输再启动模块中,通过写入相关语句来实现对管道的停输再启动过程的模拟,用户可根据相关步骤实现停输过程与启输过程的模拟。

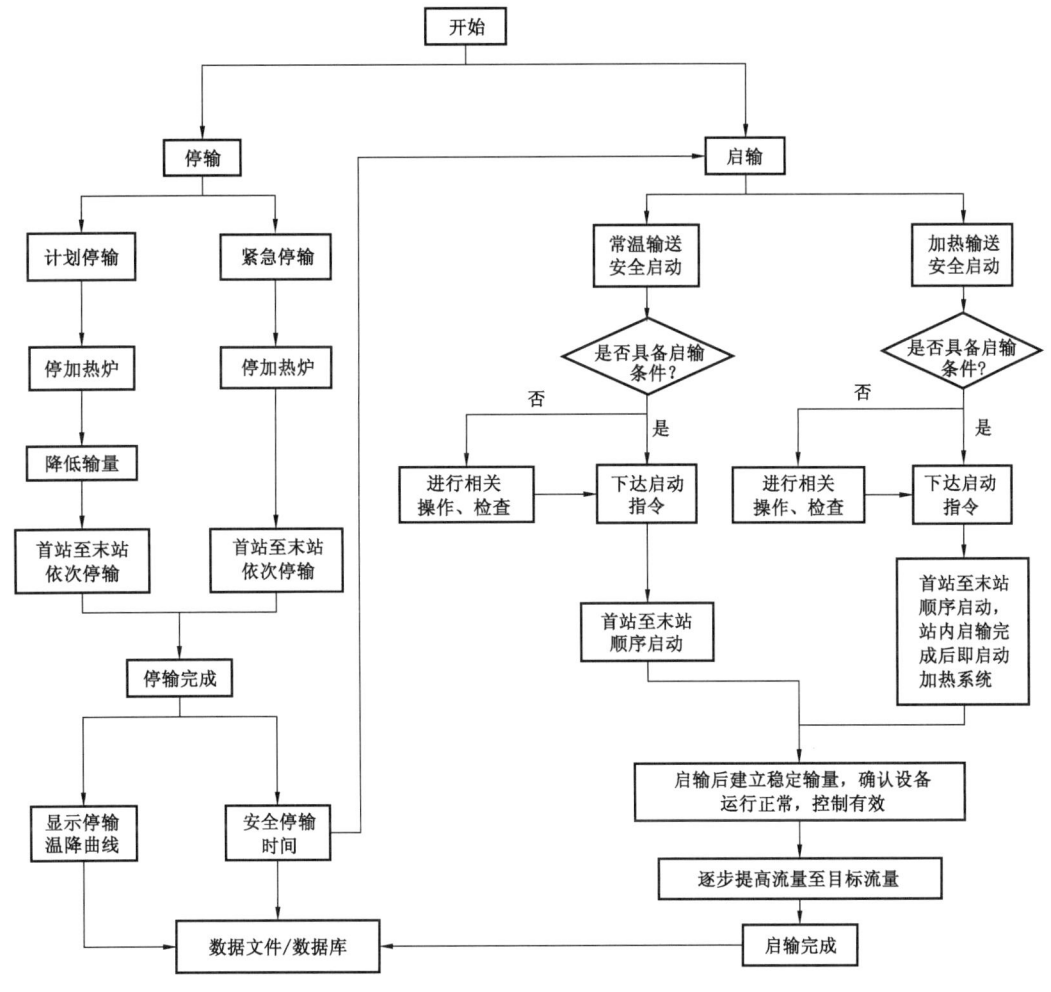

图 9-21 停输再启动功能的流程框图

根据停输与再启动的操作流程,可以在停输再启动模块中使用 VB 语句向 SPS 模型发送操作命令,比如在停输过程中,需要向 SPS 模型中发送停运兰州泵站的 4 台输油泵 401~404 的指令,可以使用 sps.SendCommand 语句,向运行中的 SPS 模拟窗口发送交互式指令,在 VB 中可使用如下语句:

sps.SendCommand("CLOSE B_LZ_401")
sps.SendCommand("CLOSE B_LZ_402")
sps.SendCommand("CLOSE B_LZ_403")
sps.SendCommand("CLOSE B_LZ_404")

为使程序中语句清晰明了,还可以事先在 SPS 软件中定义好相应的操作次序,如果计划停

输操作的次序命名为"SHUTDOWN",那么在 VB 中只需向 SPS 模型发送调用次序的指令即可:

sps. SendCommand("SHUTDOWN")

在管道的停输再启动的模拟过程中还需要对一些设备的参数值进行设置,比如在管道再启动过程中需要将陇西减压站的减压阀的压力设定值改为 0.4MPa,这时可以在 VB 中使用如下语句发送命令到 SPS:

sps. SendCommand("SET C_LX_116_IN:SP = 0.4")

SPS 通过模型接收到指令,并执行相关的动作。

用户通过前台仿真操作平台向 SPS 软件实时发送命令,运行中的 SPS 软件收到命令后执行相关操作,并将数据与计算结果实时反馈到前台仿真操作平台,为使数据和结果更加直观地展现给用户,软件将联合 TRANS 窗口进行实时结果呈现。

七、兰成管道停输再启动过程分析

以输送混合油品1(哈国油56.52%,吐哈油16.52%,塔里木油18.26,长庆油8.7%,凝点3℃,反常点10℃)为例,针对冬季工况下的兰成管线,运用编制的兰成管道停输再启动模拟计算软件对管道的停输再启动过程进行了模拟分析计算。兰成管道冬季采用首站综合热处理输送工艺。兰州首站冬季进站温度为10℃,其余站场的进站温度不低于地温。最小操作压力不低于0.2MPa。管道设计压力为 8～13.4MPa。对于已投入使用的管道,在加热输送过程中决定管道温降的最重要的参数就是管道的输量。本章在选取冬季管道在小输量下输送时的工况进行停输温降分析及安全停输时间的确定。管道的再启动过程通常在小输量工况下启动,待到启动成功之后再逐步增大至目标输量。

停输再启动方案是在综合考虑了实际运行状况、现场调度经验、瞬变流理论以及设备及阀门的启停时间等的基础上制定的。

1. 停输过程分析

兰成管道的具体停输过程是:

(1)管道全线计划停输应自首站至末站依次停输。

(2)停输时通过调节出站压力,逐渐把全线流量减少到 750～800m^3/h,稳定运行一段时间之后再进行全线停输操作。当管线稳定工况运行时,各站压力调节幅度不宜超过 0.10MPa;当管线非稳定工况运行时,各站压力调节幅度不宜超过 0.2MPa。

(3)停运兰州首站和陇西减压热站的加热系统或待加热炉炉膛温度降至100℃以下时停输,同时停运兰州首站、临洮泵站所有输油泵。

(4)在(3)执行后30s,将陇西减压站和小川减压站的减压阀的压力设定值进行调整,分别调整到8.5MPa和10MPa。

(5)压力波到达武山泵站之后,停运武山泵站所有的输油泵。

(6)在(5)执行后30s,将广元减压站的减压阀的压力设定值调整到10MPa。

(7)在(6)执行后30s,停运江油泵站所有的输油泵,同时将彭州末站进站调节阀的压力设定值调整至4MPa。

(8) 在(7)执行后 300s,关闭彭州末站进站阀门,同时关闭陇西减压站、小川减压站、广元减压站减压阀上下游的电动球阀。

(9) 停输完毕。

注意:紧急停输可不经过减量操作,首先紧急停运全线加热炉,停运各站运行泵、关断相关阀门。停输后严密监视各站进出站设备压力,有超压趋势时要及时泄压。

兰成管道停输过程操作界面,如图 9-22 所示。

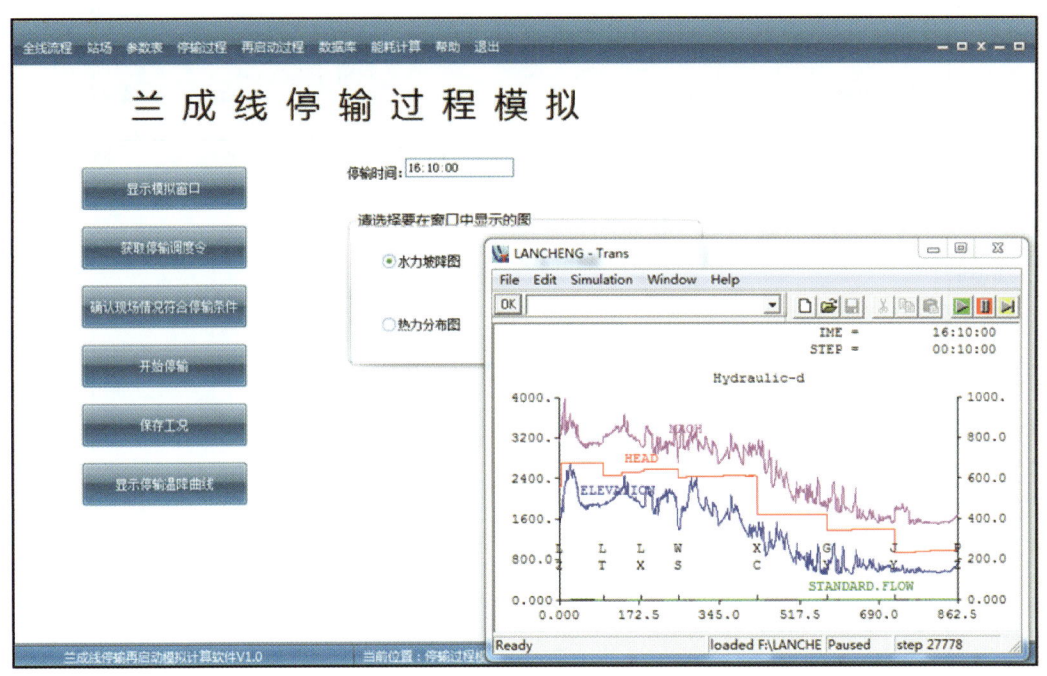

图 9-22　兰成管道停输过程操作界面

管道的停输过程从首站到末站依次停输,在管线停输一段时间后,管道内的输送油品温度能够在凝点以上 3~5℃,且管道再启动所需压力不高于泵站能提供的最大压力时,对应的停输时间即为管道的安全停输时间。考虑管道的实际情况,武山—彭州段冬季地温较高,可以满足管道的输送要求。因此,综合考虑管道中温度较低节点处的温降以及泵站所能提供压力的情况来确定相应的安全停输时间。

图 9-23 为管道正常输送时 SPS 模拟的全线水力坡降图,图 9-24 为停运兰州首站后的全线水力坡降图,此时管道起点压头和流量逐渐下降;图 9-25 为停输过程中全线的水头变化和流量变化,可见管道处于剧烈的瞬变过程中;图 9-26 为停输完成后全线的水力坡降图,此时压力处于稳定状态,流量降为 0。图 9-27 至图 9-29 为正常运行以及停输过程的全线温度变化情况。

首站热处理工况下,兰成管道输送混合油品 1 停输 30h 后管道全线温度分布趋势图如图 9-27 所示。可见,武山站前由于地温较低,温降速率大,武山站以后地温高于凝点,因此提取兰州到武山段温度变化进行分析,如图 9-28 所示。图 9-29 为武山站进站温度变化曲线。

· 223 ·

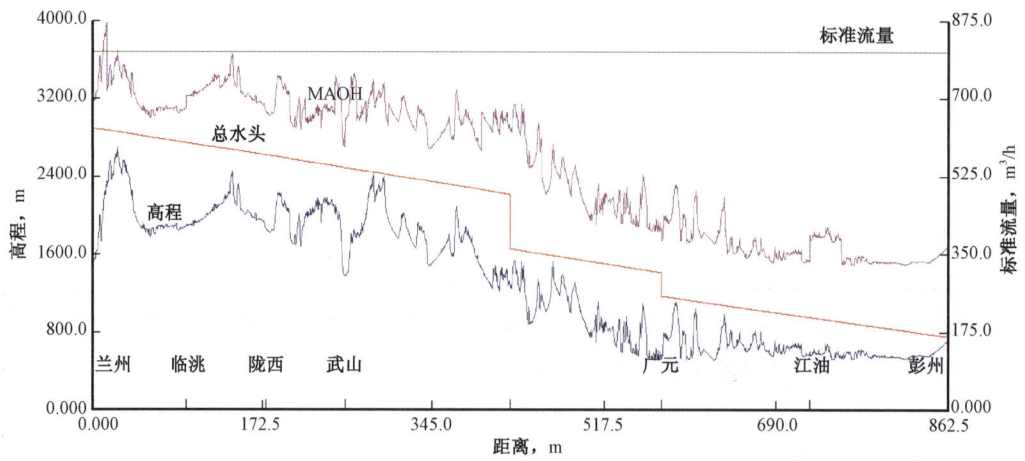

图 9-23 正常运行——稳定后的全线水力坡降图

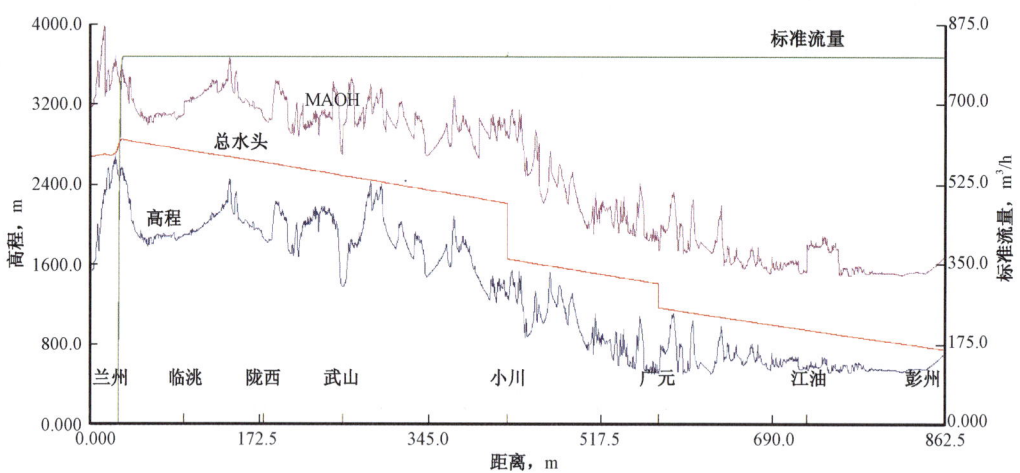

图 9-24 停运兰州首站后的全线水力坡降图

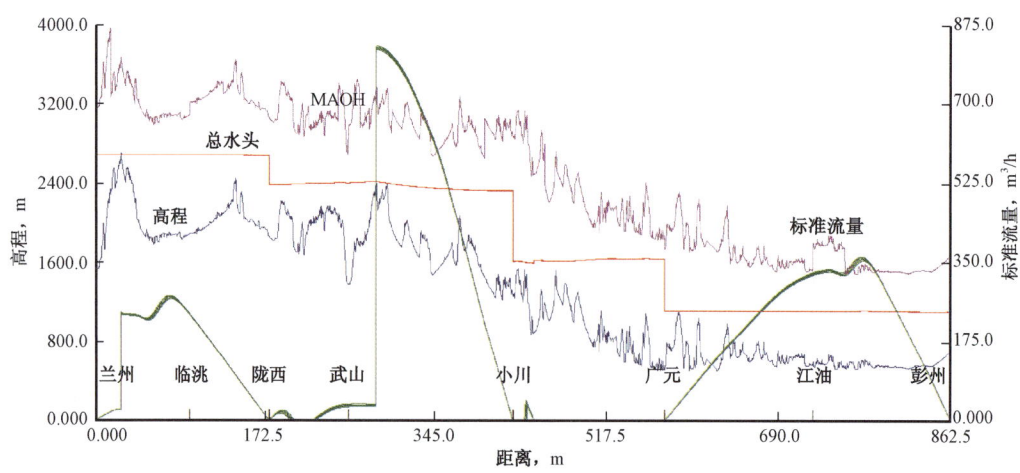

图 9-25 停输过程中的全线水力坡降图

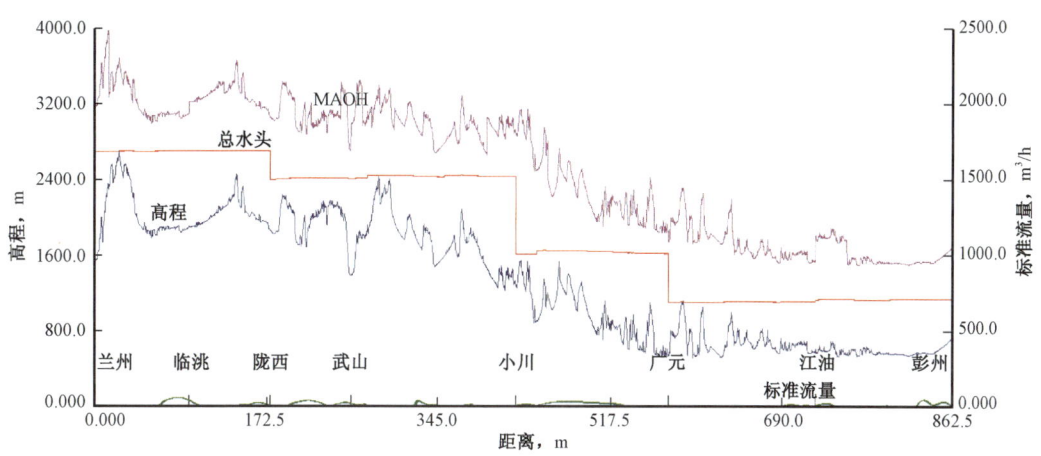

图 9-26 停输完成后的全线水力坡降图

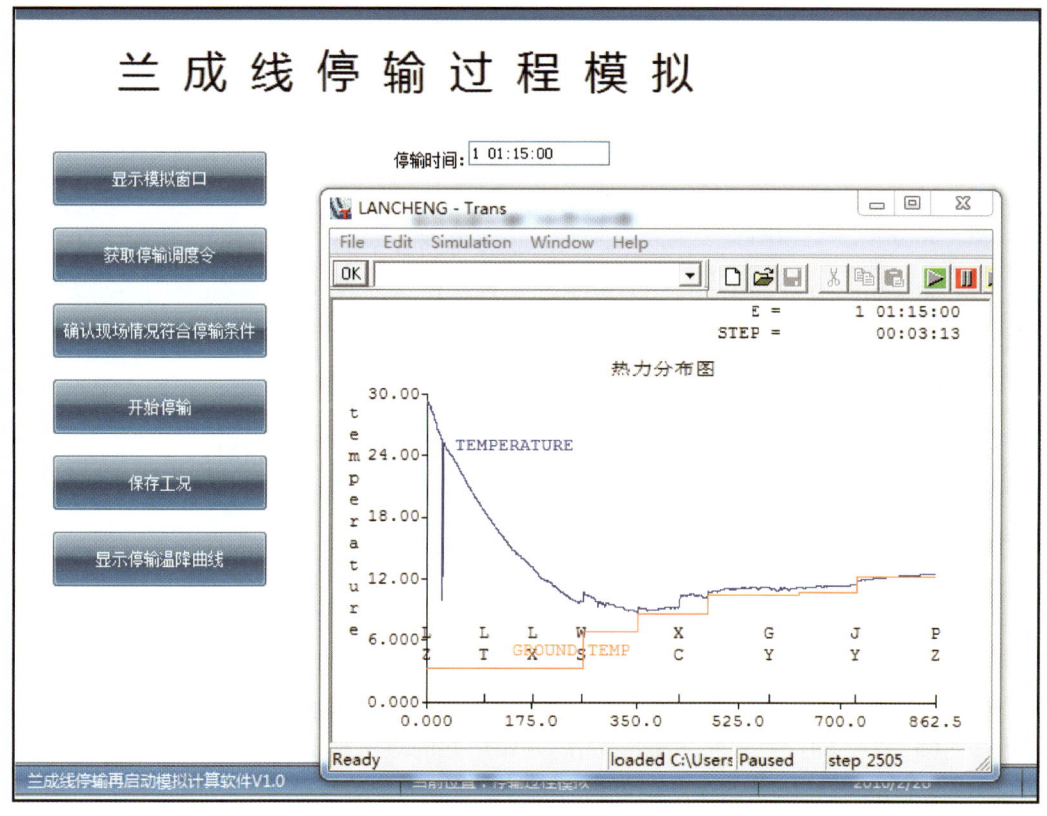

图 9-27 停输后全线温度分布界面

冬季地温最低约为 3.3℃,由混合油品 1 基础物性可知,热处理后凝点为 3℃,停输后管道内混合油品 1 的温度应不小于其凝点以上 3℃。因此,从图 9-29 可以判断:在满足混合油品 1 的油品温度的前提下,管道的安全停输时间为 66h。

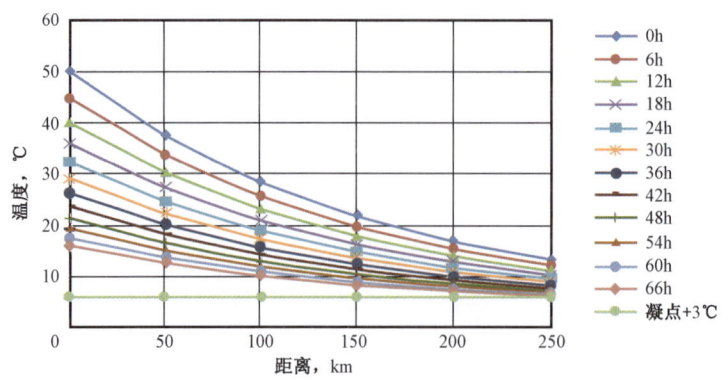

图 9-28 兰州—武山的温度随时间变化规律

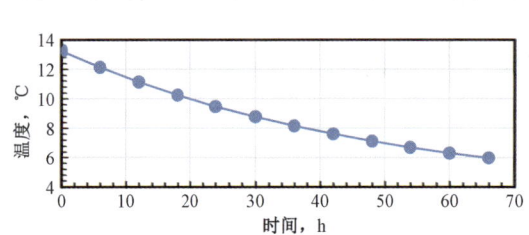

图 9-29 武山的进站温度随时间变化规律

2. 再启动过程分析

按照现场设计要求,兰成原油管线首站设计出站压力范围是 8.0~13.4MPa,以再启动过程中管道各点压力不超过输油管道设计压力,并且在再启动过程中应避免水锤及甩泵等事故为约束条件制订再启动方案,对全线的再启动过程进行模拟。通过模型计算得到各站的最大操作压力未超过最大允许操作压力、管道全线各点再启动过程中不超压且各设备运行正常,即再启动成功。

兰成管道在加热输送混合油品 1 时的具体停输后再启动过程是:

(1)管道全线启输应根据启输前的实际工况启动各站。

(2)启输前应检查各站及干线阀室阀门状态、工艺流程及保护系统情况。

(3)启输后宜在全线先建立起稳定流量,并确认各设备运行正常、控制有效后,再逐步将流量平稳调节到目标流量。

(4)启动兰州首站 1 台或 2 台给油泵,给油泵启动后进行站内循环,启动加热炉,当加热输送温度达到不低于 45℃时,将兰州首站出站调节阀的压力设定值调整为 11MPa,顺序启动首站两台给油泵两台输油泵。

(5)在(4)执行 60s 后,将陇西减压站的减压阀压力设定值改为 0.4MPa。

(6)在(5)执行 60s 后,将小川减压站、广元减压站的减压阀压力设定值分别改为 3.2MPa 和 5.2MPa,同时将彭州末站的进站调节阀压力设定值调整到 0.4MPa。

(7)全线运行正常,启输完毕。

图 9-30 为兰州首站启泵后的全线水力坡降图,此时管道起点压头和流量逐渐上升;图 9-31 为启输过程中全线的水力坡降图,可见管道处于剧烈的瞬变过程中;图 9-32 为启输完成后全线的水力坡降图,此时压力、流量处于稳定状态。图 9-33 为兰州站、武山站压力波动曲线,图 9-34 为兰州站、武山站流量波动曲线。

第九章 长距离输油管道水力瞬变分析

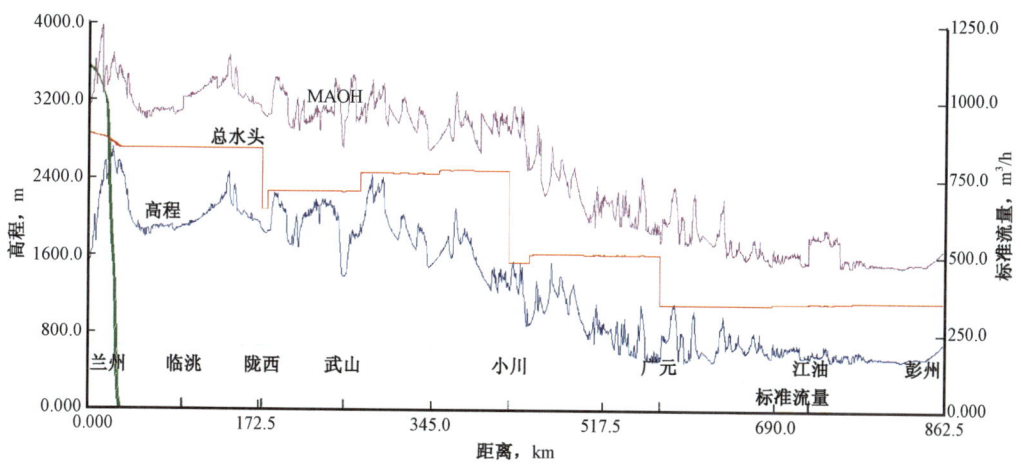

图 9-30 兰州首站启泵后的全线水力坡降图

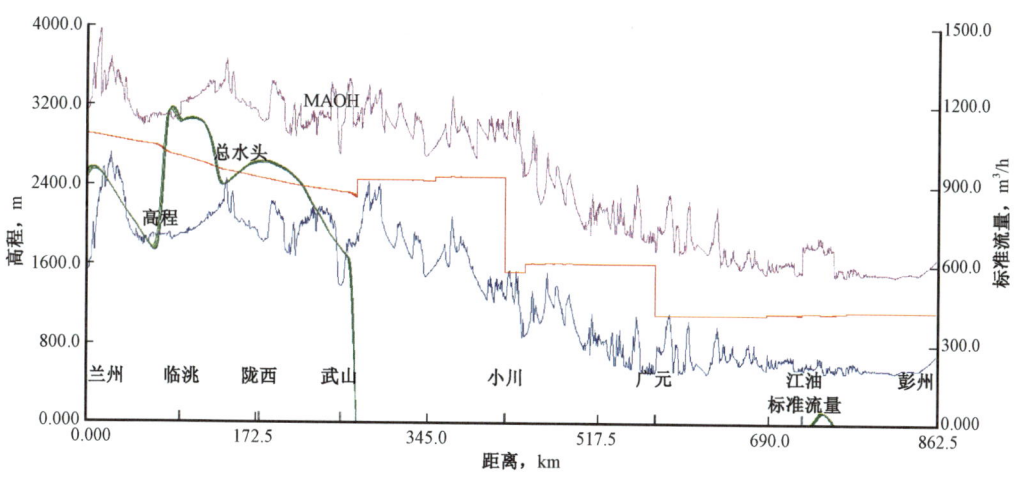

图 9-31 启输过程中的全线水力坡降图

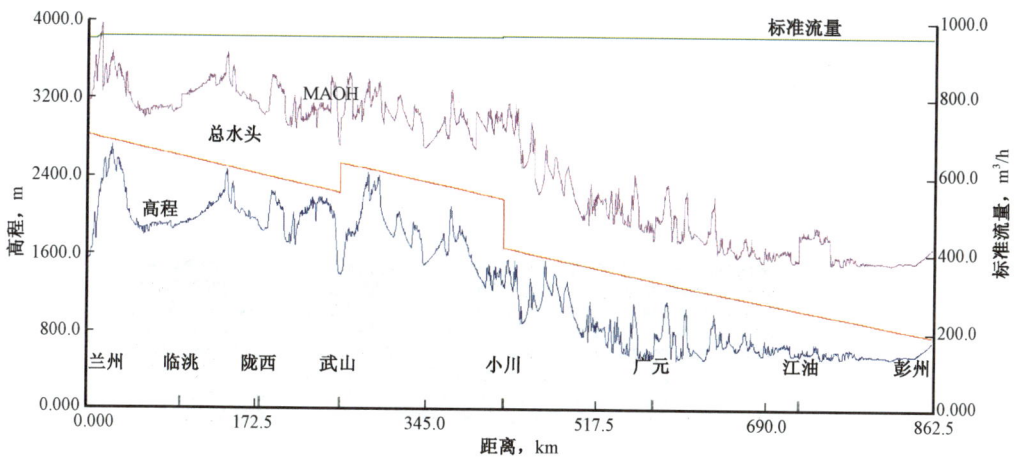

图 9-32 启输完成后的全线水力坡降图

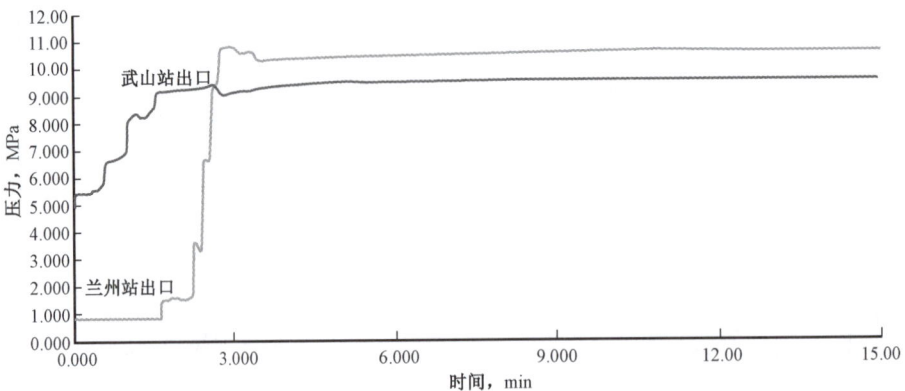

图9-33 启动过程兰州、武山站压力随时间变化

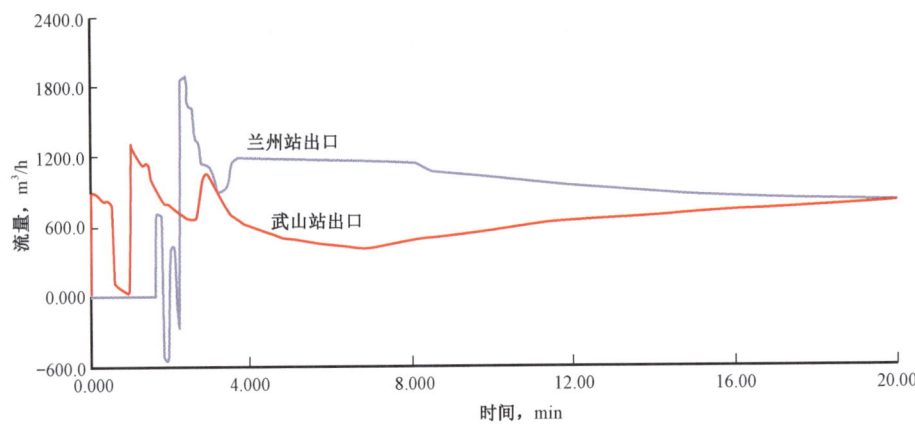

图9-34 启动过程兰州、武山站流量随时间变化

启动成功的关键在于能否翻过兰州站和武山站后的高点,翻过两个高点后,在高差作用下管道能够实现全线的油品流动,并且还需要在小川减压站和广元减压站进行减压。由于启动过程是一个动态过程,全线参数实时变化,为了使用方便,在软件中设立了管道关键点参数监测表,如果启动过程中出现超压,会自动报警并记录参数,如图9-35所示,启动过程全线运行压力最大值为 10.78MPa,在最大允许操作压力范围内,能够安全启动。流量稳定后在 990m³/h 左右。

再启动过程参数表						
站 名	进站压力(MPa)	出站压力(MPa)	最大操作压力(MPa)	最大允许操作压力(MPa)	流量(m3/h)	备注
兰州首站	--	10.60	10.78	13.4	986.4	--
临洮泵站	6.07	6.07	6.52	11	990.7	--
陇西减压热站	4.97	4.96	5.85	10	990.3	--
武山泵站	7.46	9.53	9.67	13.4	990.1	--
小川减压站	7.60	3.20	7.60	13.4	989.2	--
广元减压站	6.61	6.60	8.41	10	989.8	--
江油泵站	3.85	3.85	6.12	10	990.0	--
彭州末站	0.40	--	--	8	989.9	--

图9-35 软件操作界面——再启动过程参数监测表

再启动过程中全线的开泵方案见表9-3,开炉方案见表9-4。

表9-3 再启动过程中全线的开泵方案

站场	编号	用途	泵状态
兰州首站	P0601~604	给油泵	开启P0601和P0602
	P0401~404	主泵	开启P0401
临洮泵站	P0401	主泵	开启
	P0402	主泵	—
	P0403	主泵	—
武山泵站	P0401~403	主泵	—
	P0404	主泵	开启
江油泵站	P0401~402	主泵	—
	P0403	主泵	—

表9-4 混合油品1再启动过程开炉方案

站场	编号	单台功率,kW	加热炉状态
兰州首站	H0301	5000	开启
	H0302	5000	开启
	H0303	5000	开启
	H0304	5000	开启
	H0305	5000	—
	H0306	5000	—
陇西减压热站	H0301	5000	—
	H0302	5000	—
	H0303	5000	—

通过在SPS软件中的模拟,再启动过程管道各站参数见表9-5。

表9-5 再启动过程管道各站参数计算结果(冬季工况)

站场	进站温度 ℃	出站温度 ℃	进站压力 MPa	出站压力 MPa	最大操作压力 MPa	最大允许操作压力 MPa	状态
兰州站	15.0	34.1	0.20	10.60	13.4	15.0	安全
临洮站	11.7	11.7	6.07	6.07	11.0	11.7	安全
陇西站	8.3	8.3	4.97	4.96	10.0	8.3	安全
武山站	6.7	7.0	7.46	9.53	13.4	6.7	安全
小川站	9.2	11.0	7.60	3.20	13.4	9.2	安全
广元站	10.6	10.6	6.61	6.60	10.0	10.6	安全
江油站	11.0	11.0	3.85	3.85	10.0	11.0	安全
彭州站	12.2	—	0.40	—	8.0	12.2	安全

通过对再启动过程的模拟,在全线的再启动过程中各站最大操作压力均未超压,说明再启动方案是合理可行的。

用 SPS 软件对不同停输时间后管道再启动过程进行模拟计算得出,当冬季停输65h时,在全线各站最大操作压力均未超压,说明再启动方案是合理可行的。因此,兰成原油管道输送混合油品1 的冬季安全停输时间为66h。

用此方法在充分考虑了管道重新启动安全性的基础上,有效利用了管道和输油泵的极限承压能力,为管道的安全节能运行提供了依据[97-99]。确定兰成原油管道安全停输时间,为兰成管道的安全运行具有指导意义。

第三节 基于 TLNET 的原油管道泄漏量分析

一、东黄线泄漏事故基本情况

东黄复线起于黄岛油库,终点为东营末站,其中黄岛—胶州段纵断面图如图 9-36 所示,黄岛站高程为3.59m,胶州站高程为39m,两站距离43.432km。两站间最高点高程为111m、高点2高程为45.5m。管道在发生泄漏前正常输送条件下的输量为27000t/d,黄岛首站压力为4.56MPa,胶州站压力为3.628MPa。

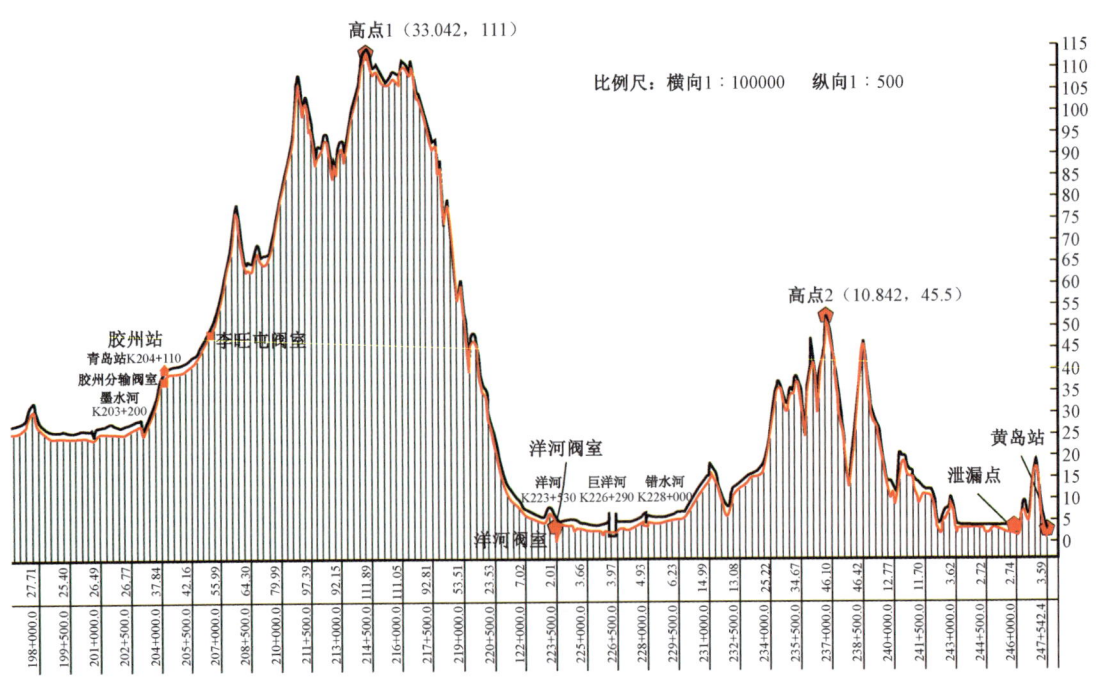

图 9-36 黄岛—胶州段纵断面图

黄岛—胶州段于2013年11月22日2:12:00左右在离黄岛站1.5km处发生泄漏,通过潍坊调控中心数据库得到黄岛、胶州站检测到泄漏压力变化曲线如图 9-37 所示。在 2:12:00

黄岛站检测到压力突变,在 2:12:50 胶州站检测到压力突变,通过负压波法计算得知发生泄漏准确时间应为 2:11:58.7。泄漏发生及发生后管道运行操作过程如下:

(1)2:11:58.7 泄漏发生;
(2)2:23:50 黄岛首站停泵;
(3)2:40:00 黄岛首站泄压阀打开,部分管内存油泄入油罐;
(4)3:30:00 线路阀室(洋河阀室)关闭。

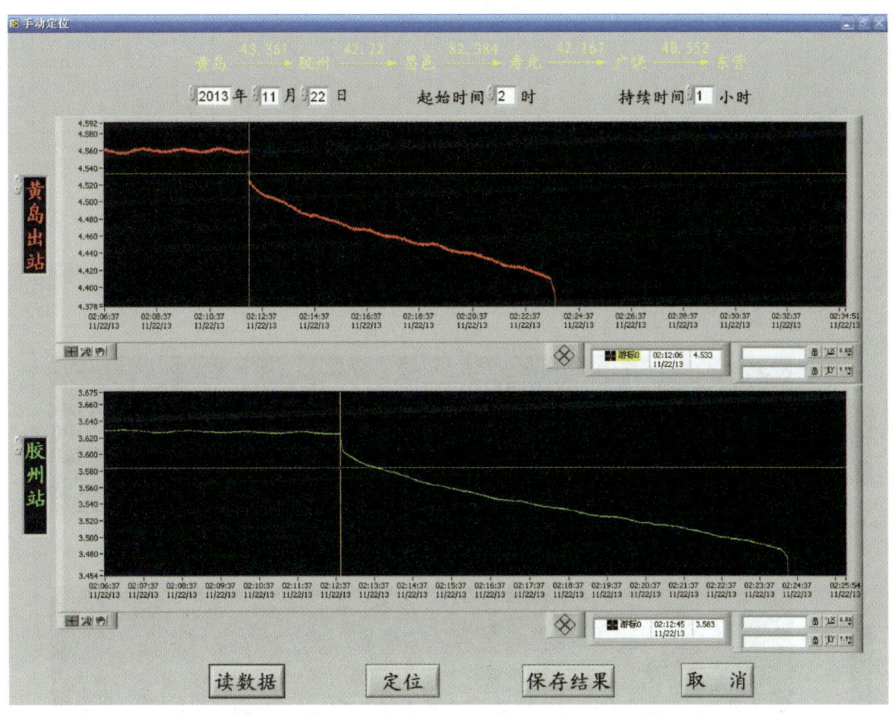

图 9-37　黄岛—胶州段管道压力监测界面

二、泄漏量的分析计算

管道泄漏量计算分 3 个阶段:第一阶段从发生泄漏到黄岛站关泵;第二阶段从黄岛站关泵到洋河阀室关闭;第三阶段从洋河阀室关闭到发生爆炸事故[100]。

1. 发生泄漏到黄岛站关泵阶段的泄漏量计算

发生泄漏后管道流动是一个不稳定过程,分析基于管道流动商用软件 TLNET 进行[101]。由于从调控中心数据库中只知道黄岛、胶州站的压力数据,两站的流量数据未知,为了准确计算该阶段泄漏量,有必要知道胶州站的流量数据,为此,首先通过建立胶州—昌邑段的流动 TLNET 计算模型,根据调控中心数据库中胶州、昌邑两站压力数据计算通过胶州站的输量。具体计算过程为:

(1)经过胶州站流量计算。

胶州—昌邑段管道截面图如图 9-38 所示,胶州、昌邑两站压力数据如图 9-39 所示。

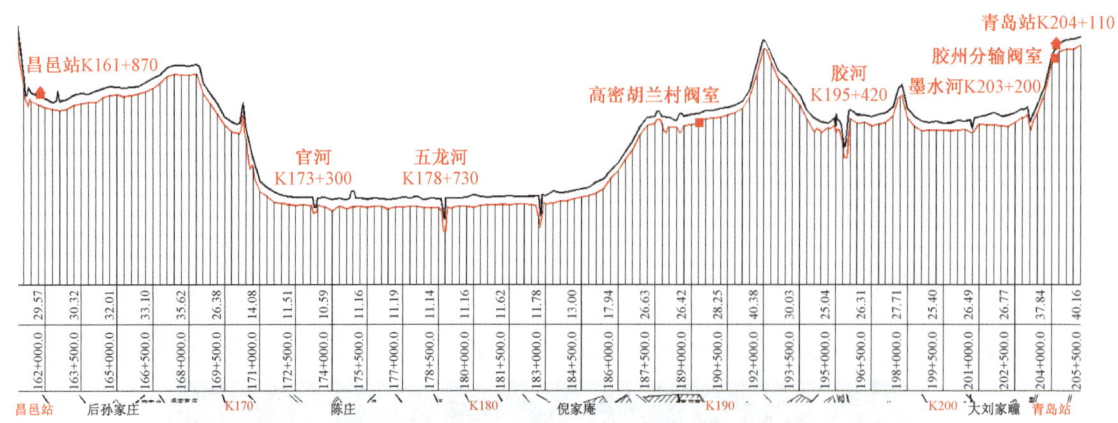

图9-38 胶州—昌邑段纵断面图

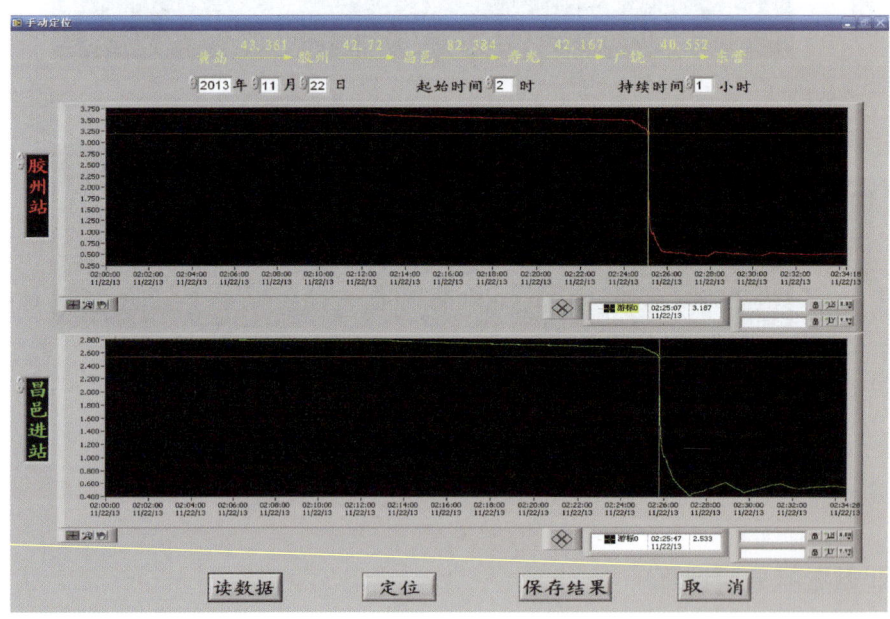

图9-39 胶州—昌邑段管道压力监测界面

基于管道路由和胶州、昌邑两站压力数据,建立胶州—昌邑段TLENT计算仿真模型如图9-40所示。

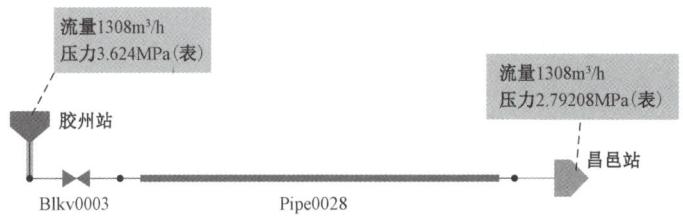

图9-40 正常输送时TLNET模型(胶州—昌邑段)

由此计算出经过胶州站的流量随时间变化关系如图9-41所示,曲线2为用胶州—昌邑段参数计算得到的胶州站流量变化趋势。

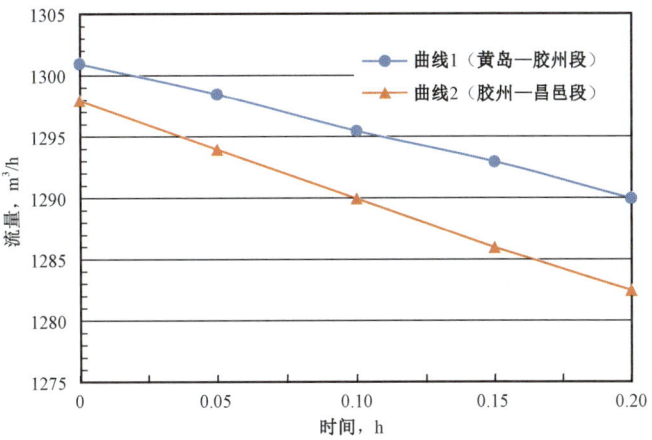

图9-41 经过胶州站的流量随时间变化关系曲线

(2)泄漏量计算。

建立黄岛—胶州站泄漏计算TLENT模型如图9-42所示,利用黄岛、胶州两站压力监测数据(图9-37),在泵特性曲线(图9-43)的约束下,通过改变泄漏点的孔径设定值,计算不同泄漏孔径下经过胶州站的流量,并将该流量计算值与胶州—昌邑段TLENT模型计算值对比,直到两者误差满足要求为止,图9-41曲线1为用黄岛—胶州段参数得到的胶州站进站流量变化趋势,从图中可以看到两曲线相差基本维持在3~8m³/h,误差较小,满足精度要求。最后确定出泄漏孔径约为46.7mm,此时的泄漏流量计算结果如图9-44所示。图9-44中横坐标为时间(起点2:12:00),纵坐标为泄漏流量。

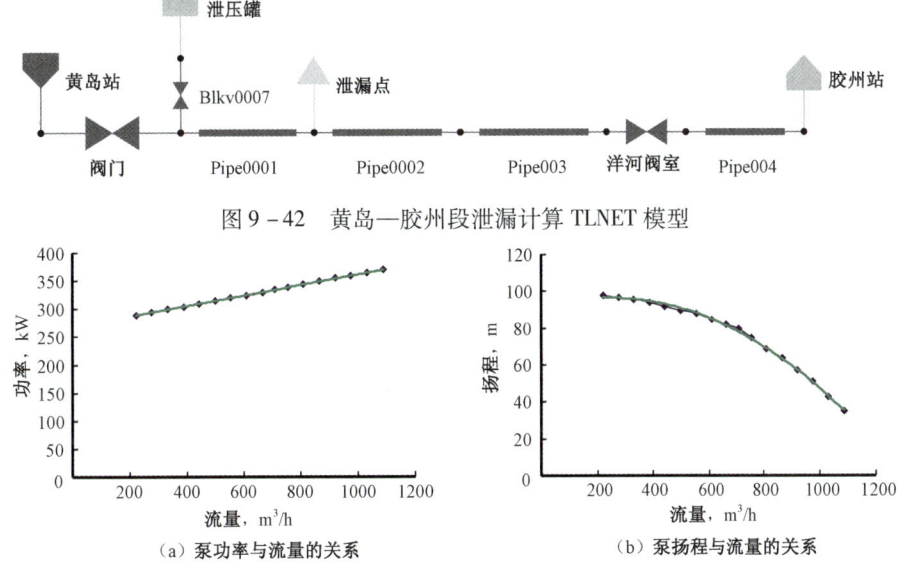

图9-43 黄岛站DZ250-340×4型泵特性曲线

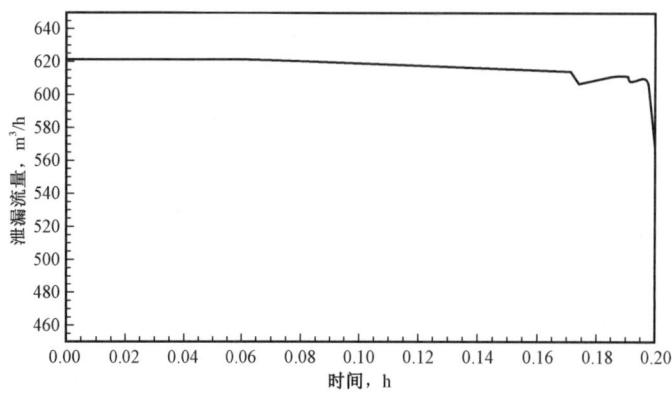

图 9-44　事故发生至停泵时间段的泄漏流量变化曲线

由于第一阶段持续时间为 11 分钟 50 秒，基于图 9-44 中的泄漏流量变化曲线，计算出第一阶段总的泄漏量为：

$$620 \text{m}^3/\text{h} \times 0.1972\text{h} = 122.27\text{m}^3$$

2. 第二阶段泄漏量计算

当泵停运后，管道中油品在高点重力作用下，首先通过泄漏点泄漏，然后当黄岛站泄压流程导通后，还要通过泄压阀向油罐泄流。该过程也是不稳定流动，计算泄漏点泄漏量和泄压阀泄流量 TLNET 模型如图 9-45 所示。

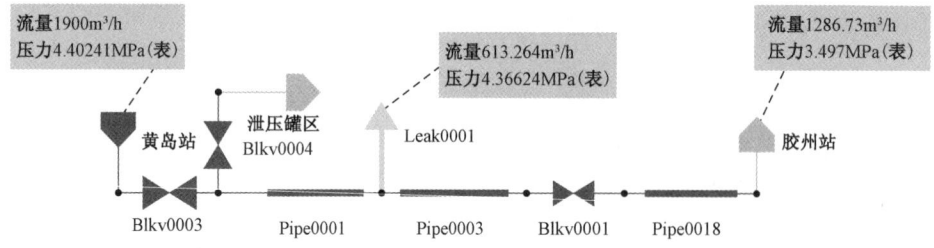

图 9-45　计算泄漏点泄漏量和泄压阀泄流量 TLNET 模型

泄漏点泄漏量和泄压阀泄流量计算如图 9-46 和图 9-47 所示。

第二阶段持续时间为 1 小时 6 分 10 秒，基于图 9-47 泄漏流量变化曲线计算出第二阶段总的泄漏量为：

$$(620 - 270)\text{m}^3/\text{h} \times 0.2\text{h}/2 + 270\text{m}^3/\text{h} \times 1.102 = 332.75\text{m}^3$$

基于图 9-47 中停泵后到关阀时间段泄压阀的泄流量变化曲线计算第二阶段泄压进罐量为：

$$48\text{m}^3/\text{h} \times 50/60\text{h} = 40\text{m}^3$$

第九章 长距离输油管道水力瞬变分析

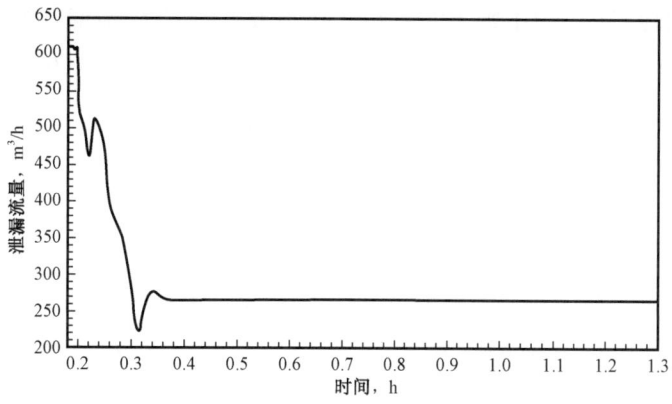

图 9-46 停泵到关阀阶段泄漏孔的泄漏流量变化曲线

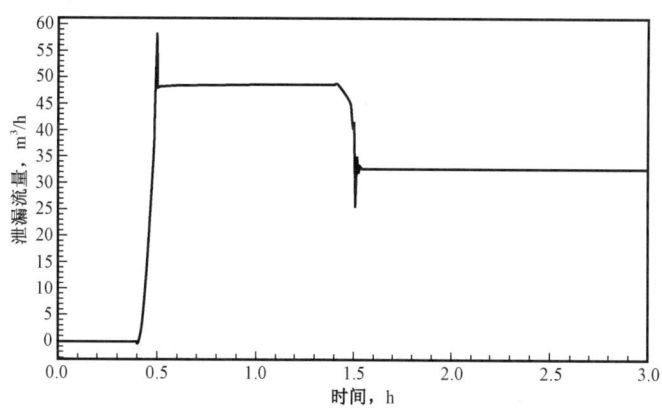

图 9-47 泄压阀的泄流量变化曲线

3. 第三阶段泄漏量计算

该阶段同时存在高点 2 至黄岛站间管道向泄漏点泄漏和通过泄压阀向油罐泄流。通过图 9-45 所示泄漏量计算模型计算得到关闭洋河阀室以后泄漏孔的泄漏量随时间变化趋势如图 9-48 所示。

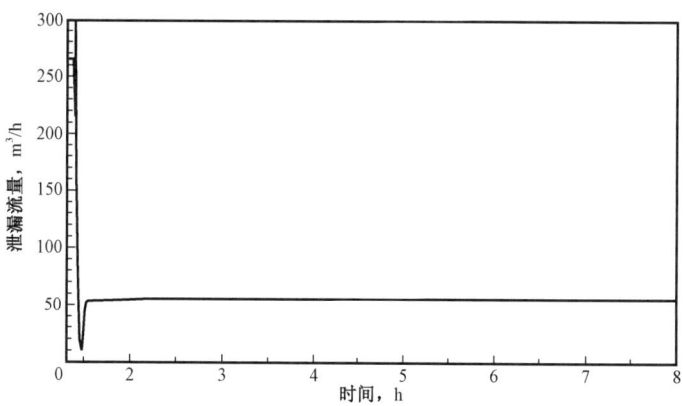

图 9-48 泄漏孔在关闭阀门至管道爆炸时间段的泄流量变化曲线

从图 9-48 可以看出,关闭阀门以后,由于作用水头的下降,泄漏孔泄漏流量从 270m³/h 迅速下降为 51m³/h,泄漏所经历的时间为关闭阀门至管道爆炸之间的 6 小时 40 分钟,所以该阶段的漏油量为:

$$51\text{m}^3/\text{h} \times 6.67\text{h} = 340.17\text{m}^3$$

三、泄漏量分析结果

东黄线管道泄漏事故的总泄漏量为 795.19m³,泄入油罐的总量为 242.803m³。泄漏分为 3 个阶段完成:第一阶段为泄漏开始至停泵阶段,该阶段持续 11 分钟 50 秒,漏油量为 122.27m³;第二阶段为停泵开始至线路阀门关闭阶段,该阶段持续时间 1 小时 6 分钟 10 秒,漏油量为 332.75m³;第三阶段为线路阀门关闭至管道爆炸阶段,该阶段持续 6 小时 40 分,漏油量为 340.17m³。

参 考 文 献

[1] Alexander Anderson. Menabrea's Note on Waterhammer:1858[J]. Journal of the Hydraulics Division Proc. ASCE,1976,18(2):117-124.

[2] Joukovsky N E. Water Hammer[J]. Imperial Academy Sc. of St. Petersburg, Water-Works Assoc,1904,34(5):341-424.

[3] 罗金恒,杨锋平,马秋荣,等. 新建大落差管道试压排水爆管原因分析[J]. 油气储运,2011(6):441-444.

[4] Gibson N R. The Gibson Method and Apparatus for Measuring the Flow of Water in Closed Conduits[J]. Trans. ASME,1923,12(3):343-392.

[5] Allievi L. Theory of Water Hammer(translated by E. E. halmos)[J]. Riccardo Garoni, Rome,1925,3(1):217-223.

[6] Bergant A,Simpson A R,Tijsseling A S. Water Hammer with Column Separation:A Historical Review[J]. Journal of Fluids and Structures,2006,2(22):135-171.

[7] Wood D J. Water Hammer Analysis and Efficient[J]. Journal of Environmental Gineering,2005,8(131):1123-1131.

[8] Adam M S, Yang W Q, Watson R A. A Capacitance Tomografic System for the Measurement of Void Fraction in Transient Cavitation[J]. Journal of Hydraulic Research,1998,4(36):707-719.

[9] Dudlik A, Schlüter S, Weinspach P M. Water Hammer & Cavitation in Long-Distance Energy Pipeworks-Measurement Simulation and Prevention[C]. 7th International Symposium on District Heating and Cooling,1999.

[10] Anderson A, Sandoval-Pena R, Arfaie M. Column Separation Behaviour Modes in a Simple Test Rig in Proceedings of the International Meeting on Hydraulic Transients with Water Column Separation[C]. 9th Round Table of the IAHR Group, Spain,1991.

[11] Bergant A, Tijsseling A S. Parameters Affecting Water-hammer Wave Attenuation, Shape and Timing-Part1:Mathematical Tools[J]. Journal of Hydraulic Research,2008,3(46):373-381.

[12] Brown R J. Water Column Separation at two Pumping Plants[J]. ASME. J. of Basic En.,1968:521-531.

[13] Weyler M E. An Investigation of the Effect of Cavitation Bubbles on the Momentum Lossin Transient PIPe Flo[J]. Journal of Basic Engineering,1971:1-10.

[14] Wylie E B, Streeter V L, Suo L. Fluid Transients in Systems[M]. Englewood Cliffs, NJ:Prentice Hall,1993.

[15] Simpson A R, Wylie E B. Large Water-hammer Pressures for Column Separation in Pipelines[J]. Journal of Hydraulic Engineering,1991,10(117):1310-1316.

[16] Kalkwijk J P T, Kranenburg C. Cavitation in Horizontal Pipelines Due to Water Hammer[J]. Delft Unilkrsit of Technology,1971.

[17] Wiggert D C, Tijsseling A S. Fluid Transients and Fluid-structure Interaction in Flexible Liquid-filled Piping[J]. Applied Mechanics Reviews,2001,5(54):455-481.

[18] 刘光临,蒋劲,易钢敏,等. 泵站水锤阀调节防护试验研究[J]. 武汉水利电力学院学报,1991(6):597-603.

[19] 刘光临,刘宇勇,王昕权,等. 单向调压塔水锤防护特性的研究[J]. 给水排水,2002(2):82-85.

[20] 索丽生,刘宇敏,张健. 气垫调压室的体型优化计算[J]. 河海大学学报,1998(06):14-18.

[21] 熊水应,关兴旺,金锥. 多处水柱分离与断流弥合水锤综合防护问题及设计实例(上)[J]. 给水排水,2003(7):1-5.

[22] 王学芳,叶宏开,汤荣铭. 工业管道中的水锤[M]. 北京:科学出版社,1995.

[23] Ghidaoui M S, Zhao M, McInnis D A. A Review of Water Hammer Theory and Practice [J]. Applied Mechanics Reviews, 2005,1(58):49-76.

[24] Afshar M H, Rohani M. Water Hammer Simulation by Iimplicit Method of Characteristic[J]. International Journal of Pressure Vessels and Piping, 2008,2(85):851-859.

[25] 于必录. 含气水锤的研究现状及其进展[J]. 流体工程,1992(5):40-46.

[26] 于必录. 并联水泵水力过渡特性电算解法[J]. 武汉水利电力学院学报,1984(04):143-155.

[27] 于必录. 用拉克斯-温得罗夫法(Lax-Wendroff)解汽泡状气—液两相流问题[J]. 流体工程,1984(8):20-25.

[28] 于必录. 用特征线法解汽泡状气—液两相流中流体过渡问题[J]. 流体工程,1984(7):1-6.

[29] 蒋劲,刘光临,梁柱,等. 气穴瞬变流基本方程特征根问题研究[J]. 华中理工大学学报,1997(8):101-103.

[30] 范莹,白华清,钟坤平. 多起伏重力流输水管道水锤防护数值模拟[J]. 西南给排水,2011(6):44-46.

[31] Baltzer R. A. Separation Accompanying Liguid Transients in pipes[J]. ASME. j. of Basic Eng. ,1967,89(4):837.

[32] Brown R. J. Water Column Separation at two Pumping Plants [J]. ASME. J. of Basic Eng. ,1968,90(4):521-531.

[33] Dijkman H. K. M, Vreugdenhil C. B. The Effect of Dissolved gas on Cavitation in Horizontal Pipelines[J]. Lournul of Hydraulic Research,1969,7(3):301-314.

[34] Arndt R E A, Ellis C R, Paul S. Preliminary Investigation of the Use of Air Injection to Itigate Cavitation Erosion[J]. Journal of Fluids Engineering, 1995,3(117):498-504.

[35] 吕坤. 两种水力过渡计算模型的水锤防护比较[J]. 价值工程,2012(21):105-106.

[36] Ghidaoui M S, Mansour S G S, Zhao M. Applicability of Quasisteady and Axisymmetric Turbulence Models in WateH hammer[J]. Journal of Hydraulic Engineering, 2002,10(128):917-924.

[37] Tijsseling A S. Water Hammer with Fluid-Structure Interaction in Thick-walled Pipes[J]. Computers & structures, 2007,11(85):844-851.

[38] 蒋明,雍歧卫,李旭东. 伴有液柱分离的管道气液两相流动分析方法[J]. 油气储运,2005(1):24-28.

[39] 穆祥鹏,练继建,刘瀚和. 复杂输水系统水力过渡的数值方法比较及适用性分析[J]. 天津大学学报,2008(5):515-521.

[40] 金锥,姜乃昌,汪兴华. 停泵水锤及防护[M]. 2版. 北京:中国建筑工业出版社,2004.

[41] 董毅. 输水水锤防护措施的数值模拟研究[D]. 广州:广州大学,2007.

[42] GB 50265—2010. 泵站设计规范[S].

[43] 黄良勇,李彦军,严登丰,等. 低扬程泵装置停泵过渡过程分析[J]. 农业机械学报,2006(4):52-55.

[44] 许志刚. 停泵水锤数值模拟及其可视化技术的研究[D]. 湖南大学,2009.

[45] 付强,袁寿其,朱荣生,等. 离心泵气液混输瞬态过渡过程水力特性研究[J]. 哈尔滨工程大学学报,2012(11):1428-1434.

[46] 王文全,张立翔,闫妍,等. 长距离输水系统停泵水锤的数值模拟[J]. 农业机械学报,2010(11):63-66.

[47] 王秀礼,袁寿其,朱荣生. 离心泵变工况过渡过程瞬态水力特性研究[J]. 振动与冲击,2012,24(31):48-53.

[48] 沈金娟. 长距离输水管道进排气阀的合理选型及防护效果研究[D]. 太原理工大学,2013.

[49] 令芳,杨伟峰,张效育. 东雷抽黄灌区加西二级泵站水锤计算及缓闭蝶阀的应用[J]. 现代农业科技,2011(3):275-276.

[50] Mohitpour M,Yoon M S,Russell J H. Hydrocarbon Liquid Transimission Pipeline and Storage Systems[M]. New York:ASME Press, 2012.

[51] 姬忠礼,邓志安,赵会军.泵和压缩机[M].北京:石油工业出版社,2015.
[52] 杨玉思,张世昌,付林.有压供水管道中气囊运动的危害与防护[J].中国给水排水,2002(9):32-33.
[53] 王峰.输水管道工程排气阀选型设计探讨[J].吉林水利,2008(6):37-38.
[54] 郑源,刘德有,张健,等.有压输水管道系统气液两相瞬变流研究综述[J].河海大学学报:自然科学版,2002(6):21-25.
[55] 郑源.输水管道系统水流冲击截留气团与含气水锤研究[D].南京:河海大学,2004.
[56] Klnaenburg. Gas Release During Transient Cavitation in Pipes[J]. Hydro. Div. ASCE,1974(10):11-15.
[57] 杨建东.空化理论与气液两相流瞬态过程的研究[D].武汉:武汉水利电力学院,1988.
[58] 张东亮.不同排气方式对断流弥合水锤升压的影响研究[D].西安:长安大学,2013.
[59] 杨玉思,闫明.消减断流弥合水锤及气囊运动升压的最佳方式[J].中国给水排水,2006(4):44-47.
[60] 令芳,杨伟峰,张效育.东雷抽黄灌区加西二级泵站水锤计算及缓闭蝶阀的应用[J].现代农业科技,2011(3):275-276.
[61] 王文全,张立翔,闫妍.压力供水管路事故停泵时缓闭蝶阀关闭方式的优化[J].北京理工大学学报,2011(10):1135-1138.
[62] 刘奕朗,高学平,蒋琳琳.压力流输水系统中缓闭式液控蝶阀关闭规律研究[J].水资源与水工程学报,2012(6):107-110.
[63] 陈来钱.泄压保护装置在长距离输水管道水锤防护中的作用研究[D].西安:长安大学,2013.
[64] 张杰.高扬程长距离输水管道系统水锤防护的模拟分析[J].湖南水利水电,2014(6):24-28.
[65] 龙侠义.输配水管线水锤数值模拟与防护措施研究[D].重庆:重庆大学,2013.
[66] 刘政,蒋劲,李东东.长距离输水管线中空气阀和单向调压塔联合作用的水锤防护研究[J].北京水务,2014(5):42-45.
[67] 王芳.长距离输水管道空气阀参数优化研究[D].哈尔滨:哈尔滨工业大学,2013.
[68] 刘竹青,毕慧丽,王福军.空气阀在有压输水管路中的水锤防护作用[J].排灌机械工程学报,2011(4):333-337.
[69] 徐艳艳.长距离高扬程多起伏输水管道采用箱式双向调压塔等措施的水锤防护研究[D].西安:长安大学,2008.
[70] 张旭峰,陈立志,刘先念.真空吸气阀与单向调压塔在长距离多起伏管线中的水锤防护研究[J].水利建设与管理,2012(S1):36-39.
[71] 齐敦哲,郝建志,吴福臣,等.长管道工程中空气阀与单向调压塔水锤防护比较与优化[J].中国农村水利水电,2012(12):134-136.
[72] 刘政,蒋劲,李东东.长距离输水管线中空气阀和单向调压塔联合作用的水锤防护研究[J].北京水务,2014(5):42-45.
[73] 黄玉毅,李建刚,刘政,等.长距离输水泵系统液柱分离的联合防护研究[J].中国水利,2014(10):39-42.
[74] 李长俊,韩炜.含气输油管道不稳定流动分析[J].油气储运,2006(2):23-27.
[75] Larock B E,Jeppson R W,Watters G Z. Hydraulics of Pipeline Systems[M]. BocaRaton:CRC Press, 2000.
[76] 姚志祥.格拉管线的冰堵排除实践及预防措施[J].管道技术与设备,2003,24(1):24-27.
[77] Duan H F, Lee P J, Ghidaoui M S,et al. Transient Wave-blockage Interaction and Extended Blockagedetection in Elastic Water Pipelines[J]. Journal of Fluids and Structures, 2014, 16(2):78-80.
[78] 刘恩斌,李长俊,刘晓东,等.油气管道堵塞检测及定位技术研究[J].哈尔滨工业大学学报,2009,41(1):204-206.
[79] 刘恩斌,李长俊,廖柯熹,等.利用瞬态正压波确定天然气管道冰堵位置[J].西南石油学院学报,2006,28(3):86-88.
[80] 刘恩斌,李长俊,彭善碧,等.基于压力波法的管道堵塞检测技术[J].天然气工业,2006,26(4):

112 – 114.

[81] 费佩燕,刘曙光. 几种常见小波的应用性能分析[C]. 中国电子学会第七届学术年会论文集,2001.

[82] 聂祥飞. 基于小波变换的一维信号奇异性检测研究[J]. 信息技术,2004,28(5):36 – 37.

[83] 袁立群. 基于小波变换的弹靶遭遇时刻检测方法[J]. 无线电工程,2014,44(3):40 – 42.

[84] Meniconi S, Duan H F. Experimental Investigation of Coupled Frequency and Time – Domain Transient Test – Based Techniquesfor Partial Blockage Detection in Pipelines[J]. American Society of Civil Engineers,2013,139(5):479 – 485.

[85] 康中尉,罗飞路,潘孟春,等. 小波奇异点检测理论在交变磁场法缺陷定量中的应用[J]. 无损检测,2005,27(7):359 – 363.

[86] Duan H F, Lee P, Ghidaoui M. Transient Wave – blockage Interaction in Pressurized Water Pipelines[J]. Procedia Engineering,2014,63(2):573 – 582.

[87] 王春丽. 小波变换去噪法在语音增强中的应用[J]. 信息通信,2010,28(5):35 – 37.

[88] Mallat S H, Wang W L. Singularity Detection and Processing with Wavelets[J]. IEEE Trans Inf Theory,1992,38(2):617 – 643.

[89] 刘恩斌. 输油管道泄漏检测检测技术研究[D]. 成都:西南石油大学,2005.

[90] 刘刚. 海底输油管道泄漏检测及扩散技术研究[D]. 成都:西南石油大学,2015.

[91] 刘恩斌,李长俊,彭善碧. 应用负压波法检测输油管道的泄漏事故[J]. 哈尔滨工业大学学报,2009,41(11):285 – 287.

[92] 刘恩斌,李长俊,彭善碧. 输油管道泄漏检测技术研究与应用[J]油气储运. 2006,25(5):43 – 44.

[93] 刘恩斌,李长俊,孙建忠,等. 王化输油管道泄漏检测系统应用研究[J]石油天然气学报,2005,27(4):524 – 525.

[94] 刘恩斌,李长俊,刘渊,等. 基于仿真技术和奇异性检测的管道泄漏检测技术[J]. 石油工程建设,2008,34(3):61 – 63.

[95] 彭善碧,廖柯熹,李长俊,等. 输油管道负压波法泄漏检测中的误报警排除法[J]. 西南石油大学学报:自然科学版,2006,28(1):83 – 84.

[96] Advantica, inc. Stoner Pipeline Simulator (SPS) 9.7.2[R]. Help and Reference. G. L. Industrial Services,2009:81 – 962.

[97] Kristofer Gunnar Paso. Comprehensive Treatise on Shut – in and Restart of Waxy Oil Pipelines[J]. Journal of Dispersion Science & Technology, 2014, 35(8):1060 – 1085.

[98] Ahmadpour A, Sadeghy K, Maddah – Sadatieh S R. The Effect of a Variable Plastic Viscosity on the Restart Problem of Pipelines Filled with Gelled Waxy Crude Oils[J]. Journal of Non – Newtonian Fluid Mechanics,2014, 205(3):16 – 27.

[99] Peerapornlerd S, Edvik S, Leandro A P, et al. Effect of the Flow Shutdown Temperature on the Gelation of Slurry Flows in a Waxy Oil Pipeline[J]. Journal of Biological Chemistry, 2015, 54(16):2148 – 56.

[100] 刘恩斌,孙龙. 基于 TLNET 的大落差输油管道泄漏量计算[J]. 管道技术与设备,2016(4):5 – 7.

[101] Aribowo H S,PPG Negara. Using PipelineStudio to Simulate Pigging Operations on an Indonesian Pipeline[J]. Midstream Oil and Gas Solutions, 2016(4):1 – 9.